現代日本漁業誌

海と共に生きる人々の七十年

葉山 茂
Shigeru Hayama

昭和堂

現代日本漁業誌——海と共に生きる人々の七十年

目次

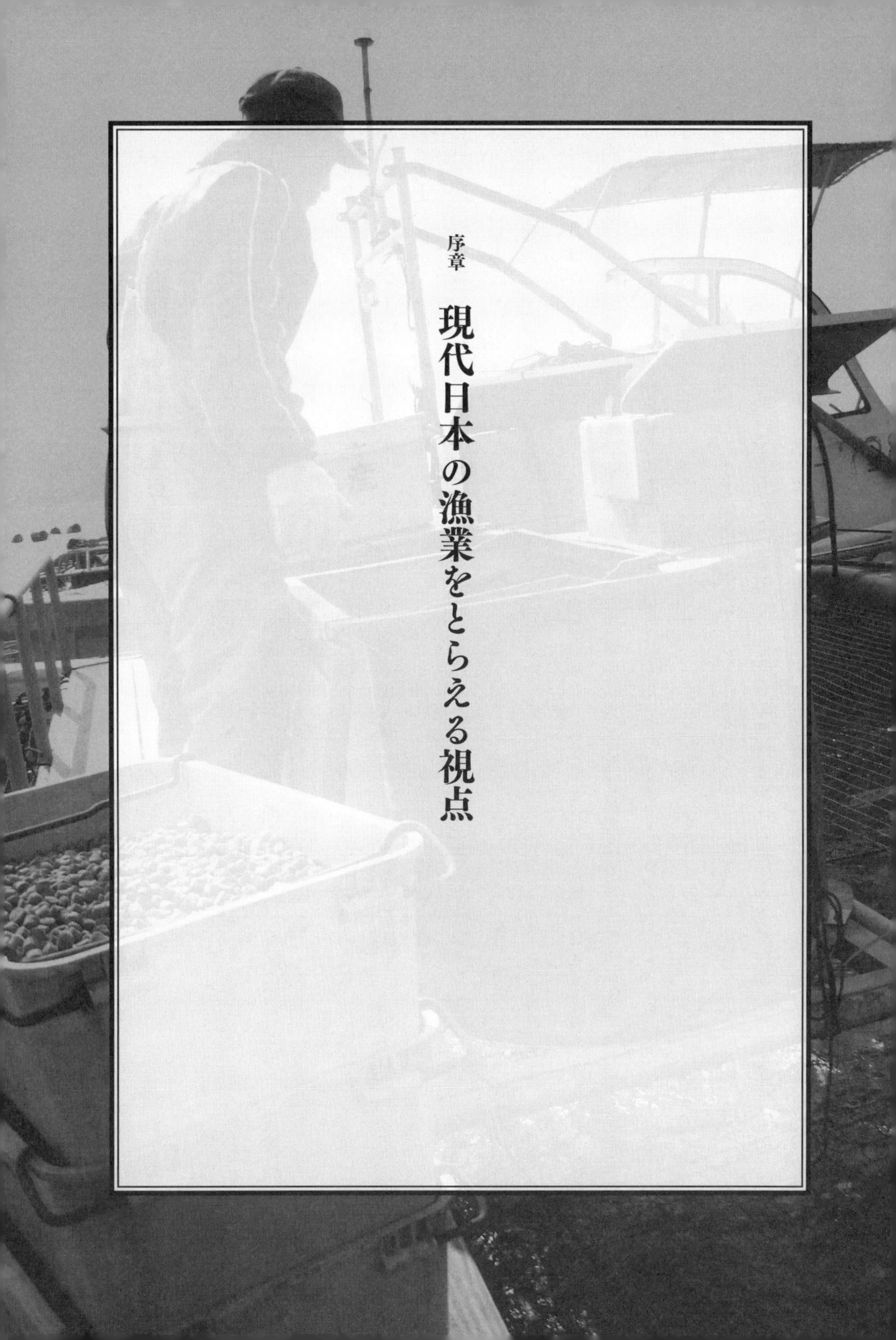

序章

現代日本の漁業をとらえる視点

1　孤高の漁師像と寂れた漁村

一人、小さな船で荒海のなかへ漕ぎ出し、体一つで大自然に挑み、目当ての魚をとる。大海原では一匹の魚をとるのも容易ではなく、その営みは素人には計り知れない奥深い世界である。漁をするには経験に裏打ちされた自然に対する豊かな知識と、刻々と変わる自然を読んで対処する力を備えていなければならない。

ひところ、テレビで大間のマグロ漁師が大々的にとりあげられた。画面に登場する漁師たちは自然に対して深い知識をもつ人びととして描かれた。そして漁師たちがもつ経験や知識は誰にも真似できないし、真似されないように同業者同士や親子でも隠し通さなければならない秘技であるとされた。映像は、子は親の背中をみて育ち、親のやり方を目で盗んで体得していくことが漁師として一人前になる道であると描いた。このようなテレビが映し出した漁師像は、都会の茶の間で映像をみる私たちに自然に挑むことの大変さや漁業を営むことの難しさを強烈に訴えたのである。

考えてみれば、マスメディアが描く漁師像には、自然と隔たった生活を送り、自然をほとんど知らない現代の都市生活者の憧れとロマンが投影されている。都市生活者にとって、自然と密接に関わり自然と体一つで格闘する漁師は、自然に対して豊富な知識をもち、その知識を自在に操ることのできるエコロジストでなければならないのである。

ところが憧れやロマンの世界から少し距離をおいて、観察する目で漁をする人びとが使うもの、操るものをみると、漁師たちが多くの機械を使っていることに気づく。それらの機械は現代の科学や工業技術の粋を集めたものである。当然のように漁師たちは無線機を使い、目的の魚を探すための魚群探知機や潮の流れを読むための潮流計、最新式の強化プラスティック（FRP）[*1]製の漁船も使う。

また漁師たちは、たった一人で漁の仕方を編み出すわけではない。新しい機械ができればそれを買って試し、試したらその感想を漁師仲間と話し合う。こうして新しい機械の使い方が次々に編み出されていく。経験は一人だけで紡ぐものではなく、社会のあらゆる事柄と密接につながって、社会の変化や人びととの情報のやりとりなどの相互交渉を通じて集団でも紡いでいくものである。決して漁師たちは外界から閉ざされ、時間の止まった世界のなかで延々と同じことを繰り返す人びとではない。漁師たちは我々と同時代に生き、めまぐるしい変化に対応してきたのである。

憧れやロマンとしての漁師の日々の営みが華々しく語られる一方で、漁村は過疎化や高齢化が進む地域として描かれてきた。過疎化や高齢化は今や漁村に限らず、日本国内のどの地域社会でも深刻な社会問題とされている。現代の漁村には年老いた漁師たちが多く、次の世代を担う若者が少ないのは事実である。漁を継ぐはずの若者は地域を出て都会の大学に行き、そのまま都会で就職して、自分の生まれた地域に戻ることは少ない。戻ってきても仕事はないし、生活をしていくだけのイメージが湧いてこないのである。

「働く場所がないから出ていかざるをえない」、「この地域には何もないから、いても生きていけない」という語りは、地域社会から人びとが出ていかざるをえない状況を説明する。これらの語りは、人びとが出ていくにいたった複雑な背景を事細かに説明するまでもなく、地域社会の構成員が村から出る理由を多くの人に納得させる力をもっている。

しかし改めて考えてみると、人びとは地域社会での生活に限界を感じたとき、出ていくことだけを唯一の問題解決の手段としてきただろうか。歴史的にみれば、人びとが住み慣れた場所を離れて異なる土地に移り住むことは珍しいことではない。しかし移り住むことだけが問題解決の手段だったわけでもない。人びとは自分の住む地域のなかで、新たに生計をたてる手段をみいだしてもきたはずなのである。

では漁業のように自然と関わって生計をたてる人びとは、どのようにして地域社会で生きてきたのだろうか。または、どのようにして地域社会から出ていったのだろうか。

本書は『現代日本漁業誌』という大きな題を冠しているが、その中身は日本漁業の政策や発展史を包括的に扱うものではない。本書の目的は自然と人の関わりを手がかりにして、戦後七〇年間にわたる日本漁業の変化を人びとの経験にもとづいて検討し、漁業という生業活動に関わる地域社会や個人の営みの変容を論じることである。

2 経済成長のなかで変容した漁業と地域社会

孤高の漁師像や寂れた漁村という語りが、必ずしも現実に当てはまらないことは前節で述べたとおりである。では日本の漁業は戦後、どのように変わったのだろうか。戦後の経済発展が漁業や地域社会にもたらした変化を簡単にみてみよう。

戦後、日本の社会はめざましい経済発展を遂げた。経済が発展するにともない、新しく生み出された科学や工学の技術は生業活動や生活の場に新しい生産方法や生活スタイルを提供した。先にも述べたように、漁師たちは科学の成果が生み出した精密な計測機器などの新しい機械を積極的に生産の場にとりいれてきた。そして一部の人びとは、大きな船を用意して新しい機械を積み、世界各地の漁場に繰り出した。その活動は世界各国の資源獲得競争に拍車をかけ、やがて国境を越えたグローバルな資源管理システムと領海という制度を生んだ。科学や工業の発展は生活を便利にしただけでなく、それを運用して生きる人びとの生活や生業活動の枠組みまでをも変えてしまったのである。

戦後の漁業の姿を大きく変えた要因の一つは、エンジンの普及である。終戦直後、日本の漁村にはエンジンや船外機などの動力機関を積まない無動力の漁船が多くあった。水産庁が一九四八年末に調査した結果によれば、海で使われた漁船四〇万隻のうち、およそ三一万隻が無動力の漁船だった［水産庁 一九六九、一九七五］[*2]。漁村で使われる漁船の四分の三は無動力の漁船だったのである。それが、オイルショックにより経済成長が一段落した一九七五年の調査をみると、無動力の漁船は九千隻を割り込み、代わって動力を積んだ船の数は三五万隻あまりに増えていた。このことが示すように、日本では戦後、無動力の漁船が減り、動力を積んだ漁船が急増したのである。

動力船が増えるにつれ、漁のやり方が変わった。終戦直後には集団でする漁が多かった。一人でできる漁は限られており、一本釣り漁のほか、貝や海藻をとる漁などがあった。一方、刺し網漁や定置網漁は網を揚げるのに人手を必要とすることが多かった。そこで人びとは組織をつくって集団で漁をした。エンジンを積む船が増えると、エンジンの回転力を使って漁具を引き揚げる機械が開発された。機械が人の活動を助けるようになると、一人でできる漁の種類が増えた。一九六〇年代に入り、科学や工業の技術が発展し、新しい機械が流通するようになると、沿岸漁業では集団でする漁が減り、一人や家族数人でする漁が増えた［葉山 二〇〇五］。漁業の機械化は生産に関わる組織や構造を変えたのである。

漁船自体の材質も変わった。戦後すぐのころの漁船の多くは木造であり、一部に鉄鋼船があった。しかし次第に、耐久性に優れ管理しやすいＦＲＰ製の漁船が増えた。木造船の時代には頻繁に船をつくりかえなければならなかったが、ＦＲＰ製の船を買うと数十年にわたって同じ船を使い続けることができるようになった。

海での漁を支える技術も変わった。かつては、魚がとれる場所や時期は自然を観察して得た知識をもとにして予測していた。魚がとれる時期は陸の草花が咲く時期などと関連づけて記憶されていた。何の花が咲くときに、どこで何の魚がとれるという情報が、海やそのまわりの自然を観察するなかで人びとの記憶のなかに蓄えられていたのである。

戦後の早い時期に音波を発して海中の状況をモニターする魚群探知機が開発され、どこに魚がいるのかを可視化できるようになった。また、かつては潮の流れも表面の流れを目でみて確認し、糸や網の流れ方から潮の流れる方向や速さを推し量っていた。潮流計が登場すると、複雑な潮の流れを可視化することができるようになった。

日本で漁撈活動をする人びとは沿岸の漁場で自分の船がいる場所を知り、漁場を記憶するためにヤマアテという方法を使う。まわりに広がる陸の風景のなかから特徴的な地形をみつけだし、その位置関係から自分の居場所を知る方法である。この方法は今でもさかんに使われる。このヤマアテの技術を置き換えるものとして全地球測位システム（GPS）[*3]が漁業の現場にもちこまれた。その後、GPSのデータを使って漁場の位置を記録できるプロッターという機械が登場し、多くの船にプロッター付きのGPSが積まれた。GPSは、登場した当初こそ、実際に自分がいる位置と機械が示す位置に大きな誤差があり、当てにならないとされたが、現在では計測の精度が高くなって正確な位置を示すようになった。このように機械や道具が開発され漁撈活動の現場にとりいれられたことで、漁撈活動は効率的になり、漁をする人びとは少ない人数でより多くの漁獲量をあげられるようになった。

科学や工業技術が発展し、最新の機械が漁業の現場にもちこまれると、漁獲量は著しく増えた。漁業の現場では、漁業者たちが、漁獲量を増やそうとして次々に新しい機械や道具を手に入れる設備投資競争を始めた。新しい機械にお金をかければかけるほど、漁獲量は増えた。ところが漁獲量が増えると、一時的に収入は増えたが、すぐに魚介類の値段が下がり、投資した分を取り戻すためには、さらにたくさんの魚介類をとらなければならなくなった。そこで、漁をする人びとはより多くの魚介類をとろうと、さらに新しい機械や道具を買い求めた。投資への対価を求め利益を追求しようとするほど、その結果は負債となって人びとの生業活動の現場に降りかかってきたのである。そこにオイルショックや不況が追い打ちをかけ、漁業をやめなければならないこともあった。

戦後七〇年間にわたる科学や工業技術の発展は、漁に関わる人びとの生産組織や技術、技能を変えていった。第一章でくわしく述べるが、戦後七〇年間に変わったのは科学や工業技術だけではなかった。漁業をとりまく政治的な背景や経済的な背景も変わった。たとえば法的にみれば、人びとの漁業への関わり方を規制する漁業法が変わり、世界的な資源管理の枠組みも変わった。また経済的にみれば、日本社会は一九六〇年代から高度経済成長期をむかえ、交通網が整備され流通体系も変った。そのなかで人びとの嗜好が変わり、消費者が生産現場の人びとに求める魚介類の種類が変わっていった。

一方、生産の現場では漁業を営む人びとは、技術や政治、経済が変わるのに合わせて、新たな試みを続けてきた。人びとの試みはやがて消費の体系に影響を与えるようになっていった。戦後の日本の漁業は、日本全体の政治や経済の動き、地域の文化や人間関係、個人的な試みが相互に関わりあって、ドラスティックに変わってきたのである。こう考えるならば、現代の漁業を理解するためには、この複雑な関係を丹念に紐解いて、戦後七〇年という時代のなかで人びとが漁業の変容をどのように経験してきたのかを、人びとの経験に注目して考えてみる必要があるだろう。

3　自然を論じるエティックな立場とイーミックな立場

漁業は魚介類を取り引きする市場やそれらを必要とする人びとがいてはじめて成り立つ生業活動である。つまり漁業を語るとき、漁業をする人びとが運用する技術や知識に注目するだけでは十分ではなく、政治や経済を含めた漁業をする人びとをとりまく世界と人びとの関わりを検討することが必要となる。

これまで述べてきたように技術や政治、経済など漁業をとりまく環境の変化は、漁業を生業とする人びとの自然との関わり方を変えた。また漁業を生業とする人びとが自然との関わり方を変えることによって、人びとが属する地域社会の人間関係も変わってきた。本書はこうした戦後七〇年間にわたる日本漁業の変容を論じることを目的として、漁業をおもな生業として自然と関わる人びとの経験と、その履歴であり過程である人びとの生き方に注目する。

自然と人の関わりというとき、自然をとらえる態度として二つの視点が考えられる。一つは自然を客観的に分析し科学的な態度で論じる視点、すなわちエティックな立場から自然を論じる視点である。もう一つは自然と関わる人間の営みに注目し、人びとが自然と関わるなかで生じる解釈や認識を論じる視点、すなわちイーミックな立場から自然を論じる視点である。前者は自然を主語とした環境の歴史であり、後者は人を主語とした人の自然誌である。

篠原徹はエティックな立場に立って生態学が描く自然と、イーミックな立場に立って文化学が描く自然が、民俗学ではしばしば混同されるが、両者は同一ではないと指摘した［篠原 一九九〇］。篠原は生態学と民俗的認識は別のものであるとして、「生態学的な適応過程と民俗的認識にいたる歴史的過程は峻別されるべき」［篠原 一九九〇：一八一—一九］であるとした。そして民俗学では「エティックな立場に対してイーミックな立場から人びとの自然観や自然認識を追求するエスノサイエンスが主要な課題となる」［篠原 一九九四：一二一］と述べた。

エティックな立場から描かれる自然とイーミックな立場から描かれる自然が同一ではないことは、以下のようなことである。たとえば植物を知る人間と知らない人間が同じ植物をみるとき、植物を知る人間はその植物を詳細に語り、知らない人間は植物の存在にすら気づかないかもしれない。エティックな立場からいえば、そこに科学的に説明できる植物が存在するが、それに気づくか気づかないかという経験の問題はイーミックな立場から説明される事柄である。エティックな立場からみた自然は我々にあらゆる可能性を提供するが、我々は経験と知識を通じてしかその可能性を引き出すことはできないのである。[*4]

大槻恵美は「意味のつまった自然と意味のつまっていない自然」という議論をしている［大槻 一九八八：二〇七—二一〇］。この議論のなかで大槻は「自然像や自然観はわれわれと自然との関わりの表現である。そしてわれわれと関わりのある自然は基本的にわれわれにとっては資源である」［大槻 一九八八：二一〇］と論じた。

大槻が指摘するように自然と人の関わりのなかで重要な要素の一つが、人びとが自然のなかから何を資源として選び取るかである。今村仁司は「資源の概念」と題した論文で、資源の特質を検討した［今村 二〇〇八］。そして「本源はそのままでは人間生活に有効ではないのだから、本源を資源化して、役立つ本源に切り替える必要がある。それが「再現した、復活した本源」という意味で資源と呼ぶことができる」［今村 二〇〇八：三六〇］と論じた。今村の議論は、我々のまわりにある自然は我々にとって何らかの資源になる可能性をもっているが、ア・プリオリに資源になるのではないことを指摘している。人びとが自然のなかから何を資源として選び取ってきたかはイーミックな立場から説明される必要があろう。

今村の議論に従えば、資源利用は発見─利用というプロセスを描くことができる。[*5] 今村は発見のプロセスに注目したが、人びとは資源を有用なものとして発見しても、資源量の減少や市場での価値の変化などによって、資源の価値を忘れることもある。資源利用を検討するときには、資源の価値が忘れられていく過程も重要だろう。資源の価値を忘れていくプロセスを想定すれば、人びとの資源利用は、発見─利用─利用放棄というプロセスとして描くことができる。

資源の発見─利用─利用放棄のプロセスは、技術や政治、経済など漁業をとりまく環境の変化と密接に結びついている。人びとは社会的な要因の変化や自然の変化、そして自らの活動などの経験を参照して、自分たちに必要な資源を選び取っていくのである。

4　自然と地域社会・漁業者集団・個人に注目した漁撈・漁業研究

前節で、資源利用には資源の発見─利用─利用放棄のプロセスがあり、資源を発見するにあたって人びとは経験を参照すると述べたが、生業活動のなかで人びとが参照する経験は一人の人間だけのものとは限らない。本章の冒頭にも述べたように、漁業を生業とする人びとは、自分の経験を他者と交換して新しい知識をつくっていく。経験は個人的なものでもあり、また集団的なものでもあるのである。

漁業や漁撈を対象とする民俗学や生態人類学、環境社会学などの先行研究は、漁撈組織や資源利用、技能をとりあげて検討してきた。それらの先行研究は議論の対象が違っていたが、最終的に海という自然と関わって生きる人びとの経験を検討しているという点では共通する。つまり先行研究は何らかの形で自然と人の関わりを論じているのである。そこで先行研究が自然と人の関わりのどの部分に焦点を当てているのかを人びとの単位に注目して分類すると、先行研究は自然と地域社会の関わりを論じるもの、自然と漁業者集団の関わりを論じるもの、自然と個人の関わりを論じるものの三つに分けられる。

以下では先行研究が自然と地域社会の関わり、自然と漁業者集団の関わり、自然と個人の関わりをどのように論じてきたのかを検討し、本書の課題を整理しよう。

(1) 自然と地域社会の関わりについての先行研究の成果と課題

漁業をおもな生業とする人びとが集まる地域社会を一般に漁村という。[*6] 民俗学や地理学、漁村社会学などの研究分野は、漁村を対象として、漁村に特徴的な地域社会の構造や生産組織の構造を分析し、自然と関わる人びとの集まる地域社会の経験を描いてきた。

たとえば桜田勝徳は漁業をする人びとが集まる地域社会をとりあげて、漁撈伝承や生産組織、社会構造などに注目して、農村とは異なる地域社会としての漁村の特徴を論じた［桜田 一九八〇］。また竹内利美も桜田と同じように、生産組織や地域社会の構造をとりあげて、漁村社会の特徴を探った［竹内 一九九一］。これらの議論は漁村という地域社会を機能構造主義的に完結した総合体としてとらえる傾向が強い［中野 二〇〇九］。

　桜田や竹内は双方とも、漁村を農村とは異なる文化背景をもつ場所とみなし、その特徴を類型によって理解しようと試みた。両者は漁村の特徴を探るなかで、漁村が、直接的に漁業に関わる人びとだけの集団ではなく、漁業に直接的に関わらない人びとも含む集団であることを指摘した。桜田は「漁村とは、漁業従事者という明らかに他の職業者とは異なる産業従事者の居住する村であるか、またはこの様な人々の居住村であると共に、此等の人々の漁業に直接間接に関係して生活を維持していく人々をも含む地域集団である」［桜田 一九八〇：二五九］と論じている。

　高桑守史はこれらの議論をふまえ、半農半漁の漁村の特徴を検討した［高桑 一九八三］。高桑は漁村を対象とした先行研究が経済的な側面を検討することが少なかったと批判し、漁業以外の生業活動も含む生業の構成、支配秩序などの漁業に関わる集落内の階層構成、周年的なのか季節的なのかという漁撈活動の仕方を指標として、半農半漁の漁村を類型化して理解しようとした。そして高桑は生産構造が伝承や信仰と深く結びついていることを指摘し、地域社会の構造や生産構造を経済的・技術的な視点から明らかにする必要があると論じた［高桑 一九九四：三二一―四九］。桜田や竹内、高桑の議論は漁村という地域社会の構造的な側面に注目していた。そして変容よりもある時点での特徴に注目して漁村を包括的に論じている。

　これらの研究に対して、藪内芳彦は漁村や漁業組織の構造を変容という面から論じた［藪内 一九五八］。藪内は地理学的な立場から漁村の構造を自然環境、社会環境、場所的環境という言葉を使って分析し、変わりゆく現代の漁村における自然と地域社会の関わりを論じた。藪内は漁村の労働力や労働手段、労働対象は自然環境と社会環境という二つの環境が統合された場所的環境に影響されるとする。そして自然環境の定義は変わらないものではなく、技術や経済の発展に応じて変わるとした。つまり藪内は人びとが向かい合う自然はその時々に変わるとして、研究者は自然の歴史的な変化をとらえて漁村を論じる必要があると論じたのである［藪内 一九五八：一七―二〇］。

以上の先行研究をふまえると二つの課題が浮かび上がる。一つは漁村という地域社会を多様な人びとが集まる場所としてとらえることである。桜田が論じたように、漁村には直接、間接に漁業に関わる人びとがいる。それら両者を包括的に検討する視点が必要である。

もう一つは変容である。藪内が変わると論じた自然は、漁業をする人びとが自らの経験や知識をもとに解釈する自然である。つまり前節で論じたエティックな立場、イーミックな立場という言葉を用いていえば、イーミックな立場からみた自然である。経済の変化や技術の発展によって、人びとは自然との関わり方を変える。すでに述べたように、生計の手段として何を資源とするかは技術や経済、政治の動向と密接に関わる。それは人びとが自然の定義を自らつくりだしていくということでもある。

以上のことをふまえると、生産現場の社会関係に注目しつつ、変容する自然に対応する人びとの営みを描こうとすると、社会関係だけでなく、自然と関わる人びとの活動にも注目することが必要である。つまり自然と地域社会の関わりを論じるならば、自然と関わる経験を通じて地域社会の人びとが理解し解釈する自然が、地域社会の規範や生計の立て方にどのように関わるのかを検討することが課題となるのである。

(2) 自然と漁業者集団の関わりについての先行研究の成果と課題

自然と漁業者集団の関わりを論じた研究は、資源利用をめぐって人びとが現場での経験からつくりだす社会的な規制に注目してきた。現在では集団的な経験としての資源管理の問題が、漁業における自然と人の関わりを論じる主要な視点となっている。

漁業では一九世紀後半から二〇世紀初頭にかけて各国による資源の乱獲競争が起きた。その反省から海洋の自然資源を持続的に使うための規制の必要性が論じられるようになった［加藤 一九九〇：一五］。こうした持続的な資源の利用について、生態学者ハーディンは"The tragedy of the commons"（共有地の悲劇）で示唆的な議論をした［Hardin 1968］。ハーディンは所有者を特定できない資源は必ず人びとに収奪されて枯渇するので、国家か特定の個人が資源を独占的に管理すべきであると論じた。ハーディンは無所有の資源と共有資源を同質のものとみなし、ともに「誰のものでもない」資源ととらえた。つまりハーディンは資源を共同で所有して管理することは不可能であると考えたのである。

ハーディンの結論は論理的には成立したが、実際には共同所有にも成功例とみなせるものは多くあった。そこでハーディンの議論に反論する多くの研究は、地域の共同体が自然資源を管理する主体として有効であることを示すことに力を入れた。

地域の共同体が資源管理の主体として有効であることを示す研究は、伝統的な資源管理の方法を共時的に論じるものと、資源利用の変化を通時的に論じるものに分けられる。

前者の研究は、持続可能な資源利用の形態を伝統的な資源管理のなかに探り、資源利用をめぐる複雑な人間関係を共時的に描いた［Ruddle 1989、秋道 一九九五a、竹川 二〇〇三］。これらの議論は人びとが経験する共時的な自然と人の関わりを論じた。

伝統的な資源管理を共時的に論じる研究に対して、資源管理の変化を通時的に論じる研究は特定の自然資源をとりあげて、その資源が持続的に使われた過程を描いた。これらの研究は経済的・文化的・社会的な環境が資源利用の社会的な規制に与える影響［秋道 一九九四］や、民俗知識が資源管理に果たす役割などを論じた［秋道 一九九五b、一九九九、二〇〇四］。また市場で資源の価格が変わることによって地域社会のなかで社会的な規制が変わること［飯田 二〇〇二］や、外部社会の論理が入り込むことによって資源利用の形態が変わること［田和 一九九七］なども報告されている。

自然資源の利用を通時的に論じた研究は、自然資源を使う過程で人びとが経験を通じてつくる社会的な規制の生成過程をくわしく論じた。これらの研究は特定の資源利用を主語として、資源が人びとによっていかに使われ、人びとがつくる社会的な規制によっていかに管理されてきたのかを扱っている。

これらの先行研究から、自然資源の利用を論じるときには人間関係に注目する必要があり、現場で人びとが経験を通じて人間関係を修正する結果としての社会的な規制の変容を描くことが必要であることがわかる。

ところで、人びとは特定の自然資源だけを使って生計をたてるわけではない。すると人びとを主語として、人びとがその時々に何を資源として発見してきたのかという生業活動の通時的な変容を検討することも必要になる［葉山 二〇〇九］。本章の三節では資源利用の発見―利用―利用放棄というプロセスに注目する必要を論じた。自然と地域社会の関わりを論じる場合、人びとがそれぞれの自然資源をどのように使ってきたを論じると同時に、漁業者集団の活動として人びとが地域のなかにどのような自然資源を発見して使ってきたのかを明らかにすることも課題となる。

(3) 自然と個人の関わりについての先行研究の成果と課題

自然と個人の関わりを問う視点は、個人がどのような経験と知識の体系をもって自然と関わるのかを具体的に検討してきた。つまり自然と個人の関わりを論じた先行研究は、自然と関わる個人的な経験をくわしく検討したのである。とくに自然と個人の関わりを論じた研究は、近代化によって失われゆく、身体を使った伝統的な技能や知識を詳細に論じた。

篠原徹は産業としての漁業において、観察や経験を積み重ねてつくられる自然知を使って漁をする人が近代的な機械類を駆使して漁をする人に漁獲面でいかに立ち向かうのかに注目して、伝統的な自然知と技能を検討した［篠原 一九九五］。また生態人類学的な視点から伝統的な漁撈技術を検討した秋道智彌は、魚の突き漁を事例として、技能を操る人びとの個体差を具体的に記述している［秋道　一九七九］。これらの研究は伝統的な技能や知識の多様性を示した。一方で、現代を伝統的な社会の技能や知識の多様性が失われ、自然と個人の関わりが希薄になる過程として描いた。

これらの議論に対して、市川光雄や寺嶋秀明は商業化が進むなかでかえって人びとがとる自然資源の種類が増え、自然に対する知識が増えることを報告している［市川　一九七八、寺嶋　一九七七］。市川や寺嶋の議論は、商業化や近代化が必ずしも自然と人の関わりを希薄にするものではないことを明らかにした。

近代的な機器を使った漁の技術や技能を検討した研究は、近代的な機器は身体の延長として機能するのであり、自然をよりよくみるための道具であって、また身体感覚を駆使して運用されるものであるとする［内藤　一九九九、金　二〇〇〇］。また卯田宗平は、漁師の伝統的技能と近代的技術の使い分けを検討し、漁撈の局面に応じて相互補完的に使い分けていることを報告している［卯田　二〇〇一］。これらの議論は、自然と関わって生計をたてる人びとの経験を伝統と現代の対比で論じる視点を批判し、漁業の産業化において伝統的な知識が失われる過程とは、同時に現代に適した知識をつくりあげる過程であるとする。

自然と人の関わりを論じる生態人類学的研究の多くは、個々人が自然と関わる経験に注目して、現代における自然と人の関わりの可能性を論じてきた。現在のように科学的知識がインセンティブになり、いわばエティックな立場からとらえた自然についての知識が大量に入り込んでくる生業活動の現場で、人びとはどのようにして自然と関わる経験をし、また自然についての知識をどのように構築しているのだろうか。この点はイーミックな視点から個人の実践を論じることでしかみえてこない。

前述の大槻の議論が指摘するように、自然と人の関わりの大きな要素が資源であるとすれば、資源を使う人びとはその資源の特性を理解しなければならない。人びとが自然をどのように知るかは、生業戦略に関わる問題であり、前述の自然と地域社会の関わり、自然と漁業者集団の関わりと密接に関わっている。以上の点で、自然と個人の関わりは現代の漁業における人びとの営みを論じる上で欠かせない視点なのである。

5　本書の目的と視点

ここまでエティックな立場からみた自然とイーミックな立場からみた自然が異なることを述べ、漁業における現代の自然と人の関わりを検討する上で、イーミックな立場から自然と人をみる視点が欠かせないことを論じてきた。そして漁業や漁撈について自然と関わる人びとの経験を論じた研究が、自然と人の関わりという観点からみると、自然と地域社会の関わり、自然と漁業者集団の関わり、自然と個人の関わりという三つに分けられることを述べた。以下ではこれまでの議論をふまえ、本書の目的と視点を述べよう。

本書の目的は、戦後七〇年間にわたる日本漁業の展開を人びとの経験に注目して検討することである。戦後七〇年の間に日本の漁業は劇的な変化を経験した。その変化は政治や経済、技術の視点から説明すると、グローバル化が進むなかでの厳しい資源獲得の歴史としても論じることができるし、食糧需給と人びとの嗜好の変化としても論じることができる。また技術史的にいえば漁法の開発や機械化の歴史として論じることもできる。

いろいろな視点で戦後七〇年にわたる漁業の展開を論じることができるが、本書では人びとの経験に注目して、戦後七〇年間の漁業を論じてみたい。つまり人びとの自然に対する働きかけやその働きかけを通して理解する自然、そしてその理解をもとにしてつくりあげられていく社会的な規制をイーミックな立場から検討し、人びとの経験と社会的な規制の関係性を明らかにし、その関係性がどのように変化するのかを論じるのである。

本書ではこの人びとの経験を扱う手段として生業誌という視点を用意する。本書でいう生業誌は、自然と関わって生きる人びとの生き方を自然と人の関わりに注目して検討する視点である。つまり戦後七〇年間にわたって日本で展開した漁業を検討の対象とする本書では、海とともに生きる人びとが生きてきたプロセス、すなわち人びとの生き方を明らかにする視点を生業誌とする。

生業誌という視点は人びとが生きる過程を検討するものであるから、その議論は共時的な視点からみた人びとの状態を対象とするだけでなく、通時的な視点からみた変容にも注目して、人びとの活動の変化を対象とすることになる。

先に述べたように、漁業を対象として自然と関わる人びとの経験を検討した先行研究は、自然と地域社会の関わり、自然と漁業者集団の関わり、自然と個人の関わりという三つの関係性に着目したものに分けられる。生業誌という視点では、この三つの関係性をそれぞれ具体的な事例をもとに検討して、それらの結果をまとめることで包括的な視点から人びとの生き方を検討することをめざす。

自然と人の関わりを三つの関係性に分けて検討するのは、地域社会、漁業者集団、個人と、それぞれの人間社会の単位によって、扱うことができる経験が異なるからである。地域社会に注目すると、直接的に漁業をする人びとだけでなく、漁業に間接的に関わる人びとの経験も扱うことができる。また漁業者集団に注目すると、漁撈活動の現場である漁場でつくられていく社会的な規制など、直接的に自然資源を使う人びとの経験を扱うことができる。また個人に注目すると、自然と向き合い観察することで人びとが自然から得る知識や、身体を使う経験、そしてその経験から生成する知識などを扱うことができる。これら位相の異なる経験を包括的に扱い、自然と関わる人びとの生き方に迫ることを通じて、この七〇年間に人びとが経験した漁業の変容を論じたい。この生業誌という視点の詳細は第二章で改めてくわしく論じる。

ところで本書は、漁業といっても、とくに産業として成立した漁業をとりあげる。なかでも沿岸漁業に特化した地域に住む人びとの経験に注目する。マイナー・サブシステンスの議論が示したように、漁撈活動にはお金を稼ぐ目的だけでなく、遊びを含むさまざまな活動がある［松井 二〇〇一］。また家計の問題としてみれば、生業複合論が示したように、人びとは家計を成り立たせるために、漁撈だけでなく農耕や採集などさまざまな活動をしている［安室 一九九八］。これらの視点は人びとが生業活動を通して関わる自然について、多様な関わり方を示した。こうした議論は生業活動を論じる上で重要である。

以上に述べたような議論はあるが、本書では、生業活動の広がりではなく、いわゆる漁業に注目する。生きる手段として、自然との多様な関わりを検討することは重要である。しかしここで論じたいのは海と関わることによって形づくられる人びとの営みについてである。漁業といういわば制度化された生業活動に従事することで、人びとはその制度に対応した社会構造を形づくり、また制度に応じて自然資源をつかうための社会的な規制をつくりだしている。本書ではこうした生計をたてる手段として海に関わる人びとの生き方に焦点を当てたときに、そこに浮かび上がってくる問題をとらえて検討したいのである。したがって、これが海とともに生きる生き方のすべてだというのではない。本書では具体的な事例から海とともに生きる人びとの活動をとらえて、日本の漁業誌の一側面を示す。

本書は基本的に海の自然資源を使って生きる人びとの活動を論じるものであり、海がもたらす豊穣や富をめぐる人びとの活動を描くものである。しかし二〇一一年三月一一日に東日本大震災の大津波がもたらした被害からわかるように、海は富をもたらすとともに大きな被害ももたらす。人びとが海といかにして関わっているのかを考えるには、豊穣をもたらす海と被害をもたらす海の両面を検討することが必要だろう。

東日本大震災では、津波によって多くの人命が失なわれ、家屋など生活に必要なものも失われたが、同時に漁船や水産業に関わる施設も多く被害を受けた。その災害からの復旧の過程で、従来の漁村のあり方や漁業経営、漁業権に対する改革案が示されている。本書はその議論に何らかの示唆を与えるものではないが、どのような方向性をみいだすにしろ、戦後七〇年間を対象に、イーミックな立場から漁業という生業活動の現代のありようを検討することは、漁村という地域社会の未来を構想する上でも重要な作業になるだろう。

以上の現代的な課題をふまえ、本書は戦後七〇年間の漁業を対象とし、その変容のなかで人びとが何を資源として選び取り、自然とどのように関わって生業戦略を立ててきたのかを、具体的な事例にもとづいて検討しよう。

6　本書の構成

本書は七つの章からなる。序章では第二次世界大戦後に展開した日本の漁業を概観し、現代の漁業について検討すべき課題と本書の目的を論じた。

第一章では現代の日本漁業をとりまく技術的、政治的、経済的環境の変化を概観する。機械化や効率化が求められた戦後の漁業のなかで、政治や経済、技術の展開が、漁業に与えた影響を論じる。第一章は、本書が扱うイーミックな生活世界に対して、漁業をする人びとに影響を与えた外部の社会的な事象を整理するものである。

第二章では生業誌という視点について論じる。生業誌とは先にも述べたように、自然と関わって生きる人びとの生き方を自然と人の関わりに注目して検討する視点である。そして先に述べたように、人びとの生き方を過程の問題として検討するものである。この生業誌という視点がめざす人びとの生き方の総合的な理解について、第二章では視点と具体的な検討の手段を整理する。

第三章から第五章は事例である。第二章で論じる生業誌の視点にもとづいて事例を検討する。第三章では自然と地域社会の関わりを検討する。事例として青森県内の二つの漁業集落をとりあげる。二つの漁業集落の人びとの生業戦略に注目し、それぞれの地域の人びとがどのように自然資源を使ってきたのか、そしてその分配の構造はどのようになっていたのかを明らかにする。また自然資源の分配構造が地域社会の構造に与えた影響を、出稼ぎをとりあげて論じる。二つの漁業集落はともに漁業がさかんであるが、一方の集落では出稼ぎがさかんであり、もう一方の集落では出稼ぎがほとんどおこなわれなかった。このような違いが生じた理由を自然資源の分配構造との関わりで論じ、人びとが地域社会に残ったり、離れたりする要因を検討する。

第四章では自然と集団の関わりを検討する。事例として長崎県小値賀島の漁業をとりあげる。小値賀島で発展してきた産業としての漁業に注目し、近代化の過程で生じた自然資源の利用形態の変化を検討する。自然資源の利用形態の変化を論じる視点は二つある。一つは人びとが小値賀島のまわりでどのような自然資源に価値をみいだして使ってきたのかを通時的に検討することである。もう一つは、特定の自然資源に注目した場合に、人びとが、ほかの資源との関係のなかで、そのときどきの状況に応じて、どのように社会的な規制を変えてきたのかを検討することである。二つの側面から自然資源の利用を検討することを通じて、自然資源を使う人びとの生業活動の変遷について論じ、自然資源に依存して生きる人びとの生業戦略と有用な資源の発見の過程を論じる。

第五章では自然と個人の関わりを検討する。事例として愛媛県宇和島市津島町で一九六〇年代以降にさかんになった魚類養殖業をとりあげる。魚類養殖は藩政時代から試みられてきたが、一九六〇年代以降に急速に全国に広まった。一九六〇年代から広まった魚類養殖では大学や研究所が実験にもとづいてつくりだした大量の科学的知識を養殖の現場に投入してきた。この章では、一見、科学的知識がインセンティブにみえる養殖の現場で、養殖をする人びとがどのように活動しているかを検討し、科学的知識のもとでつくられる人びとの自然に対する知識の特徴を論じる。

第三章から第五章の事例は、自然と地域社会の関わり、自然と集団の関わり、自然と個人の関わりの議論の順番に並べた。本書でとりあげた事例は、ここまで述べてきた関心が典型的に現れている事例を用いた。第三章から第五章の事例は、すべて日本の漁業が経験した現代の様相を表している。
第六章では、第二章で示した自然と人の生業誌の視点にもとづいて、三つの事例研究の結果をまとめ、生業誌という視点を用いて人びとの経験や生き方に注目することでみえる戦後七〇年にわたる日本漁業の展開を論じる。そしてその議論をふまえて、これからの日本漁業の展望を検討する。

7 調査地

本書は参与観察と聞き取りをおもな手段とするフィールドワークにもとづいている。調査の対象としたのは戦後七〇年にわたって沿岸漁業をさかんにおこなってきた漁業集落である。各調査地の概要は第三章から第五章の冒頭でくわしく述べるが、ここではそれぞれの地域を調査地に選んだ理由を簡単に紹介しておこう。

本書では四つの地域の事例を扱った。第三章では青森県内の二つの漁村をとりあげた。一つは青森県北津軽郡小《こ》泊《どまり》村（現中泊《なかどまり》町小泊）である。もう一つは青森県下北郡佐井《さい》村磯谷《いそや》集落である。先にもすでに述べたように、この二つの地域は出稼ぎという働き方に対して、まったく異なる態度をとってきた。この二つの地域は、地理的にみれば、よく似た条件にあった。しかし海の性格をまったく異なるものとしてとらえていた。地理的によく似た条件にある二つの地域をくらべることで、人びとが自分たちの向き合う自然をどのようにとらえたのか、そしてそれが地域社会の成り立ちにどのように影響を与えたかを具体的に知ることができる。イーミックな立場からみた自然が人間関係の成り立ちにどのように影響するのかを描くことができるのである。以上の目的から、二つの地域を事例として選んだ。

第四章では長崎県北松浦郡小値賀《おぢか》島の漁業をとりあげた。この地域の海には生態学的な視点、つまりエティックな立場からみて、人びとにとって有用な自然資源となる可能性のある生物が多く、人びとは実際に多くの種類の自然資源を使って生計をたてている。小値賀島のようにいくつもの自然資源を使う地域を対象にすると、それぞれの資源がどのように商品として発見され、使われ、その後どのように使われなくなっていくのかという資源利用をめぐる一連の流れを追うことができる。そこで人びとがとる魚の種類が多い小値賀島に注目した。

第五章では愛媛県宇和島市津島《つしま》町北灘《きたなだ》地区でさかんな魚類養殖業をとりあげた。津島町は日本国内でもとくに魚類養殖がさかんな地域である。魚類養殖業は行政上、漁業に区分されるが、先にも少し述べたとおり、技術や必要とされる知識は、釣り漁や網漁などのいわゆる漁撈活動とは違っている。しかしあえて、まったく新しい技術を用い、科学的な知識が多く流通している漁業に注目することで、自然を知るという行為が具体的にどのような過程で深められていくのかを見ることができる。そして従来の漁業と比較することを通して、現代の自然と人の関わりがより具体的に明らかにできると考える。そこでとくに魚類養殖がさかんである津島町北灘地区の事例をとりあげた。

註

＊1　FRPは強化プラスティック Fiber Reinforced Plastics の略である。重量が軽く耐久性に優れていることから、沿岸漁業で使う漁船の多くがFRP製の船になっていった。

＊2　http://www.maff.go.jp/j/library/index.html に掲載された農林水産省図書館の「漁船統計表　総合報告」を参照した。

＊3　GPSは Global Positioning System の略である。

＊4　ギブソンは生態心理学的な視点からアフォーダンス理論を提唱した［ギブソン 二〇一一］。アフォーダンス理論では人が意味をみいだすかどうかにかかわらず、自然は潜在的に機能をもつとする。しかしその機能は万人に発揮されるわけではなく、人が必要を感じたときに発揮されるという。自然はあらゆる可能性を我々に提供する可能性を秘めているが、我々はそのすべての可能性を発揮させることはできないというのは、アフォーダンスの議論にも通じるところがある。

＊5　資源の発見について、家中茂は沖縄イノーを事例にコモンズの生成プロセスを論じた［家中 二〇〇二］。家中は何の価値もな

いと思われていた場所が、開発によって失われる危機に直面することで、地域にとって重要な価値をもつ場所として発見される可能性があることを指摘した。

＊6　何をもって漁村と呼ぶかは難しい問題である。実際、たとえば安室知の海付きの村の議論が提起するように、人びとは生計の手段として漁業だけをしていることは少ない［安室 二〇〇八］。漁村の定義については多くの研究がある［青野 一九五三、小沼 一九五七など］。実際の問題として、現在、一般に漁村と呼ばれている地域でも、国勢調査をみれば明らかだが一五歳以上就業者人口の三〇％以上漁業をしている人がいる例は希である。以上のことを考えると、漁村をどう定義するかは改めて検討すべき問題ではあるが、本書で漁村という場合、便宜的に漁業をおもな生業と考える人びとが集まる集落、地域を指すこととする。

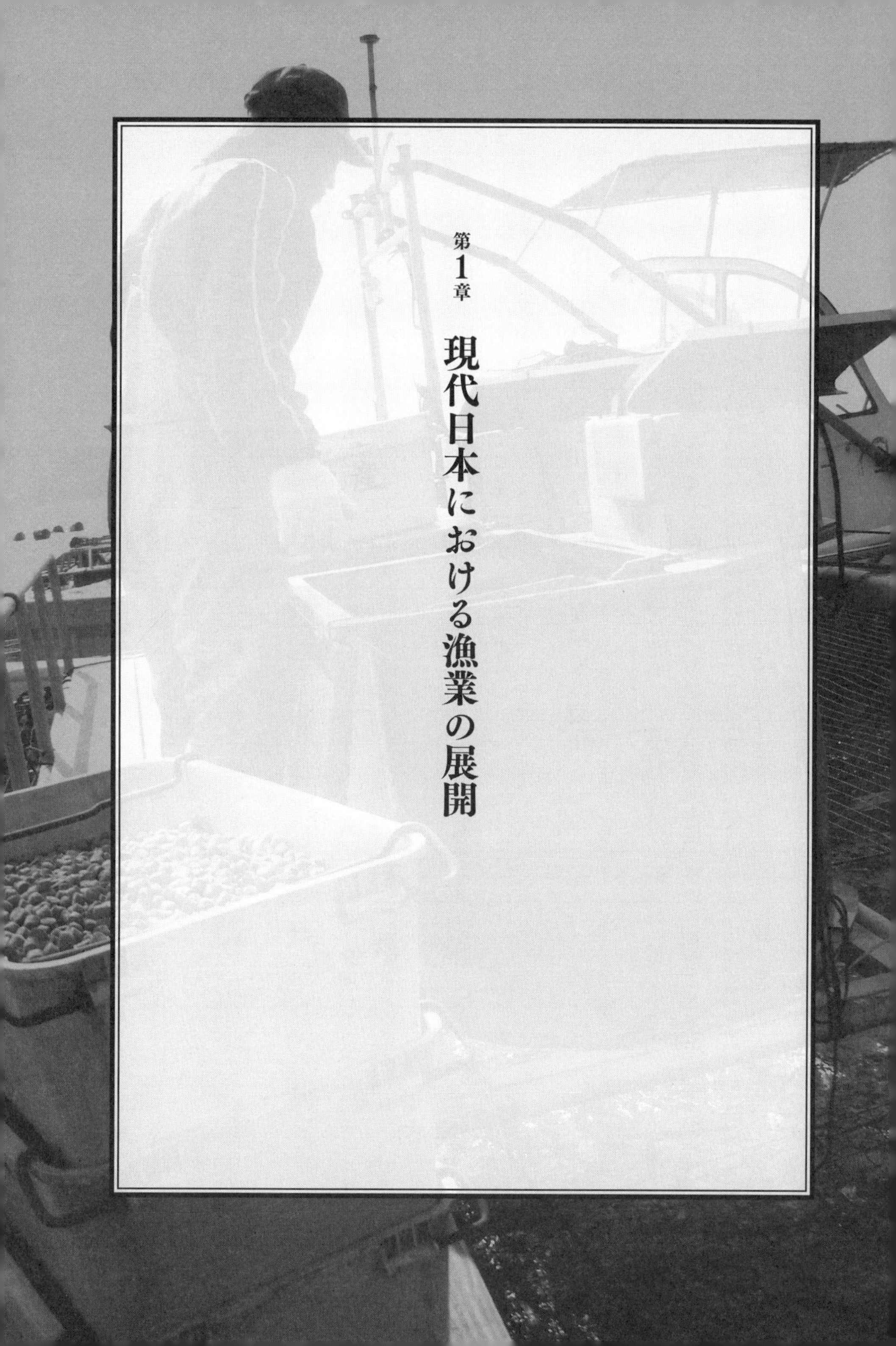

第1章 現代日本における漁業の展開

序章で述べたように日本の漁業をとりまく社会は、戦後めまぐるしく変わってきた。その変化には科学・工業技術の発展や経済成長、漁業をめぐる政治問題のグローバル化など、さまざまな要因が複雑に絡んでいた。本章では文献を参照して、戦後七〇年にわたる漁業をとりまく社会の変化を戦後復興期、高度経済成長期、現在に分けて整理しよう。

戦後の日本漁業は、政策的にみれば、沿岸漁業で戦争からの復興がはじまり、世界の各地に漁場を探して大規模な漁をする遠洋漁業に重点が移り、その後、ふたたび沿岸の漁場に注目するようになった。政策が重視する漁場は時代とともに変わっていったが、戦後の漁業のなかで、沿岸の漁場は漁業を営む人びとにとって重要な場所でありつづけた。

本章でいう戦後復興期とは一九四五年から一九六〇年までのことを指し、高度経済成長期とは一九六〇年から一九七五年までのことを指す。また一九七五年以降を現在とする。[*1]

1 戦後復興期の漁業をとりまく社会的な環境の変化

戦後復興期の漁業の特徴は三つある。一つ目は戦中に荒廃した日本の漁業が、沿岸の漁場で漁をすることで復興していったことである。二つ目は一九四九年に新しい漁業法が制定され、漁業権が整理されたことである。三つ目は一九五〇年代に入って沖合や遠洋での大規模漁業が復活したことである。以下ではこの三つの動きについてみていこう。

(1) 終戦直後の社会状況

日本の漁業は第二次世界大戦を通じて荒廃した。大型の漁船は軍に徴用されて地域から姿を消し、漁業を担うはずの世代は出兵するなど漁業ができる環境ではなかった［宮原 一九八五］。戦争が終わってみると、動力付きの漁船は少なくなっており、たとえあっても動かす燃料が足りず、漁をするのに必要な網や糸なども足りなかった［柏尾 一九五六］。一方で、戦争が終わると食糧を増産して都市での食糧不足を解消することが急務の課題となった。戦後すぐの日本はGHQが統治しており、一二海里までの範囲でのみ漁をすることが認められていた［川上 一九七二］。一二海里までの海とは陸から約二二キロメートルまでの海であるが、この範囲の海は現在、沿岸漁業で使う海である。つまりGHQの統治のもとで、日本の漁業は沿岸の漁場を開発して復興を進めたのである。

食糧不足を解消する政策としてまず戦後、政府が力を入れたのは、新たな漁船をつくることであり、壊れた漁船を修理して使えるようにすることだった［岩崎 一九九七：三三―三四］。漁船数は終戦直後の一九四五年には全国で約二八万隻あったが、五年後の一九四九年には約四七・三万隻にまで増えた。とくに動力をつけた大型の漁船についていえば一九四五年には五・七万隻の船があったが、一九四九年には一二万隻へと増えた。五年間で日本全国の大型の漁船は約二倍に増えた。新しい船をつくる動きを支えたのは政府が全額を出資してつくった復興金融公庫である。大手水産会社など規模が大きい企業を支援して復興が進んだ［小沼 一九八八：九六―九八］。

一方、戦地や満州から帰ってきた人びとで漁村の人口は増えた。村に戻った人びとは、都市部で産業が復興しないなか、農山漁村に集まった［岩崎 一九九七：三八―四〇］。食糧の増産をめざす政策のもと漁船が次々につくられると、漁村に帰って職のなかった人びとはとりあえず海に出て漁をした。こうして漁村では多くの人びとが漁業を営むようになった。

当時は多くの人びとが漁村に集まり、賃金が安くても働きたい人が多くいたし、好漁で人手がいるときにだけ雇う臨時雇いに応じる人びとも多かったという[岩崎 一九九七：四二]。戦後の混乱期を、漁業をしてしのいだ人びとは、都市が復興してくると次第に村を出ていき、漁業での過剰な就労状態はなくなっていった。代わって若年層の人口流出が問題になった[農林省農林経済局統計調査部編 一九六五：四〇、益田 一九八〇][*2]。

食糧不足をきっかけにした過剰な投資と漁村に集まった人びとが漁業にたずさわるようになった結果、沿岸の漁場は乱獲の場となった。戦中に漁業ができず結果的に回復した水産資源も、黄海や東シナ海などで比較的大がかりな船と網をつかって海底の魚をとる以西底びき網漁や比較的小さな船と網で海底の魚をとる小型機船底びき網漁などの漁船が短い期間のうちにとってしまい、水産資源の枯渇が心配されるようになった[岩崎：一九九七：三五]。一九五一年にはGHQからの勧告にもとづいて政府は漁船を減らし、漁業に携わる人員を整理していった。とくに減船の対象となったのは以西底曳き網漁や小型機船底曳き網漁などの比較的規模の大きい漁船だった[小沼 一九八八：一〇〇—一〇五]。

(2) 新漁業法の成立

日本の新しい漁業法は一九四九年に制定された。新しい漁業法は明治時代の一九〇九年にできた漁業法(以下、明治漁業法)と区別して新漁業法と呼ばれることが多い。

新漁業法は明治漁業法が引きずってきた江戸期以来の漁業慣行を改革して、漁業の民主化を図ることをめざしていた。一九〇九年の明治漁業法のもとで繰り広げられた漁業は封建的であり漁業の発展を妨げていたとして、新しい漁業法では漁法や魚種ごとに漁業権をつくって管理し、海を空間で区切るのではなく多重に使えるようにして、民主的で資本主義的な漁業をつくることを目的としていたとされる[*3][田平 二〇〇五]。

新しい漁業法では漁業権を再編して共同漁業権、定置漁業権、区画漁業権の三つに分けた。また遠洋漁業での操業を許可制にして漁業権とは異なる制度のなかで運用した。さらに各地域の利害関係を調整する組織として漁業調整委員会を設けた［岩崎 一九九七］。

新漁業法で新たに整理された漁業権のうち、共同漁業権は各地の漁業協同組合（以下、漁協）が管理する権利である。それぞれの漁協に属する人びとは、漁協が管理する共同漁業権漁場で漁をすることができる。共同漁業権漁場ではネツキモノである貝類や海藻類をとるときや、刺し網や地引網、小型定置網などの漁をするとき、所属している漁協の許可をもらう必要がある。

定置漁業権は定置網を漁場に仕掛けるための漁業権である。定置網漁の漁業権には都道府県が管理するものと各地の漁協が独自につくって管理するものとがあるが、定置漁業権は県が管理するものであり、各都道府県の知事が個人に許可を与える。

また区画漁業権は、海の一部を占有して養殖業を営むときに得る漁業権である。養殖を営むための権利は、一般に養殖を営む人が各都道府県の知事から得る。例外的に、一部に共同漁業権のなかに含まれ、各地域の漁協が管理している養殖の漁業権がある。

明治漁業法と新漁業法でもっとも違うのは、漁業権を処分する権利の有無である。明治漁業法はほかの地域の人びとや団体に漁業権を譲ったり、売買したり、抵当に入れたりすることを認めていた。一方、新漁業法はそれらを厳しく制限した［佐藤 一九七八：六五］。

沿岸の漁場では、譲渡や売買、抵当の権利を制限したことで漁場が大資本や個人のものになるのを避け、漁協がある地域に住み漁をする気のある人が誰でも漁業をできるようになった。漁業権は得た人と家族が漁を続ける限りはその家のものとして維持されるが、その家の人が誰も漁をしなくなると、漁業権の管理者に返さなければならなくなった。そのようにすることで沿岸漁業に関わる漁業権は、法律解釈上の観点ではつねに新規の参入者に対して開いた形をとることとなった。[*4]

一方で遠洋漁業では大型捕鯨や以西底びき網漁、遠洋カツオ・マグロ漁などを許可制にした。遠洋漁業では操業できる船の数をあらかじめ決めて、出漁できる船の数を制限してきた〔岩崎 一九九七：五五〕。遠洋漁業での許可はほかの人や企業に譲ることができ、許可は他人に譲ることのできる財産とみなされた。

このように設定された漁業権のなかで、新漁業法は釣り漁には漁業権の制限を設けなかった。釣り漁は自由漁業と位置づけられ、漁業法の法解釈上では漁場の管理者を気にせず、漁をしてよいことになった。[*5] とる場所に規制がない釣り漁は本書で扱った事例のなかでもとりあげているが、沿岸で漁をする人びとにとって重要な漁法となった。

新漁業法のもとで設けられた漁業調整委員会は、漁協の選挙で選ばれた代表と知事が選ぶ学識経験者、公益代表からなる組織であり、都道府県のレベルで資源管理をし、漁業者同士や漁協同士の利害対立を調整する役割を担っている。漁業者の代表が出席して利害を調整する漁業調整委員会は、アメリカにおける直接参加型の民主主義的な発想がとりいれられているとされる〔岩崎 一九九七：五六〕。

新漁業法は沿岸の漁場では個人が誰でも漁に参入しやすい状況をつくり、沖合や遠洋の漁場では企業が経営しやすい状況をつくりだしたのである。

(3) 大規模漁業の台頭

資金を大量につぎ込んで漁業を復興させたことと多くの人びとが漁業をはじめたことで、沿岸の漁場にあった資源は、戦後の数年のうちに枯渇が危ぶまれる状態になってしまった。こうしたなか、一九五二年に平和条約が発効されると、一二海里までの海で漁業をさせるというＧＨＱの方針は廃止になった。そこで一九五四年、水産庁は漁業転換促進要綱を出して沖合や遠洋での漁業を政策的に推し進めた。沖合や遠洋での漁業を担ったのが母船式サケマス漁や遠洋・中型カツオ・マグロ漁である〔柏尾 一九五六：三一六―三二五〕。

日本が遠洋の漁場に出ていったのは、国内の経済状況からみれば、朝鮮戦争の特需によって日本の経済が急速に復興する時代だった。一方、国際的な情勢からみると、多くの水産資源をとる能力がある国ほど有利な条件で漁業ができる、公海の原則が揺らぎはじめた時代だった〔宮島 一九七七〕。日本の漁業者は遠洋に出ていくことで世界各地の漁場で乱獲という問題を引き起こし〔庄司 一九八三：五九〕、国際的な規制を受けることになった。

一九五六年には日本とソビエト連邦のあいだで日ソ漁業条約が結ばれた。日ソ漁業条約は、日本海・オホーツク海・ベーリング海を含んだ北西太平洋の公海全域を対象として、日ソ漁業委員会のもとで資源を管理しながら、サケマス、カニ、ニシンなどをとるものだった〔川上 一九七二：四一一―四四四〕。また捕鯨については国際協定が戦前からあったが、一九四八年に国際捕鯨取締条約ができ、一九五一年に日本も参加した〔岩崎 一九九七：九二〕。戦後復興期、日本の漁業は遠洋に出ていくなかで、世界各国が漁業資源を確保して排他的に管理する動きに直面し、国際的な政治関係のなかで活動を制限されることになったのである。

2　高度経済成長と漁業

一九六〇年代、日本社会が高度経済成長に入ったころ、日本の漁業は沖合・遠洋漁業の発展に重点を置いていた。しかし日本の漁業者が沖合・遠洋漁業を拡大するにつれて国際的な資源管理の枠組みができて、新たに沖合・遠洋漁場をみつけることが難しくなっていった。そこで高度経済成長期になると、政策の中心は沖合や遠洋の漁場を新たに探すことから、沿岸の漁場を再開発することに移っていった。高度経済成長以降、沿岸漁場の再開発では漁船を使った漁のほかに、貝類や魚類、海草類を育てる海面養殖業が重視された。

高度経済成長期に入ると、戦後の一時期にみられた漁業への過剰就労はだんだんに解消していき、漁業をする人びとは減っていった。また新しく漁業をはじめる若者も減り、徐々に漁業をする人びとの高年齢化が進んだ。漁業をする人びとの所得は伸び悩み、なかでも沿岸漁業に携わる人びとの所得は第二次・第三次産業の六割程度にとどまっていた［岩崎 一九九七：九七］。一方で都市を中心に国民の所得が増えていき、魚などを買う機会が増えた。都市の人びとは高級な魚やより品質の良いものを求めるようになっていった。

沿岸漁業の再開発が進んだ高度経済成長期であるが、一九七〇年代に入るとオイルショックが起きた。オイルショックは漁業にも大きな影響を与えた。

(1) 沿岸漁業の振興

沿岸漁業では戦後すぐに乱獲が起きた。日本の漁業は沿岸での乱獲問題を解決する手段を沖合や遠洋での漁に求めた。沿岸の漁場は政策的に再整備されることはなく、一九五〇年代後半には沿岸で十分な収入を得ることが難しくなっていた。一九六〇年、農林漁業基本問題調査会が「漁業の基本問題と基本対策」という答申を出すと、政府は沿岸漁場の再開発に力を入れるようになった。

答申は、国際的に資源管理への関心が高まっているなかで沖合・遠洋漁業のさらなる発展は難しいとして、沿岸の漁場を開発する必要性を説いていた［農林漁業基本問題調査事務局 一九六一］。答申は、当時の日本の漁業が企業の経営する沖合・遠洋漁業に依存していると分析した。一方で、漁業就業者の八割が沿岸漁業をしているにもかかわらず、生産量は全体の二割に満たないとした。また沿岸漁業の抱える問題として、終戦直後に起きた漁業への過剰就労が解消していないこと、沿岸漁業の各経営者が零細なこと、資本や技術の水準が低いことなどをあげた。そして沿岸漁業において近代化を進め、流通機構を整え、漁業就業者の所得を増やすことが必要であるとした。こうした指摘にもとづいて、答申は中小の漁業経営者を対象に漁業振興をおこなうべきであるとの指針を示した。

この答申を受けて一九六三年に沿岸漁業等振興法ができた。この法律は沿岸漁業や中小漁業に携わる漁業経営者の所得を増やすことをめざしていた。沿岸漁業等振興法は沿岸漁業を、漁船を使わない漁業、動力のない漁船を使う漁業、または一〇トン未満の動力船を使う漁業、定置漁業や養殖業と定義した。また中小漁業とは従業員数三〇〇人以下で、使っている漁船の総トン数が一〇〇〇トン以下である漁業者を指すとした［岩崎 一九九七：一〇二］。

沿岸漁業等振興法が施行されると、漁港や漁場がつくられ、増殖施設や加工・流通を支える設備が日本の各地の漁村に整えられていった。漁港は動力船を係留しておけるように広くなった。また魚礁を入れるなど、資源となる魚介類が生息しやすい環境をつくり、各地に稚魚や稚貝を育てて放流する増殖施設がつくられた。増殖施設で育てた稚魚や稚貝を放流しながら海の自然資源を使っていく漁業は栽培漁業と呼ばれた。このようにして沿岸の漁場において資源となる魚介類を増やす事業が次々に進んだ［岩崎 一九九七：一〇四］。

同時に、とってきた魚介類を加工して商品にする施設や、とってきた魚介類を新鮮な状態で保管しておくための大型の冷蔵庫や冷凍庫などの保管施設、漁船のための補給施設、通信施設などが各地の漁港に建てられた。

沿岸漁業等振興法は、資金面でも規模の小さい漁業者を支えた。一九六三年に農林漁業金融公庫に沿岸漁業構造改革資金が設けられ、漁船を新しくつくったり改造したり、また養殖業で施設をつくったりするときに、低金利で資金を融資する仕組みができた［増田 一九八八］。沿岸漁業等振興法ができたことで、沿岸で規模の小さい漁をする人びとが大きな資金を必要とする動力船や最新鋭の機械などを買えるようになり、日本各地の漁村で近代的な機械や装置が普及していった。

こうした沿岸漁業の振興策の一方で、漁業をやめる人びとは後を絶たなかった。一九五三年には漁業を生業とする人びとが七九・一万人いたが、一九六三年には六二・六万人、一九七三年には五一・一万人と減っていき、一九五三年から一九七三年までの二〇年間におよそ二八万人が漁業を離れた［岩崎 一九九七：一〇七―一〇八］。岩崎はこの時期、ほかの産業に移っていったのは沿岸漁業や沖合漁業にたずさわっていた所得の少ない漁業者だったとしている［岩崎 一九九七：一〇八］。また漁村ではこのころから若者が漁業を継がずに集団就職などで都市などに出るようになり、漁業をする人びとの年齢が高くなっていった［加瀬 一九八八］。

高度経済成長期には沿岸漁業の振興の一方で、各地で工業化が進み、工場などの用地として漁場が埋め立てられたり、公害が起きたりするなどの問題も生じた。多くの地先漁場が埋め立てによって失われていった。また工場から出る排水などによって、かつてよい漁場と考えられていた場所の環境が悪くなり、漁に適さない場所とみなされるようになることもあった［河野 一九八八］。

⑵ 経済の発展による食生活の変化と漁業

高度経済成長という経済的な動きや国土改造論などの政策的な動きが活発になるなかで、世帯の収入は大きく伸びていった。収入が伸びるにしたがって、魚介類に対する支出も増えていった。

岩崎の調べによれば、都市の各家庭における水産物の消費支出をみると、一九五九年に全食糧消費支出額にしめる水産物への支出割合は一三・二パーセントであったが、一九七三年には一四・八パーセントへと増えている［岩崎 一九九七］。松田延一が農林省の食料需給表の栄養調査からまとめた結果によれば、国民一人が一年間に摂取した魚介類は、一九五五年では平均一九・七キログラムだったが、一九六〇年には二〇・四キログラム、一九六二年には二三・四キログラム、一九六五年には二七・七キログラム、一九七〇年には三三・二キログラムというように年々、増えている［松田 一九七七：二六九］。魚介類の消費量が伸びていった要因の一つとして、高度経済成長にともなって一世帯あたりの所得が増えていくなかで、食生活が変わったことがあげられる。日本人の食事は、所得が増えるにしたがって米や芋などの炭水化物などの主食を中心とする食習慣から、おかず（副食）を多くとる食習慣に変わったとされる［松田 一九七八］。

水産物の消費についてみると、その消費の傾向は、イワシやアジ、サバ、サンマ、イカなどおもに沖合や遠洋で大量にとれる魚種の消費が伸び悩んだのに対して、希少な魚や貝類など、いわゆる高級魚などと言われる魚介類の消費が増える傾向にあった［岩崎 一九九七：一三一―一三三］。同時にそうした高級な魚介類に対する需要は季節的なものではなく、季節にかかわらず恒常的に市場から求められるようになっていった［大津・酒井 一九八二］。一方でかまぼこやちくわなど、いわゆる練り物の需要が高まり、加工食品の消費も増えていった。

各地の港で水揚げされた魚介類の流通を支えたのは、高速交通網の整備と冷蔵庫・冷凍庫の普及である。一九六〇年代からモータリゼーションを背景に舗装した道路が増え、高速道路が張り巡らされ、鉄道がより高速になり、各地で空港の建設が進んだ。また各地の港に製氷施設や大型の冷蔵庫ができた。各地でとれた水産物は保冷車など冷凍庫・冷蔵庫のついた車両に載せられて、高速交通網を通って都市の消費者へと迅速にそして確実に鮮度を保った状態で届けられるようになっていったのである。また一九六〇年代には急速に各家庭に冷蔵庫・冷凍庫が普及した。冷蔵庫や冷凍庫が各家庭に普及することで、人びとは簡単に新鮮な魚介類を手に入れ、それを保存しておくことができるようになった。

(3) 養殖漁業の発達

養殖漁業は江戸時代から試みられ、海苔養殖やカキ養殖などをはじめとして発展してきたが、海水性の魚類の養殖が本格化したのは一九六〇年代である。海水性の魚類養殖は一九二七年に香川県で実用化され、水深五メートル程度の浅い海がある場所で発展した。しかし戦争中の食糧難への対策からやめざるをえなくなり、戦後も養殖に適した場所が限られていたことから大きく発展しなかった［大島 一九七二］。

一九六〇年代に入ると増殖施設ができたことや小割り式と呼ばれる筏に袋網を吊るして魚を育てる方法が出てきたことで、全国的に魚類の養殖が広まった［愛媛県かん水養魚協議会編 一九九八：一七］。魚類の養殖の中心となったのはブリ類やマダイ、アジなどである。魚類養殖が広まると、人びとはそれまで手の届かなかった高級な魚をいつでも簡単に手に入れることができるようになり、高級魚が家庭の食卓や食堂に並ぶことが多くなった。養殖漁業の広まりが、現代の日本人の食生活に与えた影響は大きかったのである。

(4) オイルショックによる日本漁業の変容

高度経済成長の末期の一九七三年、第四次中東戦争の勃発を機にアラブ石油輸出国機構が石油の供給量を制限した。この供給制限により世界各国で不況が起きた。石油のストックが少なかった日本では、石油の供給制限が国内の経済に与えた影響は大きく、原油価格の高騰がインフレにつながり、オイルショックと呼ばれた。

オイルショックは重油や漁に使う資材の高騰という形となって漁業者の生業活動を圧迫した［増田 一九八八：一九八―一九九］。オイルショックによって魚介類の値段が上がったものの、生業活動を続けるための資材の調達に費用がかかるようになり、漁業から離れていく人びとも現れた。オイルショックをきっかけに国内の漁業では省エネルギーをうたう漁船や機械、水産関連設備などが広まっていった［岩崎 一九九七：一六七―一七〇］。

以上をまとめると、高度経済成長期には、一九五〇年代に国際政治のなかで沖合や遠洋での漁業が規制されるようになったことや高級魚に対する需要が高まったことをふまえて、沿岸漁場の再開発が進められた。また高度経済成長期にはじまった沿岸漁場の再開発は戦後復興期に起きた沿岸漁場での乱獲の結果をふまえ、とる漁業のほかに栽培漁業や養殖漁業を導入して組み合わせるという特徴を持っていた。

3 現在の漁業がおかれた状況

一九七五年以降、世界各国が二〇〇海里排他的経済水域を設けるようになると、日本の漁業者は遠洋漁業で使っていた漁場を追われた。各国が二〇〇海里排他的経済水域を設けるなかで、日本は政治的な交渉によってよその国の水域に漁場を得たり、船を減らしたりする対策に追われた。そうしたなかで遠洋漁場の確保に見切りをつけ、国内の沿岸漁場で資源管理型漁業や栽培型漁業を進める動きが活発になっていった。

(1) 二〇〇海里問題と漁業

一九七〇年代半ば、世界各国が二〇〇海里排他的経済水域を設けるようになり、遠洋漁業に活路をみいだしていた日本の漁業に影響を与えた。戦後、日本の漁業者は世界に広がる公海で大規模な漁業活動を繰り広げた。[*6]遠洋の公海で日本の漁業者が漁をするようになると、乱獲が国際的に問題視されるようになった。また発展途上国が漁場の使用料をとる目的で、排他的経済水域を二〇〇海里にまで広げる動きもみられた［川上 一九七二：八八九―九二二］。

排他的経済水域は、戦後も一部の国を除いて一二海里だったが、水産資源への関心の高まりとともに、国連海洋会議で二〇〇海里排他的経済水域設定論がとりあげられるようになった。一九七六年にアメリカとソ連が相次いで国内法として二〇〇海里排他的経済水域を設けると、他国にもその動きが広まった［岩崎 一九九七：一八五―一八六］。こうした流れのなかで一九七七年には、日本も二〇〇海里排他的経済水域を設けた。二〇〇海里排他的経済水域を制度的に盛り込んだ国連海洋法条約は一九八二年に採択され一九九五年に発効したが、それまでにこの制度は実質的に全世界に受け入れられていた［岩崎 一九九七：一九二］。

こうしたなかで日本の政府は各国と交渉して、遠洋漁業で漁をする漁場を確保してきた。しかしその漁場も次第に狭くなっていった。たとえばアメリカでの漁場は一九八八年を境にほぼ失われ、ソ連（ロシア）の漁場も小さくなっていった［岩崎 一九九七：二〇〇―二〇六］。

(2) 資源管理型漁業の広まり

二〇〇海里排他的経済水域の問題が大きくなるなかで、日本では従来の漁業が資源略奪型の漁業であったとして、水産資源を持続的に使う資源管理型漁業に変えていく必要性が論じられるようになった。こうした議論は水産庁や都道府県、全国漁業協同連合会などでとりあげられ、資源管理型漁業が政策として広まっていった［中井 一九八八］。

資源管理型漁業の特徴は競争による度の過ぎた資源の収奪を避け、漁業者による自主的な管理のもとで持続的に資源を使って、漁業経営を安定させようとする点にあった［岩崎 一九九七：二四四―二四五］。資源管理型漁業が広まっていく背景の一つには、高度経済成長期の沿岸漁場の荒廃があった。埋め立てや工場からの排水などで汚れてしまった海をいかにして生産の海にできるかという問題である。水質汚染や磯焼けなど、自然環境が荒廃するなかで、いかに水生生物の生息環境を取り戻し、持続的に資源を使っていくかが重要な課題となった［中村 二〇〇二］。

こうした問題を解決し持続的に水産資源を使っていくために、海の資源量を生態学的に把握し、生態学的調査にもとづく資源利用のモデルをつくり、モデルに従って海の水産資源を利用するというやり方が全国的に定着していった。そのためには単にとるだけではなく、稚貝や稚魚をある程度まで育て、海に放流して育ててとるという循環が必要であるとの認識が生まれ、増殖と利用を組み合わせた漁業経営が主流になりつつある。

また近年では資源管理型漁業への関心の高まりのなかで、環境学や社会学の側から人の手が入ることで海が豊かになるとする里海という視点が示され、生物多様性を保ちつつ水産資源を使っていく手法が検討されている［平塚 二〇〇四、柳 二〇一〇］。

(3) 資源管理型漁業時代の沿岸漁業

これまでみてきたように、政治・経済的な観点から戦後日本の漁業の変遷を追うと、日本の戦後の漁業は沿岸の漁場を使って戦争から復興し、沖合・遠洋に漁場を拡げ、再び沿岸の漁場に注目するようになったということができる。

戦後復興期、日本の漁業者たちは沿岸の漁場で戦争からの復活を遂げたが、乱獲によって漁場は荒廃した。そこで大規模な漁をする企業は沖合や遠洋の漁場に生産の場を求め、政策も大規模な漁業を支援した。しかし遠洋漁業の漁場では国際的に資源管理と資源確保の機運が高まり、漁を続けることが難しくなった。そこで沿岸漁場に再び注目するようになった。一九六〇年代からの沿岸漁業は政府による政治的・経済的な支援と高度経済成長による交通網の整備、機械類の登場などを背景として日本国内の漁場に広まっていった。

沿岸の漁場が重要視される傾向は二〇〇海里時代を迎えたことでさらに強まり、資源管理型漁業と呼ばれる発想が全国的に広まっているのが現在の状況である。

以上の漁業をとりまく変化は、いわば実際に海に出て作業をしている漁業者たちにとっては漁業を営む上でさまざまな決定をしていくための外的な要因である。こうした状況のなかで、沿岸で漁業をして生計をたててきた人びとはどのようにして漁業を営んでいったのだろうか。次章ではそうした漁業者たちの活動をとらえる視点としての、人びとの生き方から検討する生業誌という視点を整理し、第三章から実際に人びとがどのように漁業を営んできたのかを論じよう。

註

＊1　漁業の変遷を論じた研究では、おおむね戦後復興期を一九五二年のマッカーサー・ラインの廃止までとすることが多い［小沼一九八八など］。しかしここでは戦後復興期を高度経済成長がはじまるまでという意味で使った。したがって漁業史上の区分とは重ならない。

＊2　集団就職に注目した研究では、一九五〇年代からはじまった農山漁村の人口減少は、学校を卒業した若年層が都市に移動して起きたという議論がある。戦地から復員した人びとや植民地などからひきあげてきた人びとの多くは、就学の機会が少なく、都市に出ていって工業などの産業に就くための知識が不足していたため、実際には都市に出ていくことはできず、その後も農山漁村に留まったというのである［加瀬 一九九七：一一―三〇］。因果関係の分析はともかくとして一九五〇年代なかば以降、漁村で過剰な人口が解消していった背景には若年層の流出と結果としての漁村の構成員の高年齢化という二つの側面が同時に生まれていた可能性がある。実際、漁業センサスの漁業就業者数の変化を年齢別にみていくと、とくに一九四五年ごろに漁業をしていた世代の人びとがどの時代にも傑出して多いのが特徴であり、統計上、加瀬の説は妥当だといえる。

＊3　漁業制度改革については当時の大蔵省大臣が渋沢敬三だったこともあり、一次産業の調査を多く手がけてきた民俗学に対する大蔵省の理解が深く、民俗学的な調査の成果をも盛り込んで漁業法を改正することが検討された。結果的に民俗学の成果が多く反映されることはなかったが、このときに実際に漁村の生活のあり様について労働時間などに注目した参与観察的な調査の結果が蓄積された［久宗 一九八五］。

＊4　一九四九年の新漁業法をめぐっては沿岸の漁場が個人漁業者に法律解釈上は解放されたが、その運用は地域の漁協の判断に任されており、必ずしもつねに誰にでも解放されていたわけではない場合も多かった。また許可漁業については権利の譲渡や売買が認められていたことから、十分に民主化がなされていないといった危惧もあった［潮見 一九五四］。

＊5　釣り漁は各都道府県の漁業調整委員会が法的な拘束力のある規制をする場合があり、まったく自由にどこで何をとってもよいというわけではない。

＊6　実際には戦前の日本による遠洋漁業が資源収奪であるとみなされたこともあり、戦後、日本が世界各地に出漁しようとしたときに各国が海の管轄権を拡げてこの動きを抑制しようとした。その結果、各国と漁業交渉をおこなうこととなった［川上 一九七二］。

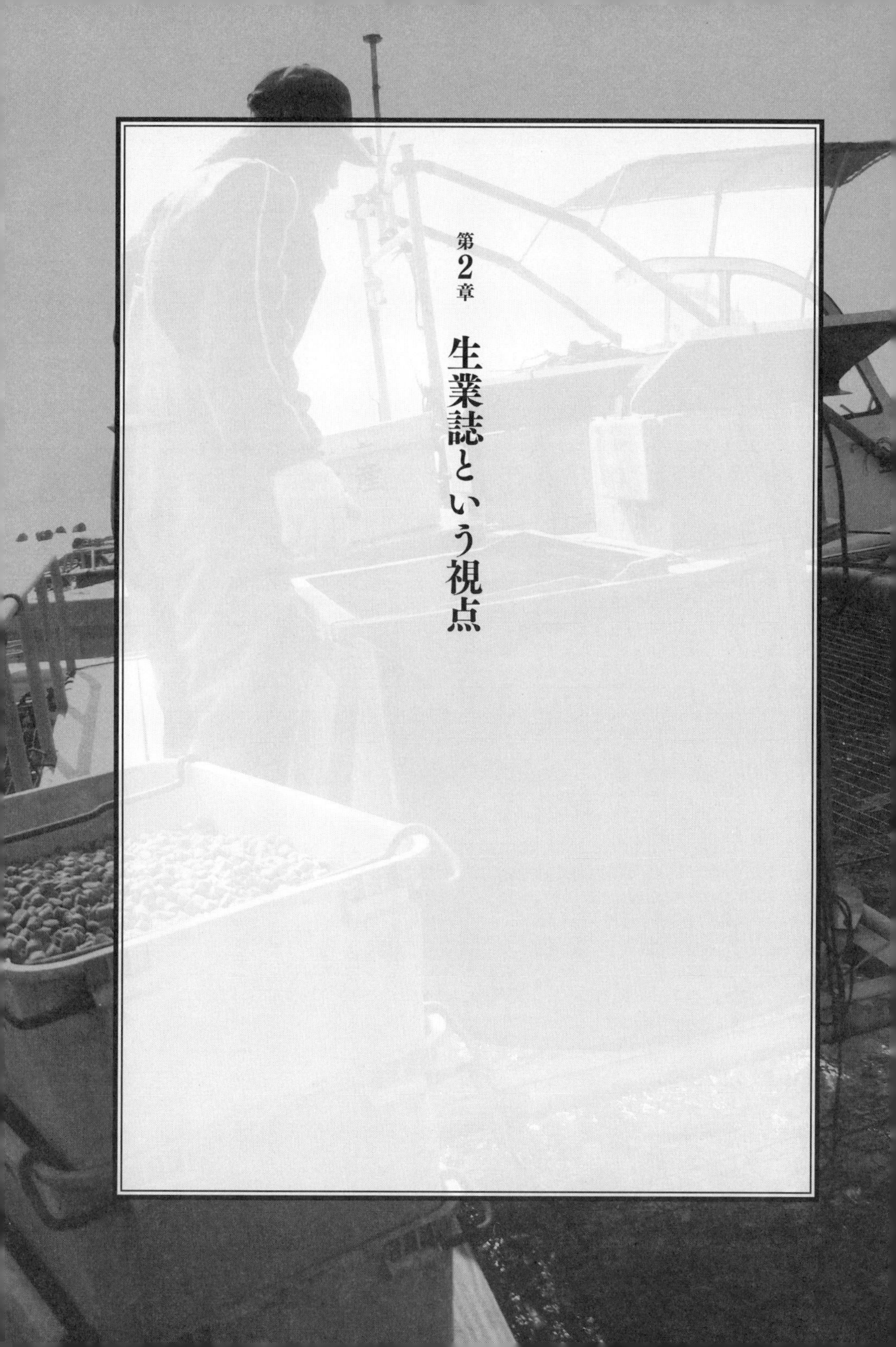

第2章 生業誌という視点

1 民俗誌がとらえた包括的な視点と生業誌

序章で述べたように、本書の目的は戦後七〇年間にわたる日本漁業の展開を人びとの経験に注目して検討することである。そして、その視点として本書では生業誌という視点を用いると述べた。本章ではこの生業誌という視点についてくわしく論じよう。

本書で生業誌とは、先にも述べたように、人びとの生き方、すなわち生きてきた過程を自然と人の関わりに注目して検討する視点である。生業誌という視点がめざすのは自然と関わる生業活動に携わって生きてきた人びとの生き方を切り口とする民俗誌である。

野口武徳は沖縄県の池間島をとりあげて民俗誌を書いた［野口 一九七二］。野口は池間島という地域社会を網羅的に描くことを試みた。野口は池間島の自然の特徴にはじまり島の人口構成などの概要、衣食住、生業、年中行事、信仰、人の一生、社会組織などをとりあげて、丹念に島の生活を記述した。野口の試みは池間島という一つの地域社会を対象に、人びとの営みを複数の角度から検討することだったということができるだろう。

野口は『沖縄池間島民俗誌』のあとがきで当時の沖縄書ブームの問題を指摘した。野口がこの本を書いた当時、沖縄をとりあげた研究や書物が多く発表されていた。それらの研究や書物は沖縄の基地や復帰などの問題を前にした民衆の情念やエネルギーをとりあげていたという。しかし野口はそうした記述を「これは沖縄の一部のことだ」［野口 一九七二：三九四］ととらえていた。そして野口は当時の沖縄で繰り広げられていた闘争など、華々しい出来事を決して語ることのない普通の人びとの生活を描くことに専念したのである。[*1]

この野口が『沖縄池間島民俗誌』で池間島の人びとを理解しようとして用いた社会を包括的に記述する視点は、過去七〇年間にわたる日本の漁業がたどってきた変化を人びとの経験にもとづいて記述する上でも重要である。

序章では、漁業や漁撈を扱った先行研究を、自然と人の関わりのどの部分に焦点を当てているのかを人びとの単位に注目して分類すると、自然と地域社会の関わり、自然と漁業者集団の関わり、自然と個人の関わりという三つの関係性に分けることができると述べた。これらは人びとが自然と関わる経験を包括的に理解する試みである。

本書が用いる生業誌という視点は、先行研究からみえる自然と人の関わりの三つの関係性である自然と地域社会の関わり、自然と漁業者集団の関わり、自然と個人の関わりを人びとの経験に注目して具体例にもとづいてくわしく検討し、包括的に自然と関わって生計をたててきた人びとの生き方を明らかにすることをめざす。ここでいう人びとの生き方とは、人びとが生業活動に関わって生きてきた過程とその履歴のことを指す。

2　生業誌という視点の特徴と可能性

前節を簡単にまとめていうと、生業誌は人びとの生き方を生業活動の過程に注目して検討する視点である。本書は自然と関わる漁業という生業活動に注目して自然と人の関わりを論じ、人びとの生き方を明らかにする。以下では先行研究と生業誌との関係を検討し、生業誌という視点が明らかにする課題を論じよう。

(1)　先行研究と生業誌という視点の位置

生業誌とよく似た議論として自然誌や生業複合論の議論がある。ここではまず自然と人の関わりに注目した議論のうち自然誌や生業複合論の議論との差異を示しながら、生業誌の特徴を述べよう。

自然誌を論じる先行研究は、自然に関わる人びとの活動を、自然に主眼を置いて検討してきた。いわば自然誌は人びとの活動を通して自然を描く方法である。この自然誌には大きく分けて二つの方向性がある。

一つは自然と深くつきあいながら暮らす人びとの知識や認識の世界を明らかにしようとするもので、民俗自然誌やエスノ・サイエンスなどと名付けられたものである。もう一つは人びとの自然資源の使い方に注目し、自然資源がいかに使われてきたのかを記述するものであり、いわば資源利用誌である。

前者は自然と人の密接な関わりを記述することを目的としている。前者の研究は人びとが自然に働きかけることによっていかにして自然に対する理解を深めていくのかを描き、人びとの自然に対する理解の体系を明らかにする。一方、後者は人びとが自然に対して深い理解があることを描き、その知識を運用する人びとが自然資源をどのようにコントロールしながら使っているのかを人間関係に注目しながら記述する。前者はいわば人びとの自然誌であり、後者はいわば自然資源誌である。

前者の民俗自然誌やエスノ・サイエンスについての議論は、基本的には序章で触れた自然と個人の関わりに注目する。渡辺仁は自然史という言葉を使って、人びとの活動を自然との関わりを通して検討する生態人類学の視点を論じている［渡辺 一九七七］。渡辺は人びとの活動をみる視点はそれぞれの分野に分散して専門化しており、統合的な見地に欠けると指摘している。そして人文地理学や文化人類学、環境生理学、遺伝人類学など、それぞれの専門分野の立場を異にしながらも自然誌の見地から生活の構造と機能を検討する統合的なアプローチとしての生態人類学の可能性を論じている。

渡辺が論じる生態人類学的なアプローチと同様の視点から人びとの活動を論じたものに篠原の民俗自然誌がある。篠原は民俗学の立場から生業の対象として自然を使ってきた人びとの生活を論じている［篠原 一九九五］。篠原は動物や植物の生活についての科学的な記述を自然誌とし、ある生業を営む人びとの生活全体を記述することを民俗誌と定義する。そして自然と深く関わる人びとが伝承や観察のなかで獲得してきた自然知の体系を記述することを民俗自然誌と定義している［篠原 一九九五：四］。この篠原の議論は共時的な視点に主眼を置いて自然と個人の関わりを検討し、自然と個人の深い関わりとそこにみられる人びとの経験的知識や実践を詳細に論じている。

民俗自然誌と同じように、人びとの日々の暮らしのなかで培われる自然に対する知識を扱ったものにエスノ・サイエンスの議論がある。寺嶋は人びとが日々自然と深くつきあいながら観察や試行を繰り返す、いわば文化のなかに埋め込まれた人びとの経験の束こそがエスノ・サイエンスであるとする［寺嶋 二〇〇二a］。そしてエスノ・サイエンスは近代科学のように単一の視点に固定されたものではなく、いくつもの視点をもった動的で複眼的なものだという。寺嶋は薬用植物の利用を事例として、限りなく拡散していきつつ無秩序化せず、かつ固定化しない人びとの薬用植物に対する知識と認識を論じた［寺嶋 二〇〇二b］。

一方、後者の視点である自然資源の利用形態に注目した研究は、序章でも述べたように特定の自然資源に注目して、自然資源の使い方や社会的な規制を論じてきた。自然をよく知る人びとが自然資源を使うとき、どのように知識を運用して資源の枯渇を回避してきたのかが描かれた［秋道 一九九五など］。序章で述べたように、特定の自然資源に注目して、その使い方や社会的な規制を論じる研究には二つのアプローチがあった。一つは伝統的な資源利用を論じるものである。もう一つは特定の自然資源の利用をめぐって人びとがつくりだす社会的な規制の変容を論じるものである。伝統に注目した研究は持続的な資源の利用を支える複雑な人間関係を共時的に描いた。また自然資源の利用をめぐる社会的な規制の変容に注目する研究は、自然資源の使いつづけることをめぐって人びとが取り組んできたさまざまな営みを、社会や経済・政治・文化の変容との関わりのなかで通時的に論じてきた。

しかし序章で述べたように、人びとは特定の自然資源だけを使い続けてきたとは限らない。したがって通時的な議論をするのであれば、特定の自然資源を対象とするだけではなく、自然と関わって生きる人びとの集団が、何を資源として発見し、どのようにして生計を成り立たせてきたのかを問う視点が必要になるだろう。

前者の自然誌と同様な視点から生業活動に注目して、民俗学的に自然との関わりを論じたのが安室知である。安室は民俗学の生業研究が個別の生業技術をとりあげていた状況を批判し、人びとの生業を実際の活動に則して検討する必要性を論じた［安室 一九九二］。そして人びとの生計活動を総合的にみる視点として生業複合論を提示した［安室 一九九八］。安室が論じた生業複合論の成果は、民俗学の生業研究者がとるに足らないとみなしてきた生業活動を再評価して議論の俎上にのせ、人びとの自然に対する働きかけが同時代的に多様な広がりをもっていることを示したことである［安室 一九九八］。

篠原の民俗自然誌や寺嶋の論じるエスノ・サイエンスが個人を対象として自然と人の関わりの深い知識を探ろうとしたのに対し、安室の生業複合論はある時代の自然と人の関わりの多様性を示した。一方、特定の自然資源の利用に注目した研究は人びとが自然資源をめぐって通時的にみればさまざまな関わり方をしてきたことを示した。

生業誌という視点は、これらの先行研究の視点を援用しながら、人びとが生きてきた経験とその過程を明らかにしようとするものである。人びとの生き方を過程として論じる上では、先にも述べたように、人びとが自然と関わってどのような活動をし、政治や経済、環境などの変化に対してどのような選択をし、どのように地域社会や漁業者集団をつくってきたのかを明らかにすることが必要である。地域社会や漁業者集団、個人の経験は密接に関わっており、それらを生き方として検討するには通時的な視点が欠かせない。

篠原や寺嶋、安室の研究が明らかにしたのは、人びとが自然と関わって生きる手段である。これらの研究は人びとの自然への関わり方がつくりだす生活世界を論じてきた。一方、自然資源の利用の問題として自然と人の関わりを論じてきた研究は、自然資源自体がどのように使われてきたのかという、資源を主語とした資源利用誌を明らかにしてきた。

本書が生業誌という視点を使って論じたいのは、先行研究が明らかにしてきた生きる手段を人びとがどのように選択し、その手段を用いてどのように生業活動を営み、またそれをどのように変容させてきたのかという過程の問題である。そこでは自然資源をどのように使うかという人びとの資源利用誌も重要な視点である。これを人びとの生き方という視点でみるときには、人びとはどのように自然資源を使って生きてきたのかという視点で、資源利用の変容をみることになる。

以上をまとめると、生業誌の課題はこれまでの先行研究が論じた生きる手段や資源利用誌の成果を使いながら、人びとの営みの全体像を人びとの生き方という問題としてとらえ直すことである。以下では生業誌という視点が明らかにできることを整理しよう。

⑵ 生業誌という視点が明らかにできること

生業誌はこれまで述べてきたように、自然と人の関わりに注目して人びとの生き方を検討する視点である。そして人びとの生き方を検討する手段として、先行研究の成果をふまえ、自然と人の関わりを自然と地域社会の関わり、自然と漁業者集団の関わり、自然と個人の関わりの三つに分けて検討し、人びとの生き方を包括的に理解することをめざす。

しかし地域社会、漁業者集団、個人というように、自然と関わる人びとの活動のどの部分に焦点を当てるかによって、序章でみたように、検討すべき課題が異なる。以下ではそれぞれの位相から明らかにできることをもう一度確認しよう。

(i) 自然と地域社会の関わりを検討してできること

自然と地域社会の関わりに注目すると、生業活動をする人びとが住む地域社会の特徴を明らかにできる。自然と地域社会の関わりを論じる先行研究は漁撈組織や青年宿、親方—子方関係などの生産構造をとりあげたり、親族や町内会、信仰組織などの集落の社会構造をとりあげたりしてきた［桜田 一九八〇、竹内 一九九一、高桑 一九九四、中野 二〇〇五］。こうした地域社会の構造が、自然との関わりのなかでどのように構成されていくのかを論じるのが自然と地域社会の関わりに注目して論じる課題である。

ここで問題となるのは自然と地域社会の関わりというときの「自然」である。序章の先行研究の整理で述べたように、藪内は自然にも変容という視点を持ち込んだ［藪内 一九五八］。そして変容する自然を相手に生きる地域社会の構造の変容を描いた。

人びとが生業活動を通して向き合う自然が、人びとによって意味づけられるとすれば、自然と地域社会の関わりは社会構造や歴史を検討する視点とともに、自然と向き合う人びとの活動に注目し、その活動がどのように変容するかを検討することが必要である。そこで本書では、自然と地域社会の関わりを人びとの活動に焦点を当てて検討する。

地域社会を対象として自然と人の関わりを検討する利点は、特定の生業活動に関わる人びとだけでなく、その生業活動に直接関わらない地域社会の成員をも検討の対象とできる点である。つまり漁業をおもな生業とする地域社会を対象としながら、その地域に住んで漁業に直接的に関わらない人びとも含めた自然と人の関わりを検討できるということである。竹内や桜田が論じたように、漁村には漁をまったくしない人びとや家もある［桜田 一九八〇、竹内 一九九一］。自然と地域社会の関わりでは、それらの人びとも射程に入る。

地域社会の生業構造が変わると、人びとのなかには自然資源を使わなくなる人びとも出てくる。そのような人びとが地域社会にとどまってその社会の成員となるのか、または成員とはならずによそに出ていくのかは一面では経済的な問題であるが、同時に人間関係の問題としても検討できる。人びとは生業活動を通して自然と関わり、その関わりで理解した自然をもとに地域社会の社会構造や生産構造をつくりだす。人びとの個人的な選択は、その社会構造や生産構造にも影響されるのである。

地域社会の社会構造や生産構造は、人びとの生業活動の変化とともに、変わっていくものでもある。すると社会構造や生産構造は単に現在をくわしく論じればよいだけでなく、変容をみる通時的な視点からも検討しなければならないだろう。

(ii) 自然と集団の関わりを検討してできること

自然と漁業者集団の関わりを検討すると、人びとが自然資源の利用や分配をめぐってつくりだす集団の構造や社会的な規制の変容を描くことができる。ここでいう集団とは自然資源を使う当事者たちである。つまり自然と地域社会の関わりが漁業をしない人びとをも検討の対象としていたのに対して、自然と漁業者集団の関わりは実際に自然資源を使う人びとの集団を対象とする。

序章でみたように、漁業を対象として資源利用を論じた先行研究は特定の自然資源に注目することが多かった。そうした研究は自然資源を利用する伝統的な慣行に注目したり、特定の自然資源の利用をめぐる社会的な規制の変容を描いたりしてきた。

資源利用の持続性を論じようとすると、人びとが使い続けてきた自然資源に注目がしちになる。[*2] しかし人びとは一つの自然資源や特定の種類の自然資源を使い続けてきただけではない。自然資源は人びとがいくら持続的に使おうとしても枯渇することもあるし、また社会的・経済的な意味で価値を失うこともある。そのとき、人びとは新たな自然資源をみつけたり、それまでとは異なる形態の生業活動をはじめたりすることを通じて事態の打開を図ってきた。

このような生業活動の変化は自然資源を使う当事者たちの集団を対象とすると、序章で述べたように自然資源の発見―利用―利用放棄のプロセスとして描くことができる。そしていくつもの自然資源の発見―利用―利用放棄のプロセスをみることによって、多様な自然資源を使いながら暮らしてきた人びとの営みを通時的に描くことができる。

この自然と漁業者集団の関わりを検討することの利点は、集団を対象とすることによってある生業活動を続けてきた人びとの人間関係の変容を描けるという点にある。一方で地域社会と自然の関わりを論じる場合とは違い、自然資源を使わなくなってしまった人びとや自然資源の利用に直接的に関わらない人びとについては扱いづらい。

(iii) 自然と個人の関わりを検討してできること

自然と個人の関わりに注目すると、多くの先行研究が示しているように、生業活動をする個人が自然と関わりあう現場で運用したり解釈したりする個人の経験的な知識をくわしく論じることができる。自然と個人の関わりについての検討は、共時的な側面から生業活動をとらえる傾向が強くなる。

つまり自然と地域社会の関わり、自然と漁業者集団の関わりを問うときには、人びとが自然資源をどのように使ってきたのかを問うのに対し、自然と個人の関わりを問う視点は、自然資源を使う人びとの知識を問う。たとえば潮の流れをどのように読み解くかは、現場での人びとの活発な情報交換があるにしても、個人が現場の状況に応じて経験的な知識を蓄えつくりあげた民俗知識を運用するものであり、個人的な経験でもある。

自然と地域社会の関わりや自然と集団の関わりを論じると、自然資源の利用については理解できそうに思える。しかし人びとが自然資源をいかに使うかは、人びとが働きかける対象である自然をどのように理解しているかを反映しており、その理解の束である民俗知識をどのように運用しているかによって変わる。

つまり社会的な規制は民俗知識の運用に影響を受ける。したがって自然と個人の関わりを検討しなければ、自然と人の関わりや人びとが地域でどのように生きてきたのかという問いに十分に答えられないだろう。

(iv) 三つの関係性を包括的に論じる意義

ここまで自然と人の関わりを自然と地域社会の関わり、自然と漁業者集団の関わり、自然と個人の関わりの三つに分けて検討することで明らかにできることをみてきた。三つの関係性を検討する研究はすべて自然と人の関わりを論じているが、それらは縮尺度の異なる問いである。

今西錦司は『生物社会の論理』のなかで、「記述における縮尺度」について論じている［今西 一九七四：八九―九五］。今西は生物的な自然を論じるとき、生物的な自然体自体は一つしかないが、それを一眼で見渡す方法がないという。そこで縮尺度を決めて資料の選択をして記述しなければならないという。しかし大きな縮尺からだけ生物的な自然を描くか、逆に小さな縮尺からだけ生物的な自然を描くか、どちらか一方からだけでは生物的な自然は我々にとって理解に役立つように記述されたとはいえないと論じている。*3

縮尺度に関する考察のなかで今西が指摘する「記述における縮尺度」の発想は、現代の自然と人の関わりを論じるときにも有効である。つまり地域社会に焦点を当てて自然と人の関わりをみるときと、少し焦点を絞って自然資源を使う当事者たちに焦点を当てて自然と人の関わりをみるときと、さらに焦点を絞って個人に焦点を当てて自然と人の関わりをみるときとでは、みえるものが異なる。しかしすべての視点は、結果として自然と人の関わりを論じることを目的としている。つまり、いずれかの視点だけから自然と人の関わりをとらえるならば、たしかに自然と人の関わりをとらえることにはなるものの、それ自体は自然と人の関わりの一部しかいいあらわしていないことになる。

もちろん、いくつもの視点を示したところで、それが対象の全体像を示していることにはならない。しかし自然と人の関わりをより深く理解しようとすれば、一つの視点からの結果だけではなく、複数の視点から対象を検討し包括的に論じる必要があるだろう。それが自然と人の関わりを理解するということである。そして生業誌は自然と人の関わりを検討することを通じて、生業活動に携わる人びとの生き方を包括的に検討することをめざしている。

(3) 通時と共時の両側面から対象を検討する有効性

ここまで自然と人の関わりを論じる三つの関係性を論じるなかで、対象を通時と共時の両側面から検討する必要があることを強調してきた。以下では通時と共時の両側面から対象を検討する必要性と有効性について確認しよう。

序章の先行研究の整理でみてきたように、漁業を対象として自然と人の関わりを論じる議論には共時的な側面から検討するものと通時的な側面から検討するものとがある。前者は対象とする集団が現代またはある時代にどのように自然と関わっているのかをくわしく検討し、自然と関わって生きる手段を論じてきた。また後者は対象とする集団が漁獲の対象である自然資源をどのように使ってきたのかという変容に注目して論じてきた。

先にも述べたように、本書は生業誌という視点を使って人びとの経験とその履歴である過程である人びとの生き方を検討し、戦後七〇年にわたる日本漁業の変容を人びとの経験に注目して描く。本書がこの目的を達成する上で、通時的な視点から人びとの経験を検討することは欠かせない。しかし経験のとらえ方は、通時的にのみ描かれるものではないことは、これまで述べてきたとおりである。人びとが直接的に自然に働きかける活動は、共時的に描くことが有効である。

つまり包括的に人びとの生き方を論じようとする生業誌という視点では、通時的な視点と共時的な視点の両面から対象を検討し、人びとの経験を扱うことが重要なのである。以下では生業誌が通時と共時それぞれの視点から検討できる点を整理しておこう。

(i) 通時的な視点が明らかにできること

通時的な視点から漁業における人びとの経験を検討すると、人びとがどのように生業活動を営んできたのかを記述することができる。現代はグローバル化が進む時代であり、その変化は速い。人びとは政治や経済・技術・自然の変化など、急速に変わる身のまわりの事柄を敏感にとらえて、それらに対処しながら生きている。通時的な視点を用いることで扱えるのは、こうした変化に対して、人びとが対処しながら繰り出す創意や工夫である。

たとえば伝統と現代の対立構図のなかで自然と人の関わりを論じると、変化の結果としての現在をくわしく描き、それが過去とどう違うかという点を検討できる。一方で、伝統と現代の対立構図では、変化の過程は扱いづらい。通時的な視点を用いる利点は、この変化の過程をくわしく論じられる点にある。

これまでも述べてきたように、漁業に携わる人びとは変わらない生活を戦後七〇年間続けてきたわけではなく、刻々と変わる身のまわりの状況をとらえて対処してきた。その対処は地域社会の構造、使う自然資源の種類、人びとの自然に対する認識など、人びとの活動に影響を与えてきた。したがって通時的な視点を用いて、人びとの活動がどのように変わったのかを論じることは重要な課題なのである。

(ii) 共時的な側面が明らかにできること

共時的な側面は自然と深く関わる人びとの技術や技能、知識などを克明に記述することができる。本書で共時的な側面といっているのは参与や観察などの調査方法を通して知ることのできる事柄である。人びとが自然をどのようにみているかは、人間関係の問題だけでなく、人びとの自然に対する直接的な働きかけから明らかにすべき課題である。そこでは、どう変わったかではなく、どのようにしているかという共時的な視点からの検討が重要になる。

重要なことは、人びとの生き方を知ろうとすれば、通時か共時かのどちらかから対象を検討すれば事が足りるのではなく、通時と共時の両面から人びとの活動を検討することが必要であるということである。

3 戦後七〇年の漁業をみる視点としての生業誌

以上みてきたように、生業誌は通時と共時の両側面から、自然と地域社会の関わり、自然と集団の関わり、自然と個人の関わりを検討し、人びとの生き方を過程の問題として明らかにする視点である。本書はこの生業誌の視点を使って、戦後七〇年にわたる日本の漁業の変容を人びとの経験に注目して論じる。

本書では、戦後七〇年間にわたる日本漁業の変容を論じるために、序章で述べたように四つの地域の具体的な事例を扱う。本書で扱う事例は一つの調査地で検討した結果をふまえ、その調査地で検討した問題をより検討しやすいように調査地を変えて検討してきた結果を反映している。したがって、地域も、対象とする時代も、また生業形態も異なる事例である。しかし全体を通してみれば、戦後七〇年間にわたって漁業という生業活動をする人びとが経験してきた生業や地域の変容を示している。以下、次章から具体的に事例を検討して、人びとが経験した戦後七〇年にわたる漁業についてみていくことにしよう。

註

＊1　野口はこの民俗誌をきっかけに、地域の住民が主体となって自分たちの生活をくわしく記録し、さらに人間の考え方の根本を問い直すような報告をつくることを期待していた。本書ではこの点は論じないが、野口の願いは普通のことに人びとが価値をみいだす方法を提供することだったといえるだろう。

＊2　三浦耕吉郎は資源利用の成功例を扱うことが、結果としてその自然資源の利用の構造から排除されたり差別されたりする人びとを捨象する可能性があることを指摘している［三浦 二〇〇五］。

＊3　ネズミの分類について検討した金子之文は、今西の議論はいまや生物学的な論点からみればそれほど評価されていないが、縮

尺的なものの見方については再評価すべきだという［金子 二〇〇六：一五六―一六〇］。金子は、対象に近づいたときと離れたときの対象のみえ方は一見違うが、いずれの見方も真であるという。対象をみるときインテンシブにみるか、エクステンシブにみるかでみえ方は変わるのであり、さまざまなスケールでみる必要があるという。

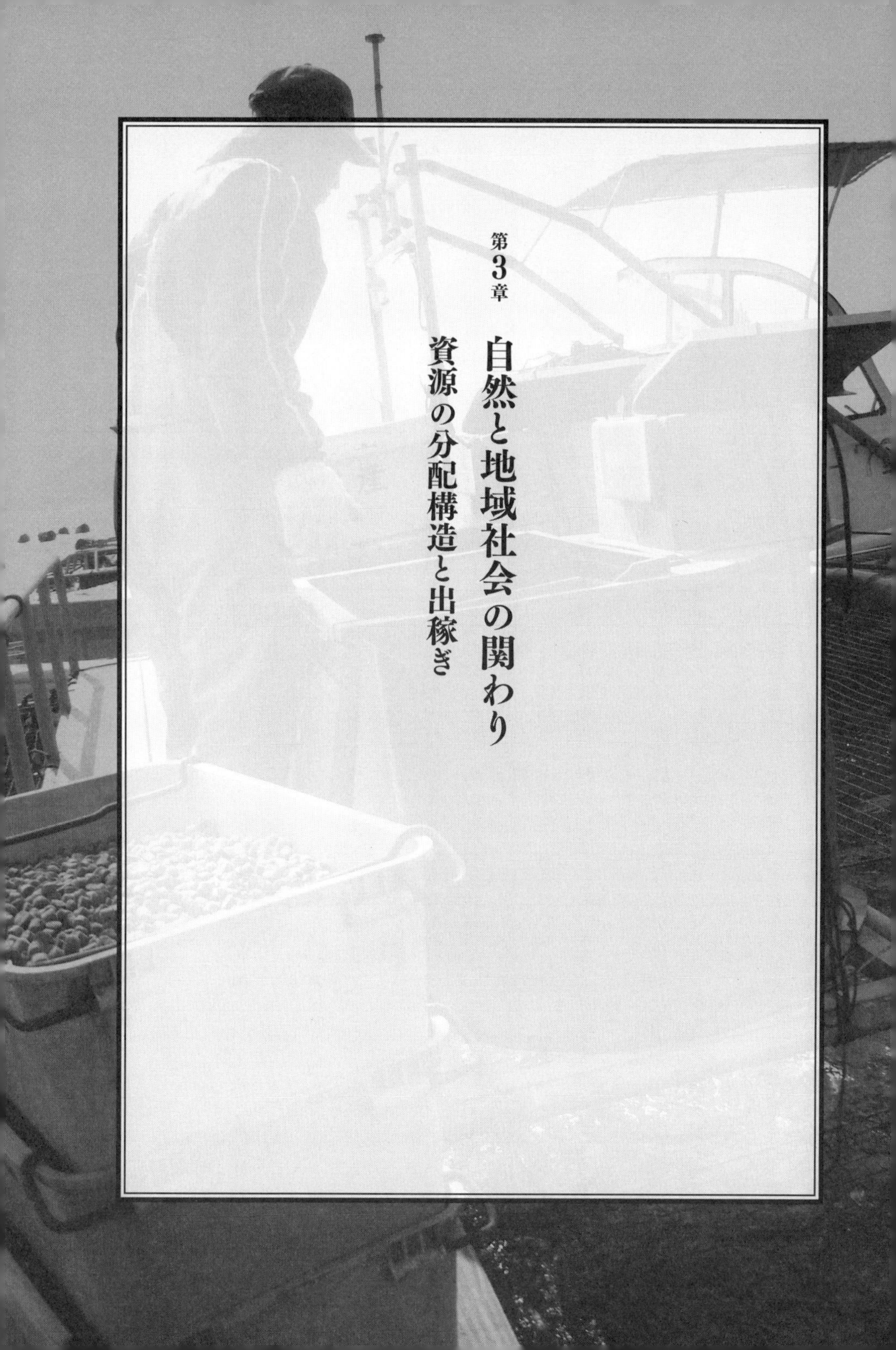

第3章

自然と地域社会の関わり

資源の分配構造と出稼ぎ

1　生業戦略にみる自然と地域社会の関わり

本章では第二章で論じた生業誌という視点にもとづいて、序章で示した自然と人の関わりのうち、自然と地域社会の関わりをとりあげて具体的な事例をもとに検討しよう。

自然と地域社会の関わりについて検討すべき課題は、序章で整理したように、自然と関わる経験を通じて人びとが共通の認識としてつくりあげていく自然への理解が、地域社会のあり様をどのように規定していくのかを検討することである。

本章で事例とするのは青森県の小泊村と佐井村という二つの漁村である。この二つの村は漁業がさかんであり、また同じ青森県に属し地理的にも文化的にも似た背景をもつ。しかしこの二つの村は出稼ぎという働き方に対してまったく逆の態度をとってきた。二つの村のうち、小泊村は都市に出稼ぎに行くことに寛容な態度をとり、出稼ぎをしても村に戻ることができる体制をつくってきた。一方、佐井村は都市に出稼ぎに出るのであれば、漁業を辞めざるをえない状況をつくってきた。つまり二つの村は似た環境にありながら、村にいることのできる人びとをまったく違う形で規定してきたのである。

この二つの村がとった出稼ぎに対するまったく異なる態度は、漁業において人びとが自然をどのように理解し、何を自分たちにとって必要な資源としてきたかという自然との関わり方の違いに根ざしている。そして自然との関わり方が個人を越えて地域社会で共有されることによって生じた違いであった。

こうした違いを理解しようと思えば、漁業者集団の経験を論じるだけでなく、それが地域社会の構成に及ぼした影響を検討することが必要になる。序章で地域社会を対象とする意義を説明し、漁村には漁業に直接的に関わる人びとと間接的に関わる人びとがいると述べた。本章で扱う出稼ぎをする人びとは漁業への関わりが間接的になった人びとである。地域社会を対象として自然と人の関わりを論じる利点は、ここに示した出稼ぎのような漁業とは直接関係のない稼ぎ方をしながら地域社会に属し続けるような人びとをも含めた自然と人の関わりを検討できる点にある。

出稼ぎという稼ぎ方が生じる原因はしばしば、経済的な要因として説明される。漁村について検討した研究でも、出稼ぎという働き方は、地元の漁業では稼げないことが原因で生じると論じてきた［藪内 一九五八、高桑 一九八三］。たしかに地元で稼ぐ手段がないことは人びとが出稼ぎに行く動機になる。しかしこうした議論には、稼げないならば人びとはなぜ移動しないのかという疑問もついてまわる。

この「人びとは稼げないのに、なぜ移住しないのか」という問いに答えるには、人びとはなぜ地域社会にとどまることができるのかを地元の生業活動との関わりのなかで検討することが必要になるのである。

そこで本章ではこの二つの集落で営まれる漁業に注目し、その生業戦略と資源分配の構造の違いを生業誌という視点から比較する。そして、出稼ぎという働き方に対する二つの村の態度と生業戦略、資源分配の構造の違いを結びつけることで、その関係性が地域社会の人びとの構成に与えた影響を検討しよう。

本章を書くにあたって使ったデータは、小泊村のデータは一九九六年から一九九八年にかけて弘前大学人文学部人間行動コースの実習に参加するなかで筆者が聞き取り・整理したものと、一九九九年に筆者がさらに個人で集めたものである。また佐井村磯谷集落のデータは、一九九九年から二〇〇〇年にかけてのべ三週間にわたって筆者が調査をして集めたものである。以下では、両村の生業戦略の違いをくわしくみていこう。

2 生業戦略の異なる二つの村の漁業

(1) 二つの村の集落構成

小泊村と佐井村はともに青森県内にある漁業がさかんな村である（図3-1）。ともに長い海岸線をもち、山がちな地形である。一九九五年発行の『平成五・六年度青森県統計年鑑』をみると、両村はともに森林率が九〇パーセントを超え、農地も少ないなど、一見すると地理的な特徴は似ている。

しかし村内の構成をみると、小泊村と佐井村には違いがある。小泊村は村全体が漁業に特化しているのに対して、佐井村には農業に特化した集落と漁業に特化した集落がある。

小泊村には北から袰内、小泊、下前、折戸の四集落があるが、小泊村の中心集落は小泊と下前である。小泊村の人口のほとんどはこの二つの集落に集中している。そして、この二つの集落では漁業に従事する人びとが多い。小泊村で漁業に従事する人びとは一九九五年現在、国勢調査の一五歳以上就業人口の二九・一パーセントを占めている。

一方、佐井村には北から原田、古佐井、大佐井、矢越、川目、磯谷、長後、福浦、牛滝の九集落がある。この九集落のうち、北側の原田、古佐井、大佐井の三集落と山側にある川目の合計四集落は農業を中心とする集落である。とくに、原田ではまわりに平らな土地が広がっており、稲作を中心とする農業がさかんである。佐井村は大佐井を過ぎて南へ向かうと山が険しくなる。その山と山のあいだに点々と続く矢越、磯谷、長後、福浦、牛滝の五集落は漁業がさかんな集落である。これらの五集落のまわりには山がせまり、田畑を切りひらく場所はほとんどない。一九九五年現在、佐井村の一五歳以上就業者人口のうち二一・九パーセントが漁業従事者である。そしてこのほとんどは佐井村の矢越、磯谷、長後、福浦、牛滝に住む人びとである。

以下では、小泊村と佐井村の漁業集落における生業戦略の違いについて、くわしくみていこう。

(2) 小泊村と佐井村の異なる生業戦略

小泊村の人びとと佐井村の人びとがとってきた生業戦略は大きく異なる。小泊村の人びとは少ない種類の自然資源を追いかけて漁場を拡げていく漁場拡大型の漁業をしてきた。小泊村の人びとはこのような拡大型の漁業を「とれるところに出かけてとる」という言葉でいいあらわす。一方、佐井村の人びとは特定の範囲のなかで育つものや季節ごとにやってくる自然資源をとる漁業をしてきた。いわば佐井村の人びとがしてきた漁は地先型の漁業[*1]ということができる。このような佐井村の漁業は小泊村の人びとの「とれるところに出かけてとる」という言葉に対比していえば「目の前にあるものをとる」という言葉でいいあらわせるだろう。

以下ではとっている水産資源の漁獲量と漁獲金額、漁に使う船の種類、漁業を営んでいる一世帯あたりの漁獲金額を、『青森県海面漁業調査』を使って統計の面から比較して、小泊村と佐井村の漁業の特徴を明らかにしよう。

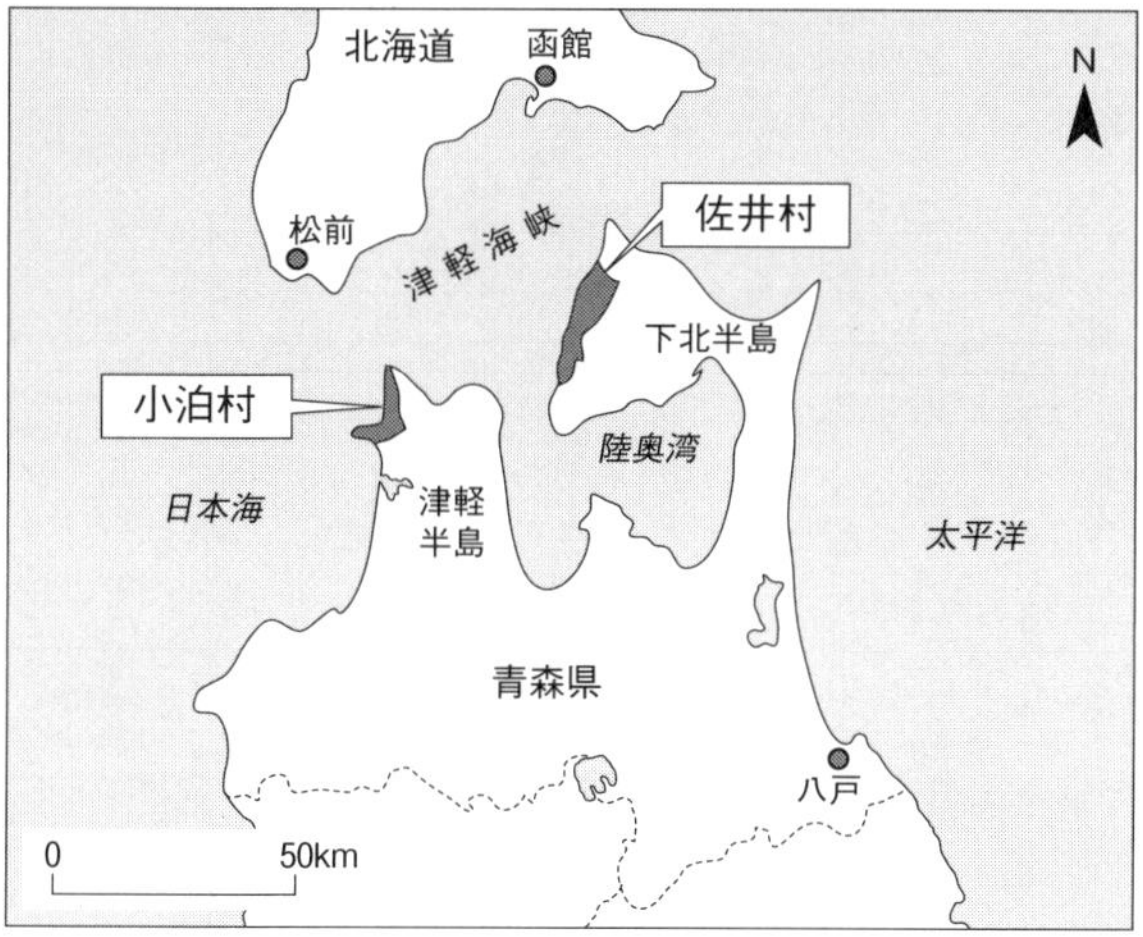

図3－1　小泊村と佐井村の位置

(i) 漁場拡大型漁業を営む小泊村

小泊村の漁業の特徴は少ない種類の水産資源に特化して、比較的大型の漁船を使い高額な漁獲金額をあげている世帯が多いことが特徴である。

まず、小泊村で重要な水産資源についてみていこう。小泊村で重要な水産資源はスルメイカとウスメバル、ヤリイカである。[2][3][4]一九九七年の『青森県海面漁業調査』から漁獲量をみると、スルメイカが年間の全漁獲量の八一・三パーセントを占めており、ウスメバルが五・四パーセント、ヤリイカが四・八パーセントと続いている（図3-2）。また同じ資料からの漁獲金額をみると、スルメイカが年間の全漁獲金額の五三・一パーセント、ウスメバルが二二・七パーセント、ヤリイカが一三・七パーセントを占めていた。小泊村の漁師たちにとっては漁獲量からみても漁獲金額からみても、スルメイカ・ウスメバル・ヤリイカが重要な魚種なのである。漁獲量と漁獲金額からみると、小泊村の人びとは、スルメイカ・ウスメバル・ヤリイカという少ない種類の自然資源に特化した漁業をしているといえる。

次に、漁に使う漁船についてみよう（図3-3）。小泊村にある漁船の三分の一が五トン以上だった。一九九七年の『青森県海面漁業調査』によれば、小泊村の漁船は三六九隻で、そのうち三六パーセントにあたる一三三隻が五トン以上の漁船だった。一般に、五トン以上の船はスルメイカ漁で使われている。五トン以上の船のなかでも小泊村の「とれるところに出かけてとる」漁業を象徴しているのが一〇トン以上の船である。一〇トン以上の船は追いイカ漁と呼ばれる漁に使われることが多い。追いイカ漁は、一〇トン以上の船を使って、イカ釣りロボットと呼ばれる自動でスルメイカを釣る機械を一〇台以上載せ、九州から北海道最北端までの日本海の広い範囲でスルメイカをとる漁である。季節ごとに変わるスルメイカの生息場所を追って漁をすることから、その名前がついた。追いイカ漁をする一〇トン以上の船は小泊村に四二隻あり、全体の一一パーセントを占めている。

次に世帯あたりの漁獲金額を上の二つと同じ資料からみてみよう。小泊村の漁業では、年間五〇〇万円以上の漁業収入をあげている漁業経営体が多い（図3-4）。[5]年間五〇〇円万以上の漁業収入をあげる漁業経営体は、全二六九経営体のうち五三パーセントにあたる一四四経営体である。この数は小泊村の人びとが比較的規模が大きい漁業をしていることを示している。

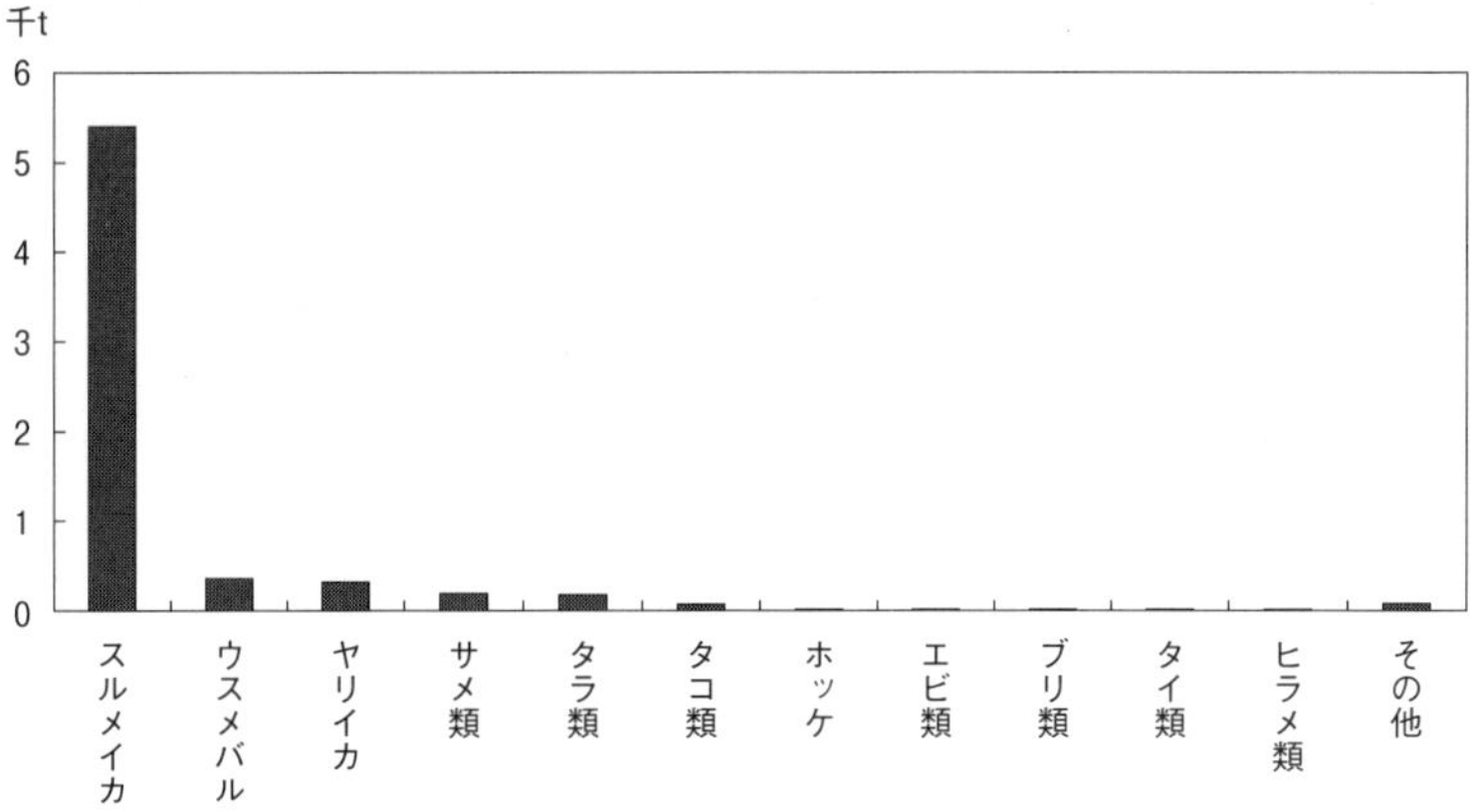

図３－２　小泊村の魚種別漁獲量

注：『平成９年度　青森県海面漁業調査』より作成。

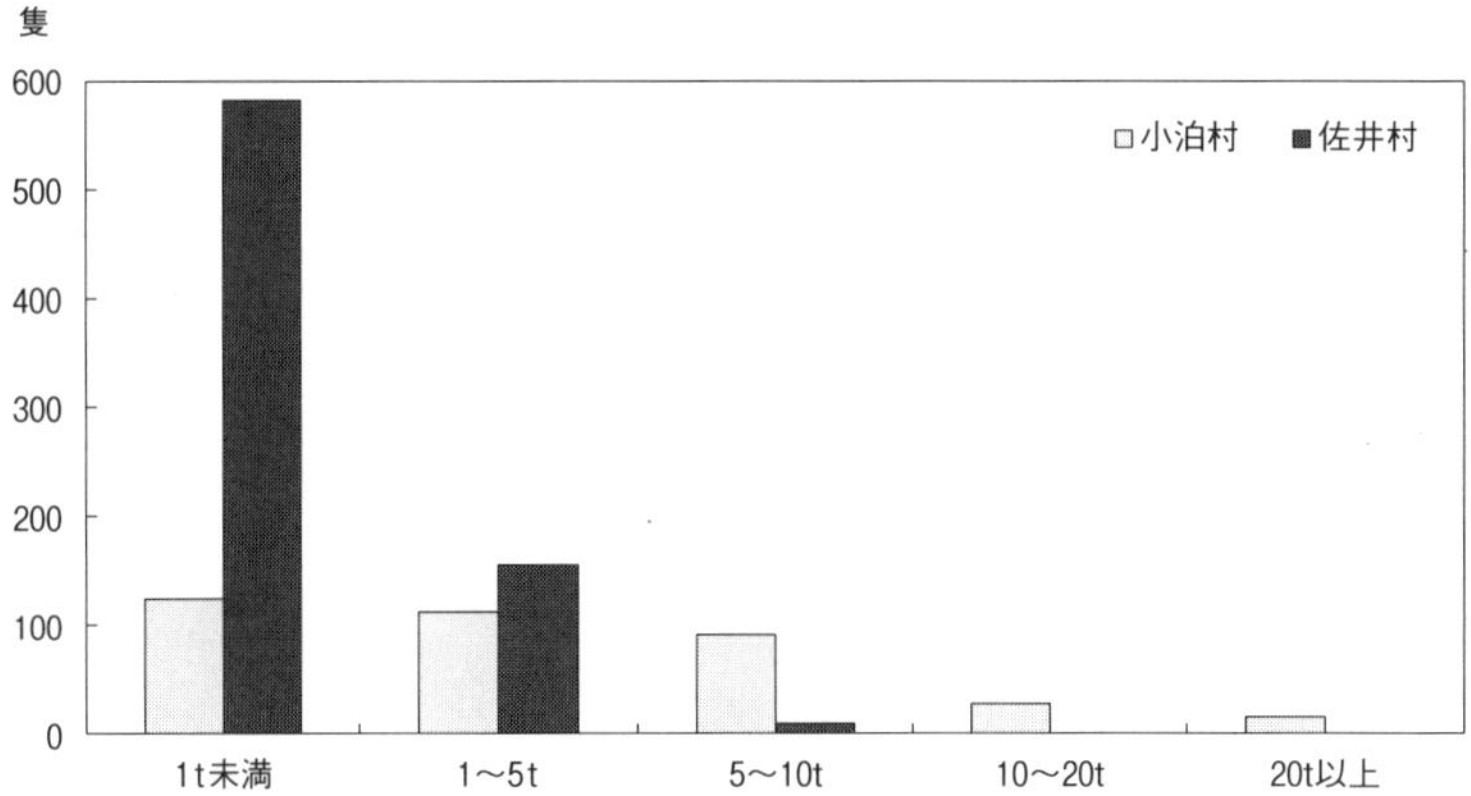

図３－３　小泊村と佐井村で漁に使われる漁船の大きさ

注：『平成９年度　青森県海面漁業調査』より作成。

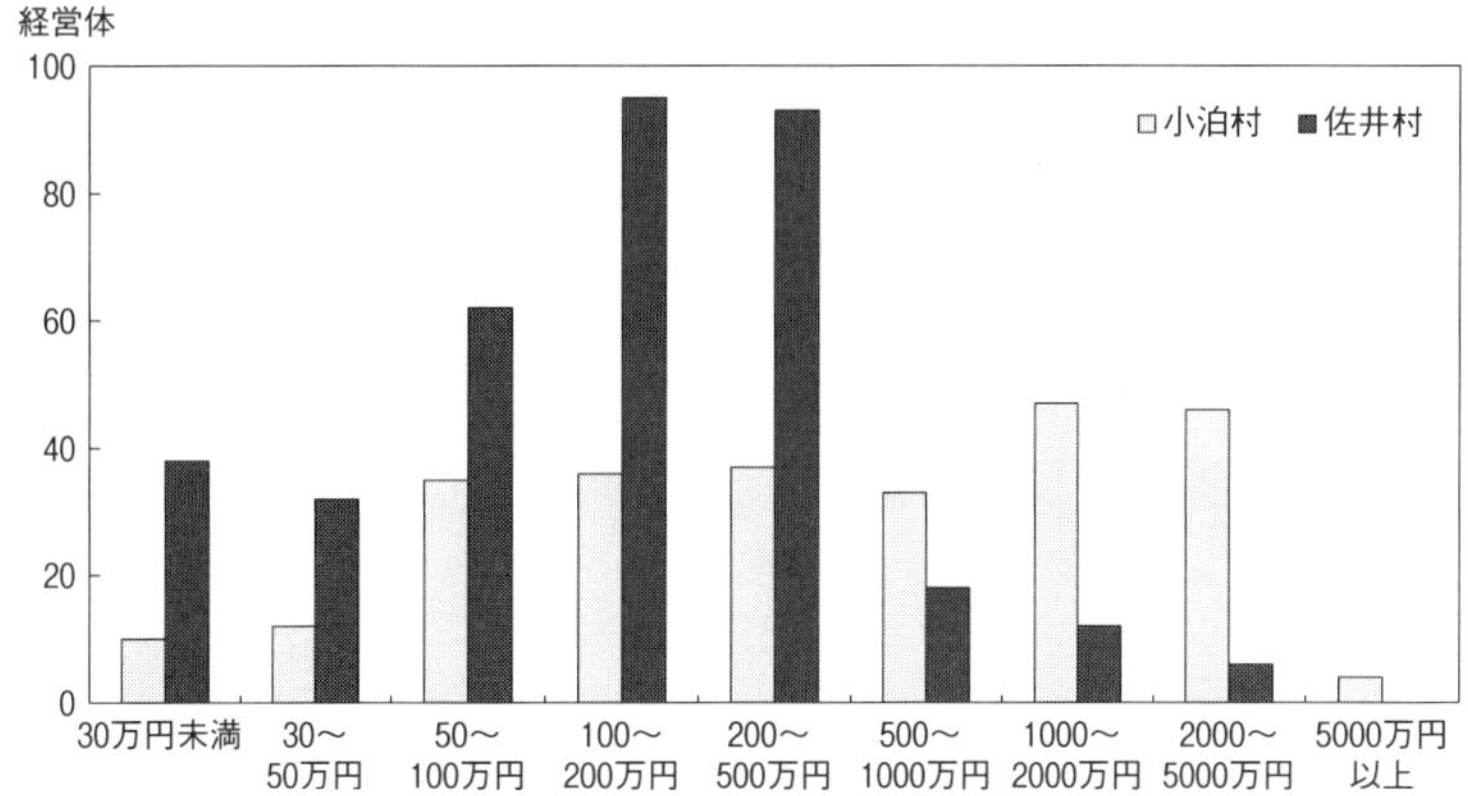

図３－４　小泊村と佐井村の漁獲金額別漁業経営体数

注：『平成９年度　青森県海面漁業調査』より作成。

(ii) 地先型漁業の佐井村

小泊村が規模の大きな漁業をしているのとくらべると、佐井村の漁業は規模が小さく零細である。佐井村の人びとは好んで沿岸の自然資源をとってきた。佐井村沖の海は太平洋から津軽海峡を通って陸奥湾に流れ込む海流と、陸奥湾から津軽海峡に出ていく海流が流れる場所である。とくに浜から水深四五メートルまでの海は、海流に乗って季節ごとに回遊してくる魚の通り道になっている。またこの海はアワビやウニ、海草類のコンブやエゴノリなどのネッキモノも多く、佐井村の人びとにとって格好の漁場となってきた。この海は広いところでも浜から二キロメートル、狭いところでは一キロメートル程度であり、狭い海である。佐井村の人びとは、この限られた狭い海にやってきたり生息していたりする魚やネツキモノを資源としてとってきたのである。

地先の海の自然資源を好んで使ってきた佐井村の漁業は、特定の自然資源に特化するよりも、むしろ特定の漁法に特化して、使う船も小型で、漁業経営体ごとの漁獲金額も少ないのが特徴である。

まず、一九九七年の『青森県海面漁業調査』から漁獲量をみよう（図3-5）。佐井村で一年のうちでもっとも多くとっている自然資源はコウナゴである。全体の五九・八パーセントを占めている。次に多いのは七・一パーセントでタコ類であり、そのあとには七・〇パーセントでスルメイカ、六・七パーセントでサケ類が続いている。一見すると佐井村ではコウナゴに特化した漁をしているようにみえる。しかし漁獲金額をみると、佐井村の人びとが必ずしもコウナゴ漁に特化しているわけではないことがわかる。佐井村の一年間の漁獲金額のうちでもっとも多いのはヤリイカであり、佐井村全体の漁獲金額の一八・二パーセントを占めている。続いて多いのはウニの一四・五パーセントであり、コウナゴが一三・六パーセントでこれに続く。つまり佐井村の漁業は、漁獲金額からみると、どれかが突出して多いわけではないのである（図3-6）。

佐井村の漁業は、小泊村とくらべると、特定の自然資源を集中的にとり続ける漁ではなく、特定の漁法を続けてい

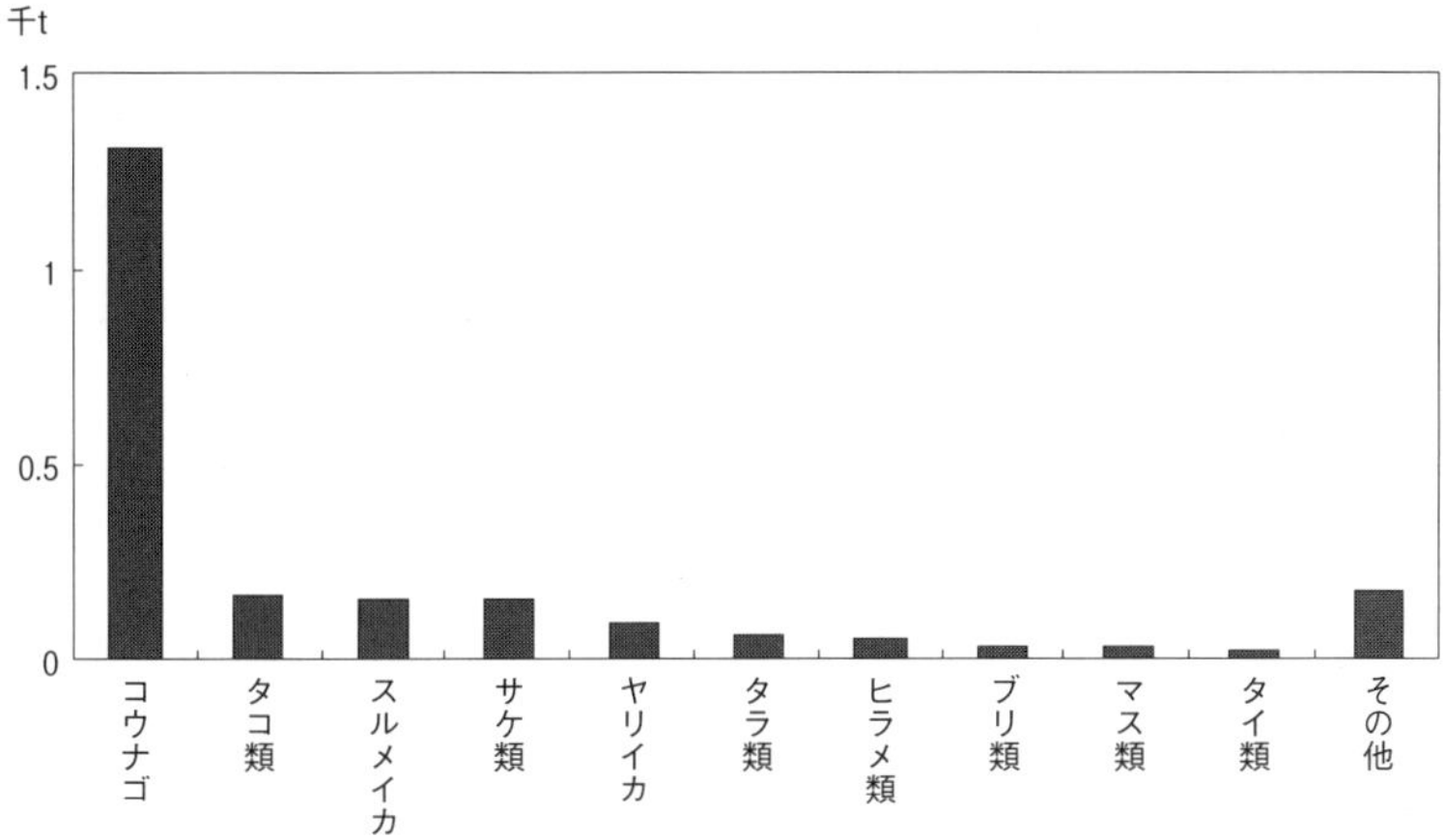

図3－5　佐井村の魚種別漁獲量（1997年）

注：『平成9年度　青森県海面漁業調査』より作成。

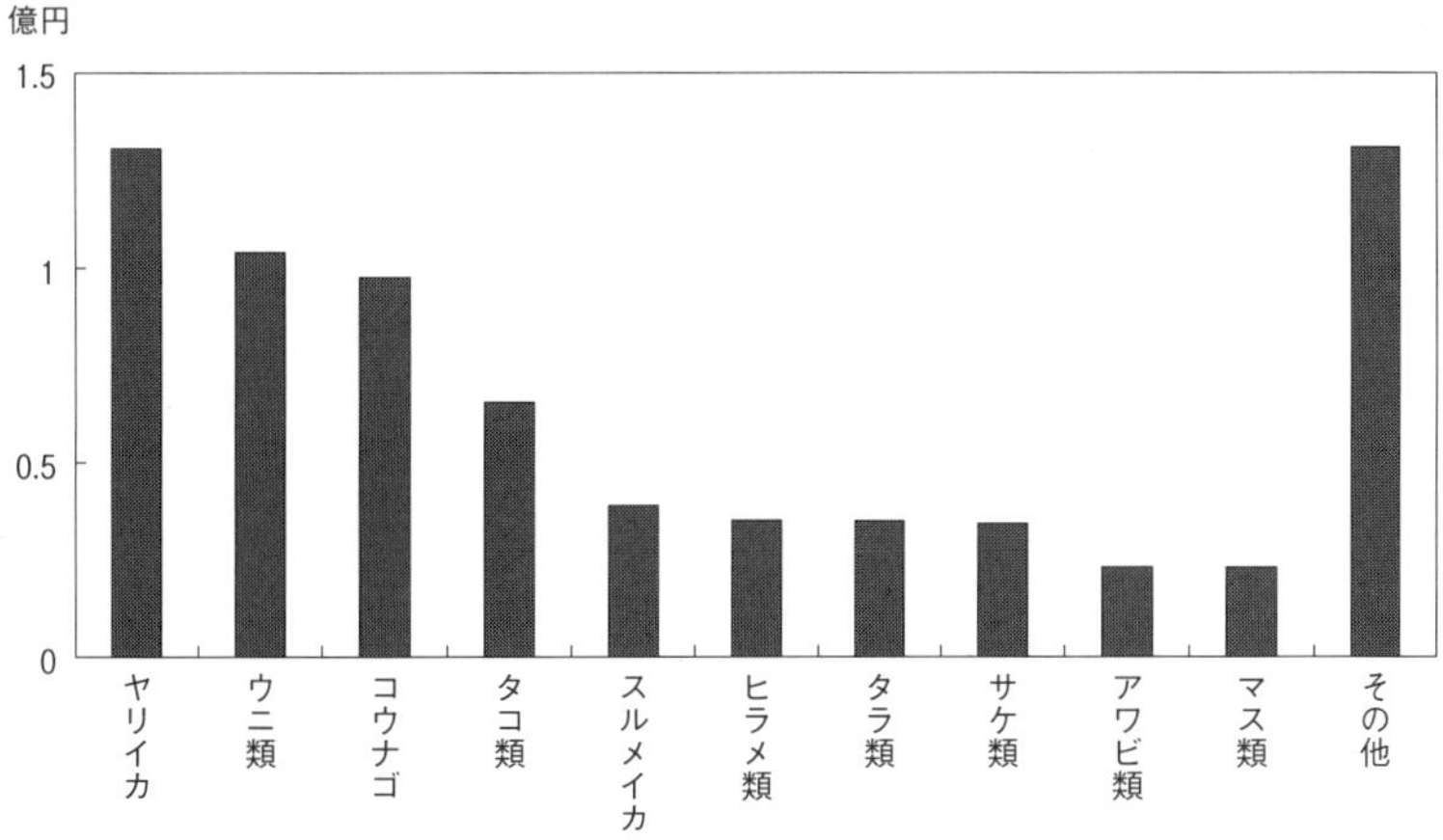

図3－6　佐井村の魚種別漁獲金額（1997年）

注：『平成9年度　青森県海面漁業調査』より作成。

ることに特徴がある。佐井村でさかんな漁は春のコウナゴ棒受け網漁、ウニカゴ漁、夏から秋にかけての小型定置網漁、秋のコンブ漁、秋から春にかけての改良底建て定置網漁である。とくに小型定置網漁や改良底建て定置網漁の期間が長く、人びとはこの定置網に入る魚をとって生計をたてている。

次に、同じ資料から漁に使う漁船をみていこう。佐井村の漁業で使われる漁船のほとんどは、一トン未満の船外機の漁船である（図3-3）。一トン未満の漁船は佐井村全体の漁船数七四六隻のうち七八パーセントにあたる五八二隻だった。また、五トン以上の船は九隻であり、小泊村とくらべると漁業に使う漁船の規模は小さい。このことからも、佐井村の漁業が地先の漁業に特化してきたことがみてとれる。

最後に上記の二つと同じ資料から、漁業経営体ごとの漁獲金額をみてみよう。佐井村のなかで漁業経営体の一般的な漁獲金額は一〇〇万円から五〇〇万円以下に集まっており、五〇〇万円以上の漁獲金額をあげている漁業経営体は一〇パーセントほどである（図3-4）。全体の九〇パーセントを超える漁業経営体が五〇〇万円以下である。また、年間の漁獲金額が一〇〇万円を下回る漁業経営体も全体の四〇パーセントを占めている。漁獲金額が一〇〇万円を下回る漁業経営体の多くは、農業や建設業など別の仕事をもちながら、漁業と年金を組み合わせた生活をしている。しかし年間の漁業収入が一〇〇万円以下の人びとを除いたとしても、漁師の多くが年間漁獲金額五〇〇万円以下であり、佐井村の漁業が零細であることがみてとれる。

ここまで、小泊村と佐井村の現在の姿をおもに統計資料を使って検討してきた。では小泊村の「とれるところに出かけてとる」という生業戦略と、佐井村の「目の前にあるものをとる」という生業戦略のあいだにみられる違いは、どのようにして生じてきたのだろうか。以下では小泊村と佐井村の漁業における生業戦略ができあがってきた過程を、通時的な側面から検討しよう。

3　通時的な側面からみた自然資源の利用形態の変化

小泊村と佐井村の漁業集落の漁業を通時的な側面からみると、両地域の人びとがとってきた漁業経営の形態や漁の種類、働く場所は大きく変わっている。漁業経営の形態や漁の種類、働く場所などが変わるのにともなって、人びとの生活も大きく変わってきた。しかし、漁の形態や生活が変わってきたにもかかわらず、小泊村と佐井村それぞれの漁師たちの生業戦略は一貫して変わることがなかった。小泊村では一貫して「とれるところに出かけてとる」漁業をしてきたし、佐井村の漁業集落では一貫して「目の前にあるものをとる」漁業をしてきたのである。以下では小泊村と佐井村それぞれの生業形態と一貫した生業戦略を通時的な側面からくわしくみていこう。

以下では小泊村の事例として、小泊集落と下前集落の事例を一つの集落の事例として扱う。小泊集落と下前集落はその生業の変遷が似ていることと、調査の過程で両方の集落からデータを集めたことによる。一方、佐井村の事例は佐井村磯谷集落を中心的に扱う。佐井村には前節で述べたように五つの漁業集落があるが、それぞれ少しずつ漁業形態が違い、通時的にみても単純に共通性をみいだすことができない。そこで五つの集落のなかでもとくに漁業がさかんな磯谷集落に焦点にあてる。

(1)　小泊村の「とれるところに出かけてとる」生業戦略

小泊村の漁師たちは、通時的にみると一貫して「とれるところに出かけてとる」生活をしてきた。小泊村の漁師たちは必ずしも地元の漁場だけで生計をたてようとしてきたのではなかった。むしろその時々にもっとも稼ぎのよい場所を敏感にみつけて、その場所に出かけていって稼ぐことで、生計をたてていたのである。それは、ときには北海道のニシン漁場であり、北海道の松前や函館、青森県の下北半島風間浦や八戸のスルメイカ漁場であり、また関東方面の工事現場だった。通時的にみると生業形態は必ずしも一様ではない。むしろ大きな変化がみられる。しかし、そのような大きな変化にもかかわらず、「とれるところに出かけてとる」という小泊村の漁業がめざした生業戦略は一貫していた。

明治以降の小泊村の漁業の通時的変化を稼ぎ場所に注目してみると三つの時期に分けることができる。第Ⅰ期は一九六〇年ごろまで、第Ⅱ期は一九六〇年ごろから一九七〇年ごろにかけて、第Ⅲ期は一九七五年から現在までである。第Ⅰ期には、小泊村の漁師たちは地元でやる地先の漁と北海道や下北、八戸などよその土地で雇われて漁をする漁業出稼ぎを組み合わせていた。第Ⅱ期になると小泊村で漁業をするための設備が整い、小泊村の漁師たちは小泊村の沖合に漁場を開拓して、村のなかで船主である親方とツリコ（釣り子）と呼ばれる雇用関係を結んで大型の船を使ったスルメイカ釣り漁をするようになった。第Ⅲ期になると、自動でスルメイカを釣るイカ釣り機械を導入するなど、さらに近代的な漁業装備をとりいれ、家族経営の二人や三人の少人数で漁をするようになった。一方、ツリコとして雇われ船をもたなかった人びとの多くは、漁業をやめて東京などの都市に出稼ぎに出るようになった。

以下では、それぞれの時期の漁について、くわしくみていこう。

(i) 地先漁業と漁業出稼ぎを中心とする第Ⅰ期——一九六〇年まで

第Ⅰ期、小泊村の漁師たちは、春から夏にかけて地元で営む地先漁業と、秋から冬にかけての漁業出稼ぎを組み合わせて、一年の漁撈活動のサイクルをつくっていた。図3-7は一九五五年ごろの漁の種類を聞き取りからおこしたものである。この図からわかるように、小泊村では春から夏にかけてヤリイカの定置網漁とイソマワリで貝や海藻をとる漁をしていた。盆を過ぎたころから、スルメイカの集まる北海道や下北、八戸などへ漁業出稼ぎに出ていた。こ

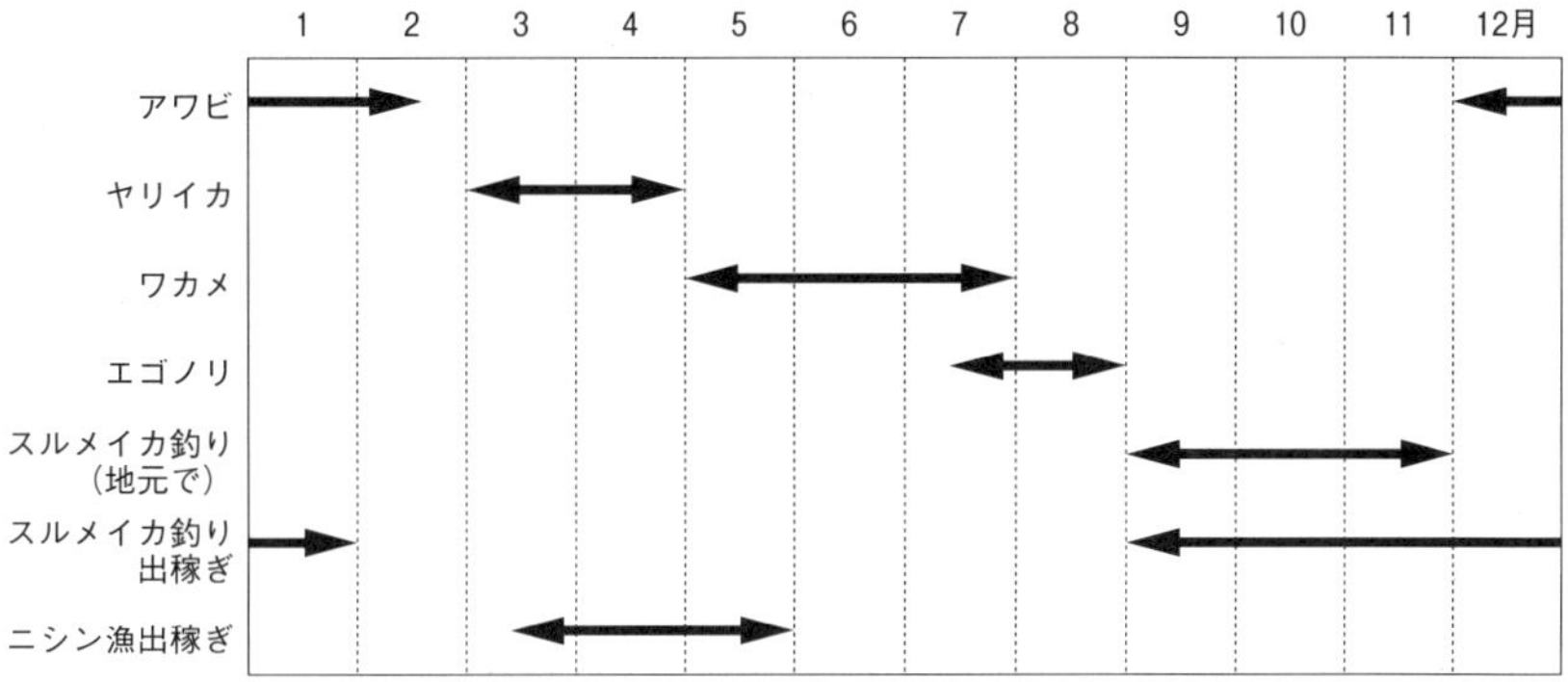

図３－７　1955年当時の小泊村の年間漁撈サイクル

注：聞き取りより作成。

の時代、小泊村の人びとの「とれるところに出かけてとる」という生業戦略は漁業出稼ぎにあらわれていた。

①ヤリイカ定置網漁とイソマワリを中心とする地元の漁業

第Ⅰ期に小泊村の地元の海でさかんだった漁は、春の三月から四月にかけてのヤリイカの定置網漁と、貝や海藻をとるイソマワリと呼ばれる地先の漁だった。

まず、ヤリイカ定置網漁についてみよう。当時、小泊村ではとれる魚介類のほとんどを乾物にして船で市場に送っていた。しかしそのなかにあって、ヤリイカは鮮魚として生で出荷できる自然資源だった。ヤリイカがとれる時期は三月から四月であり、比較的気温が低いため鮮魚として出荷できたのだという。このヤリイカは、市場に鮮魚があまり出回らなかった時代には、高い収入を期待することができた。

ヤリイカの漁場は数人の網元が網をもって経営していた。網元が独占的に使うヤリイカ定置網の漁場はもっとも多いときで八七ヵ所あった。小泊村の漁師たちの多くは網をもたず、春になると網元に雇われてヤリイカ定置網漁をしていた。このような網元と雇われ漁師との雇用関係は一九四八年まで続いた。一九四九年になると、新漁業法が制定され、漁場を特定の個人が権利や財産のように所有することが法的に禁止された。そこで、小泊村の小泊漁協と下前漁協は、それぞれの漁協に割りあてられたヤリイカ定置網の漁場を漁協の管理下において共同漁業権漁場として運営するようになった。制定された新漁業法は、戦中までの少数の人びとによる漁場の占有状況を解消し、多くの人びとに漁場を平等に開かれたものにすることを目的としていたのである。しかし開放された漁場の管理のしかたは、それぞれの漁協の運営にまかされていた。そこで、それぞれの地域でさまざまな「平等」を実現する取り組みがおこなわれた。

小泊村の場合、小泊漁協・下前漁協ともに毎年希望者を募って、希望する人すべてが定置網を建てられるようにするという形で「平等」を実現した。定置網を建てる場所を毎年くじ引きで決めるようにして、人びとが定置網を張る場所のことで漁獲量の不公平感をもたないように工夫したのである。この漁場の使い方は現在まで続いている。

一方、誰でも漁場を使う機会が与えられた一九四八年以前に、定置網の漁場をもって親方としてヤリイカ定置網漁を経営していた人びとのなかには、一九四九年以降に取り入れられたくじ引きという不確実な漁場の決め方を嫌がり、定置網漁をやめる人もいたという。くじ引きで漁場を決めることにしたことで、それまでほぼ確実に計算することができた収入を予測できなくなってしまったというのである。

この時期、小泊村の漁師たちにとってヤリイカ定置網漁と並んで重要だった地元の漁は、海草をとるイソマワリだった。イソマワリは一人または親子など二人で一トン以下の小舟を使ってする漁である。このイソマワリには水産物の種類ごとに漁期や場所などの厳しい決まりがあった。漁のはじまりは旗を振って知らせ、いっせいにはじまり、再び旗が振られると漁が終わりになった。それ以外の時間に漁をすることは許されなかった。その決まりを破って漁をすれば、密漁とみなされて数日間、操業を停止されるなどの罰則があった。ヤリイカの定置網漁が終わる四月の終わりごろになるとワカメ漁がはじまり、七月の終わりごろまで続けられた。ワカメの漁期が終わるころになるとエゴノリ漁が解禁になった。エゴノリの漁はワカメにくらべてとることのできる期間が短く、七月のなかばから八月のお盆過ぎにかけてのおよそ一ヵ月だった。一二月から二月にかけてはアワビ突き漁もおこなわれていた。一二月から一月にかけては、小泊村の若者たちはほとんど漁業出稼ぎに出ており、アワビとりをする漁師はおもに漁業出稼ぎを引退した老人たちだった。アワビとりは第一線を引退した漁師たちがする漁として位置づけられていたようである。

②スルメイカ釣り漁とニシン漁の漁業出稼ぎ

第Ⅰ期に地元での漁とともに小泊村の漁師たちにとって重要な収入源となっていたのは漁業出稼ぎだった。小泊村では秋から冬にかけてのスルメイカ釣り漁の出稼ぎと、春先のニシン漁の出稼ぎがさかんにおこなわれた。

まず、スルメイカ釣り漁の出稼ぎについてみよう。スルメイカ釣り漁は、一八九〇年ごろ（明治二〇年代）に、北陸の漁師たちが下北や北海道の松前にスルメイカ釣り漁を持ち込んだのがはじまりだといわれている［小泊の歴史を語る会 一九九〇：一八八］。スルメイカ釣り漁の出稼ぎは、スルメイカ釣り漁に使う比較的大きな船の親方に雇われてスルメイカを釣るものだった。船の親方は、はじめのうち石川県や秋田県、北海道の人が多かった。しかし次第に小泊村の人も親方をするようになった。親方は数人から数十人の乗組員を雇って船に乗せた。雇われてスルメイカを釣る人たちをツリコ（釣り子）と呼んだ。海に出るとツリコたちは船のなかで割りあてられた自分の持ち場でスルメイカを釣った。とったスルメイカは自分専用の箱のなかに入れておき、とれた量の何割かを親方に支払う形をとっていた。一般に、自分でスルメに加工する場合は加工したスルメの三割五分を、また生のままの場合はとったスルメイカの五割を、現物で親方に支払った。個人がとったスルメイカはすべて個人の成果となる個人単位の歩合制だった。

スルメイカ釣り漁の出稼ぎ先はしばしば変わった。スルメイカがとれる場所は時代によって変わっており、小泊村の人びとはその時々にもっとも稼ぐことのできる場所を選んで出稼ぎをしていた。

スルメイカ釣り漁の出稼ぎは一九二五年ごろまでは北海道の松前や函館が中心だった。しかし一九二五年を過ぎたころから小泊村の漁師たちは下北半島の風間浦村などに行くようになった。一九三〇年代になると再び北海道に渡って出稼ぎをするようになった。戦争中は出稼ぎがほとんどおこなわれず、戦後になって北海道でのスルメイカ釣り漁の出稼ぎが復活した。一九五〇年ごろになると小泊村の漁師たちは北海道でのスルメイカ釣り漁をやめて、八戸にスルメイカ釣り漁出稼ぎに行くようになった。

出稼ぎ先が変わるのにともなって、出稼ぎに出る人びとも変わった。一九三〇年ごろまでの北海道と下北でのスルメイカ釣り漁出稼ぎには一五歳から六〇歳ぐらいの男性だけが出ていた。釣ったスルメイカはすべて自分でスルメに加工していた。一九三〇年代の北海道のスルメイカ釣り漁出稼ぎでは、冬の期間に家族で移動して、出づくり小屋を借りて、男性がスルメイカを釣り、女性や子どもがスルメをつくるようになった。戦後になると、スルメイカ釣り漁出稼ぎは再び男性だけが単身で行くものになり、八戸での出稼ぎまで続いた。

一九五〇年代にさかんになった八戸でのスルメイカ釣り漁出稼ぎは、小泊村の若者はお盆を過ぎるとほとんどいなくなるといわれるほどさかんだった。八戸のスルメイカ釣り漁出稼ぎがさかんになった背景には、八戸にはスルメイカなど漁師が水揚げしたものを加工する工場が発達していたことがあるという。北海道の場合、自分でとったスルメイカをスルメにする作業をしなければならず労働時間が長い上に作業効率も悪かった。そこで、自分でスルメに加工する必要がなく、スルメイカ釣り漁に専念できる八戸沖の漁場が好まれたのだという。

一方、ニシン定置網漁の出稼ぎも小泊村ではさかんだった。小泊村のなかでもとくに下前集落の人びとがニシン漁場に出稼ぎに行った。このニシン定置網漁出稼ぎにもまた、小泊村の「とれるところに出かけてとる」という生業戦略をみてとることができる。ニシン定置網漁の出稼ぎは、スルメイカ釣り漁出稼ぎにくらべると雑用が多く、小泊集落の人びとは敬遠していた。網を入れたりあげたりする漁撈をするほかに、ニシン定置網漁を経営する親方やその家族の面倒をみたり薪とりをしたりしなければならなかったという。このニシン定置網漁の出稼ぎは、江戸時代には北年ごろから突然ニシンがとれなくなり、ニシン定置網漁出稼ぎをする人はいなくなった。めてニシン定置網漁の親方になった。このニシン定置網漁は、漁獲量が多いときには大きな収入になった。一九五〇どに漁場ができた。小泊村の人びとのなかで財力のあった人びとは、北海道にニシン漁場をもち、小泊村の漁師を集海道の江差が中心となり、明治になると次第に北上して積丹、三国、増毛などに漁場ができ、最終的に利尻や礼文な

(ii) 小泊村沖合のスルメイカ漁場が開発された第Ⅱ期——一九六〇年～一九七五年

一九六〇年ごろから、小泊村の漁師たちのなかに、八戸で使われていた中古のスルメイカ釣り漁船を買って、小泊村でスルメイカ釣り漁の親方をする人びとがあらわれた。第Ⅱ期は漁業をとりまく機械や設備などの技術の向上によって、小泊村の人びとが地元の沖合の海にスルメイカの漁場を開拓したことが特徴である。そして二節で示したようなスルメイカ・ウスメバル・ヤリイカという少ない種類の自然資源に特化する生業形態ができあがったのも第Ⅱ期である。

小泊村の漁師たちは、一九六〇年ごろまで小泊村沖のスルメイカ漁場が開発されなかった理由として、漁場までの所要時間をあげる。北海道の松前や下北、八戸の漁場は近く、港を出てすぐの場所で釣ることができたという。近い場合には一五分ほどで漁場に着くことができた。しかし小泊村の沖合の漁場は、村から三時間ほど沖に出なければならなかった。帆船を使っていた時代や船のエンジンの性能が低かった時代には、漁場に出ていく時間を考えると、出稼ぎ先に住み込んで漁をする方が効率的だったのだという。

一九六〇年ごろになると、工業技術が飛躍的に発展して性能のよいエンジンや船を買うことができるようになった。また小泊村を通る国道が舗装されたことや冷蔵・冷凍の技術を導入したことで、地元で漁をする条件が整っていった。小泊村の漁師たちは小泊村の沖合でスルメイカ釣り漁をして、とったスルメイカを鮮魚として陸路を使って

消費地に出荷できるようになったのである。鮮魚として出荷することで、スルメイカの商品としてのスルメをつくっていた時期にくらべて価値が高くなったという。小泊村の漁師たちは出稼ぎをせず、小泊村のまわりで漁をするようになった。第Ⅱ期には、スルメイカが「とれる」場所は小泊村の沖合だった。つまり第Ⅱ期の小泊村の漁師たちの「とれるところに出かけてとる」という生業戦略は、地元の漁場に出かける形で続けられたのである。

小泊村の沖合がスルメイカの漁場として使われるようになるきっかけになったのは、八戸でのスルメイカ釣り漁出稼ぎだった。小泊村の人びとは八戸のスルメイカ釣り漁出稼ぎを通じて最新のスルメイカ釣り漁のしかたや経営のしかたを学び、小泊村でのスルメイカ釣り漁をはじめた。スルメイカ釣り漁出稼ぎがさかんだったころの八戸は、水産物の加工の技術だけでなく、日本のなかでも最先端の大型漁業の技術が集まる場所だった。八戸の沖合には日本海北部漁場と呼ばれる日本のなかでも有数の好漁場がある。この漁場をめざして、日本各地から最先端の漁業・漁撈技術をもった人びとが集まってきていた。このような状況のもとで、小泊村の漁師たちは八戸でのスルメイカ釣り漁出稼ぎをしていた。そして出稼ぎを通じて、近代的な漁業の設備や技術、スルメイカ釣り漁の経営のしかたを覚えて、その技術や経営方法を小泊村に持ち帰ったのである。

小泊村では一九六〇年ごろから二〇トンを超える漁船が急速に増えた。それらの船は八戸でスルメイカ釣り漁をする親方から買った中古船だった。この二〇トンを超える船を使って、小泊村の漁師たちのなかにスルメイカ釣り漁の親方をする人びとがあらわれた。このような中古船は、小泊村沖でのスルメイカ釣り漁の最盛期である一九六〇年代後半には五〇隻以上あった。つまり五〇人以上が小泊村で親方をしていたのである。また八戸にスルメイカ釣り漁出稼ぎに行ったあと、大型の船をもたなかった人びとは小泊村の親方の船に雇われてスルメイカ釣り漁をした。

小泊村沖でスルメイカ釣り漁がさかんになると、小泊村の漁師たちの生業サイクルは第Ⅰ期とは違ったものになった。一九六〇年代まで小泊村でする漁でもっとも重要だったのは海草とりだった。しかし小泊村沖でスルメイカ釣り漁がはじまると、人びとにとってスルメイカ釣り漁が生計をたてるのに重要なものになった。強力エンジンを載せた船を使うことで、漁場は小泊村沖だけに限らず次第に松前沖や大和堆など、より遠くの海へと拡がっていった。漁場が拡がっていくのにしたがって漁期も長くなっていった。第Ⅰ期のスルメイカ釣り漁の漁期は八月のお盆過ぎから次の年の一月末までの五ヵ月半だった。しかし第Ⅱ期になると六月はじめから次の年の一月末までの八ヵ月間に延びた。

第Ⅱ期には、スルメイカ釣り漁の漁期が長くなった一方で、小泊村の漁師たちは第Ⅰ期に小泊村の重要な漁だったワカメやエゴノリなどの海草とりをしなくなっていった。スルメイカ釣り漁がさかんになるにつれて、小泊村では船の係留場所が足りなくなった。係留場所を確保するために、漁港を拡げる工事をした。その工事で漁港に生まれ変わった場所は、かつてワカメやエゴノリなどをとっていたイソマワリのための格好の漁場だった。小泊村の人びとにとっての海草は、第Ⅱ期には、もはや商業的な価値のある自然資源とはみなされなくなったのである。第Ⅰ期にワカメやエゴノリの漁が厳しく管理されていたのは、これらの海草が小泊村の人びとにとって重要な収入源だったからである。ところが、小泊村の人びとが海草類に商品としての価値をみいださなくなると、海草をめぐるかつての取り決めは次第にゆるくなり、自由に海草をとることができるようになった。そして小泊村の人びとはスルメイカ釣り漁に特化していったのである。

第Ⅱ期には、大型船によるスルメイカ釣り漁とは別に、小規模な家族経営の漁をする人びともあらわれた。規模の小さい漁をする人びとは三トンから五トン程度の小型の漁船を使って、一人や親子二人など少人数で釣り漁やウスメバル刺し網漁などをするようになった。このような小型船による漁の利点は、スルメイカ釣り漁の漁船とは違い、季節や海の状態の変化や自然資源の市場価格に応じて柔軟にとる自然資源を変えていけることにあった。また、このような規模の小さな漁は、スルメイカ漁よりも漁獲量が安定していて、燃料代も安かったという。

第Ⅱ期は、以上に述べたように、スルメイカやウスメバルなど、小泊村の人びとが現在の小泊村で重要とされる自然資源を発見した時期だった。

(iii) 家族経営中心の漁と都市への出稼ぎが中心となった第Ⅲ期——一九七五年〜現在

第Ⅲ期になると、大型船によるスルメイカ釣り漁はほとんど姿を消して、代わりに家族経営のスルメイカ釣り漁と都市への出稼ぎがさかんになった。

第Ⅲ期のスルメイカ釣り漁の中心となったのは、日本海中を回遊するスルメイカを追うスルメイカ釣り漁である。一方、大型船に雇われていたツリコたちの多くは、小泊村のなかで働かずに、東京などの都市に出て建設業や製造業の出稼ぎをするようになった。このように第Ⅲ期の「とれるところに出かけてとる」小泊村の生業戦略は、家族経営でスルメイカを追って移動しながらスルメイカをとる漁と、都市に出て建設業や製造業で稼ぐ都市への出稼ぎという形になってあらわれたのである。

第Ⅲ期になると、小泊村の漁師たちは、自動でスルメイカ釣り漁をする機械（イカ釣りロボット）を載せた二〇トンほどの中型の船を使って、家族でスルメイカを釣る追いイカ漁をするようになった（写真3-1）。このスルメイカ釣り漁は、季節ごとにスルメイカのいる場所に移動してとることから追いイカ漁と呼ばれる。追いイカ漁は日本海沿岸の各地域でスルメイカを水揚げする権利を得て、福岡近海から間宮海峡の近くまでの広い範囲を移動しながら漁をする（写真3-2）。

この追いイカ漁は燃料代や電球代、イカ釣りロボットの導入など、経費のかかる漁である。スルメイカを釣るのは夜間である。一個が三〇〇〇ワットという強い光を出す電球を数十個もつけた集魚灯を使って小さな魚を集め、それを食べにやってくるスルメイカをとる。強い光を出せば出すだけスルメイカが集まるといわれており、漁師たちは

写真３−１　追いイカ漁につかう20トン程度の中型漁船

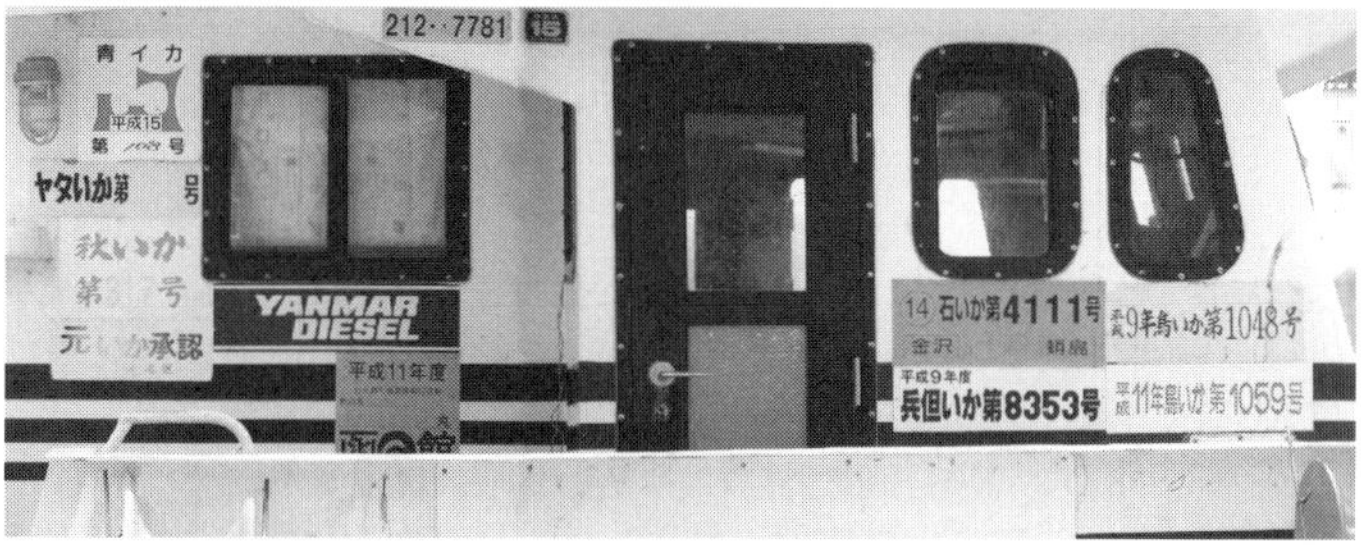

写真３−２　各地でスルメイカ釣り漁の許可を受けたことを示すステッカー
（ステッカーが貼ってある地域の港にスルメイカを水揚げすることができる）

写真3－3　スルメイカ釣り漁に使うイカ釣りロボットと集魚灯

競ってより明るい電球を数多く船に載せてきた（写真3－3）。このような電球をたくさんつける競争は、家族経営のスルメイカ釣り漁がさかんになる第Ⅲ期になって激しくなった。より明るい集魚灯にしようとして電球の数を多くするほど、燃料代も多くかかる。漁に使う集魚灯は船のエンジンで発電した電気を使うからである。また、スルメイカ釣り漁で使うイカ釣りロボットも、技術の進歩によって、自動で糸にかかる荷重を計算して糸を操作できる装置が開発されて、より多くのスルメイカがとれるものへと変わっていった。漁師たちは、新しい機械が出るとそれを買って船に載せた。機械類に多額の資金を投入することになったが、一方で、二人程度で漁をできることから人件費を抑えて大きな収入を得ることができるようになった。しかもスルメイカ釣り漁は釣り漁だったので、日本全国どこにでも出かけていって漁をすることができた。[*6]

一方、大型船が漁をしなくなったことから、第Ⅱ期にツリコをしていた人びとは小泊村で働くことができなくなった。そこで、陸にあがった人たちは東京などの都市の建設業や製造業などの仕事を求めて出稼ぎをするようになった。この出稼ぎは、出稼ぎをする人びとの意識のなかでは小泊村で漁業ができるようになるまでの一時しのぎのようなものだった。つまり帰って再び小泊村で漁をするつもりで一時的に都市に出ていったのである。ところが小泊村の漁業では出稼ぎをする人びとを再び受け入れるような新しい仕事は生まれなかった。そして村の経済状況への一時的な対処のつもりの出稼ぎが次第に恒常化していき、出稼ぎをし続ける人びとがあらわれた。

つまり小泊村からの出稼ぎは、もともと、漁業収入をおぎなう手段にすぎなかったのである。しかし次第に漁業に代わる小泊村の人びとの「生業」になっていったのである。小泊村から都市に出稼ぎに出た人びとにとって、出稼ぎは「とるべきところに出かけてとる」という生業戦略そのものだった。いってみれば出稼ぎをする人びとにとって、とるべきところは都市だったのである。そして出稼ぎがさかんになっても、人びとはあまり村から出てよその土地に移り住むことはなかったのである。

第Ⅲ期に小泊村の人びとは、一方ではスルメイカ釣り漁により特化し、また一方では都市への出稼ぎがさかんになった。しかし、なぜ小泊村から出稼ぎに出た人びとは村を離れず、村に生活の根拠を残し続けたのだろうか。この点は本章の五節でくわしく考察したい。

(2) 佐井村磯谷集落の「目の前にあるものをとる」生業戦略

小泊村の人びとが「とれるところに出かけてとる」という生業戦略をとっていたのに対して、佐井村磯谷集落の人びとは一貫して「目の前にあるものをとる」生業戦略をとってきた。磯谷集落の漁業の特徴は、地先型の漁業に特化してきたことにある。図3-8は、佐井村磯谷集落の漁師たちが一九六〇年ごろにやっていた漁を聞き取りからおこしたものである。共時的にみても通時的にみても、沿岸にある自然資源を使って生計をたててきたという点では変わりがない。磯谷集落の漁業の変化は漁法の変化だった。漁場を拡げない代わりに新しい漁法をとりいれてきたのである。また磯谷集落の人びとは、そのほかにも、集落保有林をつくって杉林を育てて漁業収入をおぎなってきた。磯谷集落の漁業は、よそに出ていくのではなく、海以外の資源も発見しながら限られた狭い範囲の自然資源を使ってきたという意味で「目の前にあるものをとる」生業戦略を貫いてきたのである。

佐井村磯谷集落の漁業も漁法の変化から三つの時期に分けることができる。第Ⅰ期は一九三五年までであり、第Ⅱ期は一九三五年から一九八〇年まで、第Ⅲ期は一九八〇年から現在までである。第Ⅰ期、佐井村磯谷集落ではアワビ刺し網漁を中心とする網漁とコンブの採集を中心とする漁がさかんだった。第Ⅱ期になると小型定置網漁を経営しながら、一本釣り漁をするようになった。一九七五年ごろからウニの価値をみいだして、ウニカゴ漁と呼ばれる漁もさかんになった。また集落保有林をつくって木材を育てて漁業の収入をおぎなおうとしたのも、このころである。第Ⅱ期の特徴は収入の方法が多様化したことである。第Ⅲ期の特徴は小型定置網を改良した改良底建て網漁を導入したことである。第Ⅲ期には、磯谷集落の人びとは小型定置網漁と改良底建て網漁をして、網漁を中心とする生業の論理を組み立てていった。

以下では、それぞれの時期の漁業の形態をくわしくみていこう。

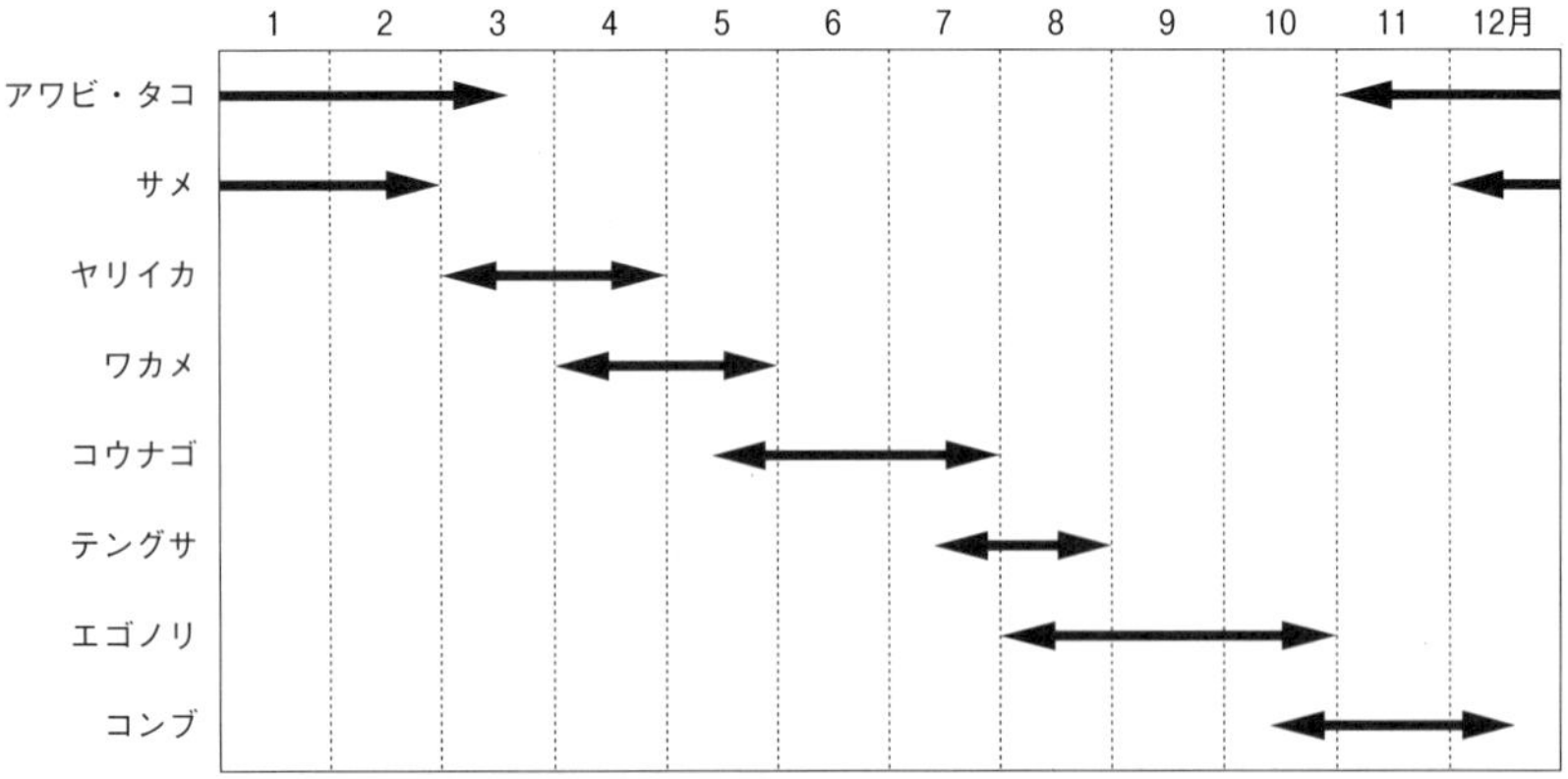

図3−8　1955年当時の佐井村の年間漁業サイクル

注：聞き取りより作成。

(i) アワビ刺し網漁とコンブとりを中心とする第Ⅰ期——一九三五年まで

第Ⅰ期、磯谷集落の人びとは、アワビ刺し網漁を中心にしながら、定置網漁やコンブ採集などをして生計をたてていた。以下では『佐井村誌』［佐井村 一九七一b］と「佐井村磯谷——家族と部落体制」［塚本 一九六七］、「佐井の食生活」［加曽利 一九八五］の文献に依拠して、この時代の生活を復元してみよう。

『佐井村誌』によれば、佐井村磯谷集落のはじまりは江戸時代の中期といわれている。はじめは五軒の集落からはじまったという［佐井村 一九七一a：七四六］。磯谷集落は江戸時代からイワシの〆粕をつくっていたとされ、古くから漁業がさかんだった。日清戦争後、中国への海産物の輸出量が増えるにしたがい、磯谷集落の漁師たちは定置網漁[*7]をするだけでなく、小舟を使ってワカメやコンブ、アワビ、テングサ、フノリなどの海草類をとって出荷するようになった。とくに、一九一〇年ごろ（明治の終わりごろ）から一九三五年ごろにかけてはアワビとコンブが主要な収入源となった。

アワビはアワビ網と呼ばれる刺し網を使ってとっていた。春から秋にかけておこなわれ、一つの網に五人程度の人手が必要だった。アワビ刺し網漁はそれぞれの世帯ごとに経営されていた。このアワビ刺し網漁は一網を海に入れる時間とあげる時間に制限があったが、一世帯でいくつでも網をもつことができた。つまり、働き手が多ければ多いほど、たくさんのアワビをとることができ高収入を得ることができたのである。そこで磯谷の人びとは、分家をほとんどせず、一世帯あたりの人員を増やすために津軽地方からたくさんのモライッコと呼ばれる養子をもらっていた。この時期には一世帯に一〇人以上の家族が同居している家が多かったという［塚本 一九六七］。

また、このころアワビ刺し網漁と同時に重要だったコンブなどの海草類も、人数が多いほどたくさんとることができた。海草類は日時や場所などについての厳しい決まりのもとでとっていた。しかし一軒あたりの採集することのできる人数には制限がなかった。このことも佐井村磯谷集落の一軒あたりの世帯員数を増やしていた原因だという。

網漁には、アワビ刺し網漁のほかに、地元でカドザメと呼ぶネズミザメ科のサメの刺し網漁やヤリイカをとるための定置網があった。カドザメの刺し網は昭和初期には三八の組があった。一つの網を海に入れてあげるのに四人ほどを必要とした。このカドザメの網は村の共同作業となっており、数世帯の人が集まってともに漁をしていた。この網は一つの網におなじ世帯の者が一緒にならないようにしていたという。カドザメ刺し網漁は一九五〇年ごろには定期船や荷物運搬船の航行の邪魔になるとされ廃止になった。一方ヤリイカ定置網は網を張る権利をもつ家が決まっており、定置網漁業権をもつ家だけがヤリイカをとっていた。

第Ⅰ期には磯谷集落の人びとはいくつもの漁法を導入し、また新しい魚種を開発してきた。しかし家族の形態をアワビ刺し網漁やコンブ採取がもっとも効率的にできるようにして、沿岸の資源を使って生計をたててきたという意味で「目の前にあるものをとる」生業戦略だったのである。

(ii) 小型定置網漁と釣り漁を組み合わせた第Ⅱ期——一九三五年〜一九八〇年

以下、第Ⅱ期と第Ⅲ期については聞き取りから生業の変遷を追う。磯谷集落では一九三五年ごろ、アワビがまったくとれなくなった。アワビ刺し網漁に代わってさかんになったのが、小型定置網漁と一本釣り漁である。第Ⅱ期の磯谷集落の漁業の特徴は、この小型定置網漁と釣り漁の導入である。

アワビ刺し網漁の不漁は一世帯あたり二〇人程度が住む大家族制をとってきた磯谷集落の集落構成をゆるがすことになった。一九三五年以降、磯谷集落では分家がさかんになり世帯の核家族化が進んだ(図3-9)。一九三〇年から一九七〇年にかけての四〇年のあいだに、磯谷集落の戸数は三倍に増加した。このような集落構造の変化にともなって、アワビ刺し網漁に代わるものとして新たにさかんになった漁が小型定置網漁と釣り漁だった。

第Ⅱ期には、小型定置網漁と釣り漁のほかに、集団で経営するタイ網漁や個人でするウニカゴ漁などがあった。ま

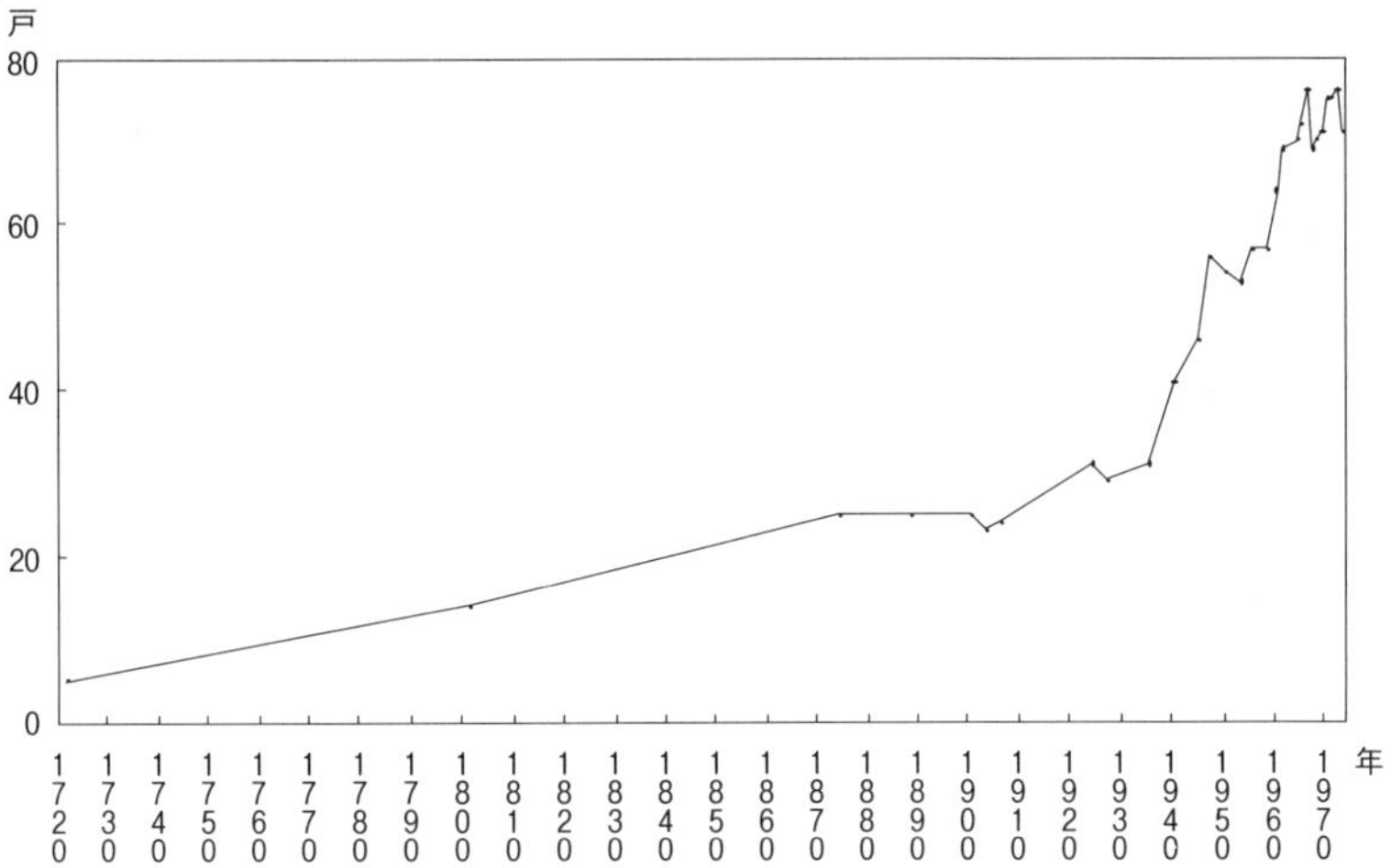

図3－9　磯谷集落の戸数と変遷

注：『佐井村誌』と佐井村役場資料より作成。

た第Ⅱ期には、漁船の性能がよくなったことや機械類が発達したことなどから、磯谷集落でもエンジンをつけた船を導入するようなった。しかし磯谷集落の漁業は小型定置網漁での共同作業を生業の中心にしていた。その小型定置網漁の漁場は岸から水深四五メートル以内の場所にあった。水深四五メートル以内の場所は磯谷集落から沖に一キロメートルほどしかなく、人びとは限られた範囲で漁をしていた。そして人びとは、小型定置網漁の作業に拘束されて、釣り漁をするにもあまり遠くに出ていくことはなかった。その意味で、磯谷集落では第Ⅱ期の漁業も「目の前にあるものをとる」漁をしていた。

磯谷集落では第Ⅰ期には出稼ぎはなかった。しかし第Ⅱ期にはいくらか出稼ぎをする人びとがあらわれた。この出稼ぎは都市に行って働く出稼ぎだった。しかし磯谷集落では都市への出稼ぎは長続きせず、第Ⅱ期だけで終わってしまった。以下では第Ⅱ期の磯谷集落の漁業を中心とする生業をくわしくみていこう。

①小型定置網漁

磯谷集落で小型定置網漁がさかんになったのは一九四九年の

新漁業法の制定以降のことである。新漁業法が制定されたあと、磯谷集落では「目の前にあるものをとる」という生業戦略を強化することになった。これは小泊村で新漁業法の制定以降、小型定置網漁離れがはじまったのとは逆の動きである。

一九四九年まで磯谷集落では少数の人びとが定置網の漁場を経営していた。しかし新漁業法は個人が漁場を所有することを禁じていた。そこで磯谷集落でも、一度、定置網漁の漁場を解体して、漁協が管理する共同漁業権漁場にした。しかしその運営方法は小泊村とはまったく違っていた。小泊村では漁協の組合員であればいつでも新規に参入して小型定置網漁をすることができるようになったのに対して、磯谷集落では一九四九年から一九六〇年にかけて小型定置網漁に参加したい人を募ったが、それ以降は新たな参入者を認めず、小型定置網漁の漁場は特定の人びとが占有するようになったのである。

一九四九年、磯谷集落では小型定置網漁を希望するそれぞれの家に一ヵ所の漁場を割りあてていった。その際、もともと定置網漁の漁場を所有していた人びとに優先的に漁場を割りあて、あまりの漁場を新たに希望する人びとに分配した。先にみたとおり、磯谷集落の戸数は一九三五年以降に急速に増加した。戸数の増加にともなって、小型定置網漁の漁場は一軒の家で運営するものから二軒から三軒の家が共同で運営するものへと変わっていった。一九四九年から一九六〇年にかけては、希望すれば、磯谷集落の人びとであれば新しく小型定置網漁をすることができた。しかし一九六〇年以降になると、新たに小型定置網漁をはじめることはむずかしくなった。仮に新たに参入しようとすれば、どこかの家が小型定置網漁をやめるのを待つしかない状況になったのである。そして小型定置網漁をする権利は、漁業を続けているかぎり、財産のように親から子へと相続していくものになった。

一九九九年現在、磯谷集落では小型定置網漁を営む組が一二組あり、磯谷集落全五五世帯のうち三四世帯が小型定置網漁に参加している。小型定置網漁の組は、親戚関係や婚姻関係にある者や、結婚式のときに仲人を頼んだ家など

写真３－４　佐井村の漁で使う船外機付き１トン未満の漁船

写真３－５　佐井村の小型定置網漁・コウナゴ漁・釣り漁に使う漁船

が一緒になってやっており、基本的には親戚関係で組がつくられている。

数軒の家で小型定置網漁をするようになったことで、小型定置網漁は共同作業をともなう漁になった。たとえば網をあげるときや網を入れるとき、また修理などをつねに一緒にしている。そのため、お互いにつねに近くにいて連絡を取り合える状況にいることが重要だったという。釣り漁などで遠くに出かけてしまった場合、いざ網をあげようとしてもメンバーが集まらないということになると、とった魚を平等に分配することができなくなるからだという。そこで磯谷集落で小型定置網漁をする人びとは互いに移動範囲を規制しあって、他の漁をするにしても磯谷集落が見える集落の近くの海で漁をすることを選んだのである。

②一本釣り漁

アワビ刺し網漁が不振になった一九三五年ごろ、磯谷集落では新たに一本釣り漁をはじめた。テグスを使って数本から数十本の針をつけて魚を釣る漁である。一本釣り漁の対象となったのはヒラメやスズキ、タイなどだった。この一本釣り漁は一九四九年以降、小型定置網漁や海草とりと平行しておこなわれてきた。たとえば小型定置網漁をしない日に一本釣りをしたり、午前中に海草とりをして午後に一本釣りをしたりというように、磯谷集落の人びとは一日のなかで複数の漁を組み合わせていた。

一本釣り漁は、はじめエンジンのない一トンに満たない船を使っていた。一九六〇年代に入ると、磯谷集落でもエンジンをつけた船を使うようになった（写真3-4、写真3-5）。エンジンつきの船を使うことで、人びとは短時間で遠くに漁に出られるようになったはずだった。しかし技術革新にもかかわらず、磯谷集落の人びとは集落の沖の狭い海で釣り漁をすることを選んだのである。

一般に一本釣り漁は漁業法の規制を受けない漁であり、どこで漁をしてもよい。しかし多くの磯谷集落の漁師たちは集落から距離にして沖合およそ一キロメートル以内、水深四五メートルまでの狭い海を一本釣り漁の漁場として使っていた（図3-10）。

磯谷集落ではエンジンつきの船を導入したあと、下北半島の大畑から佐井村周辺のあいだを移動しながらマグロやブリを釣る漁業をする人も出た。しかしそのような人は、村のなかでも二人程度であり、ごく少数だった。そして外に出ていって漁をする人たちは、小型定置網漁に新たに参入することがむずかしくなった一九六〇年ごろよりもあとに分家をして、小型定置網漁に参加できなかった人だった。

磯谷集落では釣り漁の一種であるスルメイカ釣り漁も一時期だけしていたことがある。日本海や津軽海峡で一九六〇年ごろからスルメイカ釣り漁がさかんになった。その流れにのって磯谷集落の漁師たちも一九六〇年代のなかばから一九七〇年ごろにかけてのごく短い期間に、小さな舟を使ってスルメイカ釣り漁をしたことがあった。磯谷集落の漁師たちは、親子や兄弟などの家族で、夕方から朝にかけて三トンほどの小さな漁船を使ってス

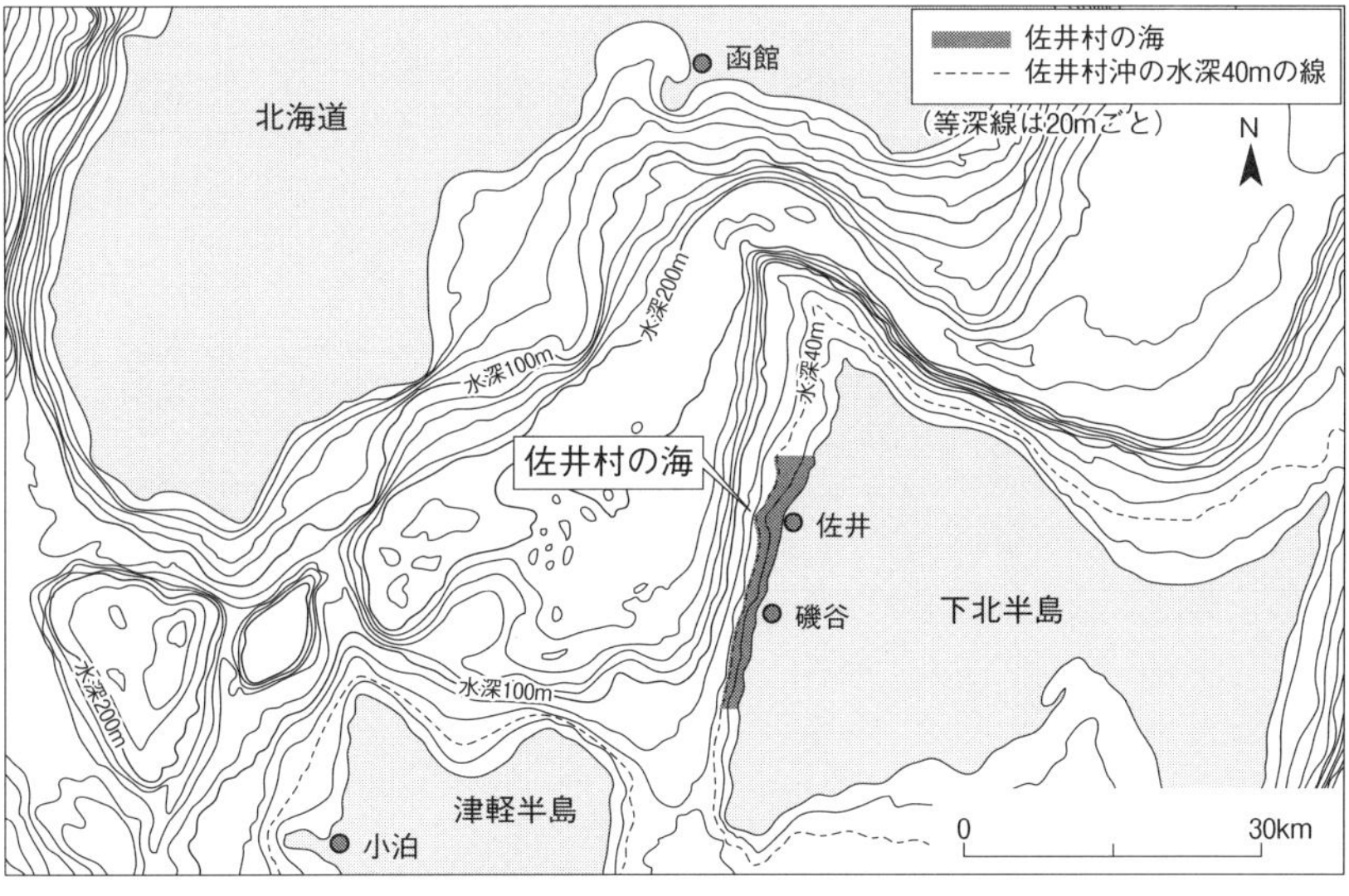

図3-10　津軽海峡の海底地形と佐井村の海（略図）

注：本来水深45mの線を示して佐井村の漁場を示すべきであるが、45mを示す資料を手に入れるのが困難なことから、図ではもっとも近い水深40mの線を示した。佐井村の沖合の海底地形は急峻である。

ルメイカを釣っていた。とる場所は津軽海峡のなかだけで、対岸の津軽半島の先端にある竜飛岬を越えて日本海まで出ていくことはなかった。

磯谷集落でスルメイカ釣り漁がはやった時期には、海草とりもせずスルメイカ釣り漁をする人も数人あらわれた。しかし共同作業である小型定置網漁や集落保有林の管理などに参加することの妨げになるとの理由から、スルメイカ釣り漁は長続きすることなく五年ほどで廃れてしまった。

③タイ網漁

タイ網漁は、海底で動くものをみると後ろに後退するというタイの習性を利用した漁である。二隻の船で綱の端をもち、海側から海岸に向かって縄を引っ張り、後ろ向きに泳いできたタイを、海岸近くで船にのった人たちが待ち伏せして手網ですくいとる。この漁をできるのは磯谷集落のなかでも一八軒の家だけだった。そして、必ず一八軒の家がそろわなければ漁はおこなわれなかったという。

漁師たちにいわせるとタイ網漁は効率が悪かったという。朝から夕方までかかって漁をしても、ほとんどとれないことも多かった。そのため、動力船が普及して効率的に一本釣り漁をするようになった一九六五年ごろにはタイ網漁はしなくなった。

④ウニカゴ漁

ウニカゴ漁は一九七五年ごろに隣の大間町の漁師から教えてもらってはじめた漁である。磯谷集落をはじめとして佐井村全体で、ウニは一九七五年ごろまでは商品ではなく、コンブなど主力の商品になる自然資源を食べて値を安くしてしまう厄介者だった。人びとはウニをみつけると潰して捨てていた。ウニに注目が集まったのは、佐井村大佐井地区の商店が個人的にウニをとって青森の業者に売り渡していたことが明るみにでたあとのことだという。ウニが商品になることがわかると、磯谷集落でも安定した収入を期待できるものとしてウニカゴ漁をするようになった。

ウニカゴ漁は、ウニカゴと呼ばれる直径五〇センチほどの皿上の網カゴにホンダワラやコンブなどウニのエサとなるものをつけて、二〇〇メートルから二五〇メートルの縄に一〇〇枚ほど結び付けたものを海に沈めて一晩放置しておき、引き上げる漁である。一晩経つと、エサを食べにきたウニが網カゴの上にびっしり集まる。網カゴは港に近い二〇メートルから二五メートルの海底に沈めて、漁期には毎日回収する。作業には二人が必要であり、ふつうは夫婦か親子で漁をする。

ウニカゴ漁をはじめたころは九月に漁をしていた。しかし、一九八〇年ごろに改良底建て網漁を導入すると、九月から一一月にかけて共同で網をつくる必要があったことや、秋よりも春のほうが漁の種類が少ないことから、春の四月なかばから五月なかばにかけて漁をするようになった。

商品になることがわかると、佐井村漁協はウニを厳しく管理するようになった。漁協はウニカゴ漁をする場所をあらかじめ決め、その範囲のなかで一世帯あたり二五〇メートルまでの縄一本しか入れられない決まりをつくった。また朝六時から九時までの三時間しかウニカゴ漁をすることができない。

⑤共同作業を中心にした生業構造

以上に示した第Ⅱ期の漁は、共同作業をともなう労働と個人でおこなう労働に分けられる。小型定置網漁とタイ網漁は前者であり、一本釣り漁とウニカゴ漁は後者である。

磯谷集落の漁業では、共同作業をともなう労働が重視されてきた。網漁は網を入れている期間だけでなく、その準備から共同作業をともなっていた。また磯谷集落では、部落共有林といわれる集落共有林をもっており、杉を植林している。共有林の下草刈りなどの管理も、村でおなじ日にいっせいにしてきた。このような共同作業は人びとの行動の範囲を規定し、また時間的な拘束を要求していた。そこで一般には水深四五メートルを越えて深い場所、さらに遠くに行くことのできる一本釣り漁をするときでも、人びとは基本的に村に一日のうちに帰れる範囲にしか出かけていかなかった。さらにスルメイカ釣り漁は一度導入したものの、共同作業を重視する観点から、わずか五年あまりのうちに廃止してしまった。ウニカゴ漁では、第Ⅲ期のことだが、改良底建て網漁を導入するのにあわせて、漁期を秋から春に移した。共同作業について、磯谷集落の人びとは「共同作業をするときに自分がいないことで、人に迷惑をかけるわけにいかない」と説明する。このように磯谷集落の人びとは共同作業を中心とした論理のなかで生業活動をしてきたのである。

磯谷集落の共同作業を優先させる生業活動には、労働量を平等にしようとする傾向をみてとれる。ともに作業をして労働時間をおなじくすることで、資源も平等に分配してきた。ただ共同作業を重視したことで、対象となる自然資源は目の前にあるものに限られることになった。同時に、それは、結果として村に生きることのできる人数を制約することになった。磯谷集落において、人びとの生業活動のあり様が集落に住むことのできる人数を制約するようになった理由については、本章の五節でくわしく述べよう。

⑥出稼ぎ

共同作業に重要性をみいだした磯谷集落では、漁を休んで出稼ぎに行く人はほとんどいなかった。たまに秋にコンブがとれず、それをおぎなう程度に一ヵ月や二ヵ月の短い期間に限って出稼ぎをすることはあった。一九五〇年ごろには漁の状況に応じて八戸のスルメイカ釣り漁や北海道のイワシ網漁の漁業出稼ぎをいくらかしていた。

また一九六〇年ごろから北海道や関東方面の都市に出稼ぎに出る人が四人ほどいた。しかし、小泊村のように、一時しのぎのつもりでおこなっていた出稼ぎが恒常化することはなかった。また出稼ぎをした人は、漁を中心にやっている世代の人ではなく、まだ漁業を本格的に継いでいない世代の人だった。そして冬期間に出稼ぎに出て、結婚と同時にやめるパターンがほとんどだった。

(iii) 網漁の共同作業を重視する論理が強まった第Ⅲ期――一九八〇年～現在

第Ⅲ期の特徴は、小型定置網を改良した改良底建て網漁をとりいれて、網漁に頼る割合が高くなったことである。この改良底建て網漁もまた、海岸から水深四五メートルまでの海に漁場をもうけるものだった。つまり改良底建て網漁の導入は、「目の前にあるものをとる」生業戦略を押し進めるものになった。

改良底建て網漁は、一九八一年に佐井村漁協の指導のもとで、佐井村全体ではじまった。磯谷集落では五五世帯のうち二七世帯が参加して八ヵ所に漁場をつくった。小型定置網は海の表層部分を移動する魚をとるのに優れた網であるが、改良底建て網は、たくさんのおもりをつけて網を海底に沈めることで、小型定置網漁ではとることのできない海底を移動する魚をとるものである。漁期は六月から九月にかけてと、一一月から三月である。小型定置網漁の漁期は四月から六月はじめにかけての期間であり、二種類の網は漁期が重ならないようになっている。このように漁期をもうけたことで、磯谷集落の場合、一年を通じて網漁を続けることができるようになった。

改良底建て網の設置場所は水深四五メートルよりも浅い場所であり、その場所は釣り漁に使っていた場所とも重なっていた。そこで、磯谷集落で改良底建て網漁をはじめた人たちは、一本釣り漁をするのをやめて、生計の大部分を網漁に頼るようになったのである。

以上みてきたように、磯谷集落の人びとは網漁に頼ることによって、ますます外に出ていけないようになっていった。人びとは共同で作業する時間が増え、網の修繕やつくりかえなどの作業をさかんにするようになった。また漁期でないときでも、網に藻がつかないように薬品を塗るなどの共同作業をしている。ここでも人びとは、それぞれの網に関わる人全員で作業をする。一人だけ用事で参加しないということは許されないのである。ここにも磯谷集落の人びとの労働量を平等にしようとする生業の論理がみてとれる。

4　出稼ぎという経済活動

さて本章の三節でみたとおり、「とれるところに出かけてとる」生業戦略を貫いてきた小泊村では、古くから出稼ぎがさかんだった。一方、「目の前にあるものをとる」生業戦略を貫いてきた佐井村磯谷集落では、人びとは一時的にしか出稼ぎをせず、出稼ぎはあまりさかんにならなかったのである。ここからは、この出稼ぎという経済活動が小泊村でさかんになり、佐井村磯谷集落ではほとんどおこなわれなかった原因を、生業構造の違いと関連させて理解することを試みたい。

ところで出稼ぎは、一般的に、地元の産業が脆弱であり地元では稼げないから行かざるをえないものとして理解されることが多い。そうした理解は、出稼ぎという経済活動の「出ていく」原因に注目している。しかし本章では、出稼ぎのもう一つの側面である人びとが都会から地方に「帰ってくる」面に注目する。というのも、出稼ぎを出ていかざるをえないものと理解すると、小泊村と佐井村磯谷集落の出稼ぎに対する態度の違いを説明することができないからである。そこで以下では、まず出稼ぎについての研究史を検討し、出稼ぎの「帰ってくる」側面に注目すべき理由を明らかにする。そのあと、二つの村の現在の出稼ぎの状況についてくわしく述べたい。

(1) 出稼ぎという経済活動の特徴

先にも述べたように、出稼ぎという経済活動は、一般に地元での産業基盤の脆弱さと関連させて論じられる。つまり地元では稼げないから出稼ぎに行かざるをえないという議論になるのである。ところがこの議論の問題は、出稼ぎという経済活動が発生する理由を地元の経済基盤の脆弱性に求めても、それは人びとが村から出ていく理由を説明するだけで、村に帰ってくる理由を説明することにはならない点にある。

人びとが出ていく理由は、しばしばプッシュ・プルの構図のなかで理解される［作道 一九九七］。プッシュとは人びとを地域社会から押し出す力のことであり、そしてプルとは人びとを都市に引き出す力のことである。プッシュ・プルの構図は、農村や山村・漁村などの地方の村々を労働力の供給元とみなし、都市を労働力の需要先とみなす。つまり地方の村々では産業構造が脆弱なために労働力が余剰になっているのに対し、都市では労働力が不足しており、都市での労働力需要が高まっているために出稼ぎという経済現象が起こるというのである。

しかしプッシュ・プルの議論を使っても、村に帰ることについては説明することができない。もし地方の村々で労働力が余剰になっていることが原因で人びとが都市に出稼ぎに出るというのならば、人びとは都市に出たまま帰らないという選択肢もありうる。したがって出ていくことだけが問題であるならば、問題は過疎化の問題になるはずである。しかし出稼ぎの場合、人びとが帰ってくるので過疎化の問題とはならない。実際、西日本では労働力の移動は出稼ぎという形をとらずに都市への移動という形をとり、地方の村々では過疎化が進んだことが指摘されている［乗本 一九九六］。こうした点を考えれば、出稼ぎは、出ていっても帰ってくることに、その経済活動の特徴があるといえよう。

そこで出稼ぎの定義を改めて確認してみよう。渡辺栄らは出稼ぎの定義を「一定期間生活の本拠（家）を離れて他地で働き、しかる後に必ず帰ってくるという、一時的回帰的な就労形態である」としている［渡辺・羽田 一九七七：六］。この定義は出稼ぎのきわめて重要な点を指摘している。渡辺らの議論によれば、出稼ぎは「出ていく」ことと「帰ってくる」ことがセットになっているからこそ出稼ぎなのである。多くの研究では、出稼ぎの出ていかざるをえない側面について経済的な原因を検討してきた［楠原 一九五八、松田 一九五八a］。[*8] また、出稼ぎは解消されるべき対象だった［庄司 一九八三］。[*9] しかし出稼ぎが「帰ってくる」ことを前提とする経済活動だとすれば、人びとがなぜ帰ってくるのか、またはなぜ帰ってくることができるのかが問われなければならない。そこで以下では、出稼ぎという経済活動のなかでもとくに「帰ってくる」という側面に注目してみよう。そして、出稼ぎ者たちはなぜ帰ってくるのか、またはなぜ帰ってくることができるのかを検討する。

では、出稼ぎの必ず「帰ってくる」という側面に注目すると、何がわかるのだろうか。出稼ぎについては「出ていく」原因を検討するもののほかにも、これまでにいくつもの観点からの先行研究の成果がある。たとえば出稼ぎについてのマスコミなどの支配的な言説の変容と政策の変化について検討する視点である［作道 一九九七］。また出稼ぎ先での出稼ぎ者たちの活動に焦点をあてる方法［松田 一九九六］や、出稼ぎ者が地域社会から出ていくことによってできる残された人びとによるコミュニティのあり様を論じる方法もある［高桑 一九八三］。

出稼ぎ者たちがなぜ帰ってくるのかという点について検討しようとすれば、故郷に対する愛着と結びつけて論じる心理学的な視点もありえよう。故郷に対する愛着があることが出稼ぎという経済活動の背景にあるとする議論は成り立ちうる。しかし出稼ぎ者が出稼ぎに「出ていく」原因が経済的に論じられるのであれば、「帰ってくる」原因も経済的に検討されてよいだろう。

出稼ぎをする人びとが地元に帰ってくる理由を地元の経済的な状況のなかに求めようとすると、人びとの地元での生業の状況を再び検討することが必要になる。つまり専業的に出稼ぎをして長期間にわたって地元を離れることで地元での生業活動をまったくしていなくても、帰ったときにはもとの生業活動をできるようになる生業の論理を明らかにする必要があるのである。ここでは両村の漁業の生業形態との関わりを考察して、出稼ぎが可能になる論理を検討してみよう。

(2) 小泊村と佐井村の出稼ぎの違い

漁業を中心とする小泊村では漁業集落からの出稼ぎがさかんなのに対し、佐井村では磯谷集落をはじめとして漁業集落では出稼ぎがそれほどさかんではない。こうした両村の現在の違いを統計上から検討してみよう。

(i) 出稼ぎ者の地元での生業

一九九五年の国勢調査と青森県の「出稼対策の概況　平成七年度」をもとに行政区画としての小泊村と佐井村の一五歳以上就業者人口に占める出稼ぎ者割合をみると、小泊村が九・五パーセント、佐井村が八パーセントである。一五歳以上就業者人口に占める出稼ぎ者の割合は、両村ともほぼ同じとみることができる。しかしこの状況は、村の内部をくわしく検討すると異なっていることがわかる。

出稼ぎ者の地元での生業についてみると、小泊村の出稼ぎ者の多くは漁業集落である小泊と下前の二つの集落に住み、漁業を生業とする人びとである。一方で佐井村から出稼ぎに出る人びとをみると、多くが農業集落からの出稼ぎ者であり、漁業集落からの出稼ぎ者は少ない。一九九七年の佐井村役場の調べによれば、二一三人の出稼ぎ者のうち三分の二にあたる一四五人が農業集落からの出稼ぎ者であり、三分の一にあたる六八人が漁業集落からの出稼ぎ者だった。小泊村と佐井村をくらべると、小泊村では出稼ぎ者の多くが漁業集落から出ており、佐井村では出稼ぎ者はおもに農業集落から出ているのである。

佐井村の漁業集落における出稼ぎをもう少しくわしくみると、漁業集落のなかでも出稼ぎ者の多い集落と少ない集落に分けられる。集落の人口に対する出稼ぎ者割合は、矢越・長後・福浦で人口の一〇パーセントである。一方、磯谷では三パーセント、牛滝では一パーセントであり、出稼ぎ者の割合が少ない。

(ii) 出稼ぎに出る期間

出稼ぎに出る期間をみても、両村の出稼ぎは違った特徴がある。一般に出稼ぎには半年間だけ出稼ぎに行く半期出稼ぎと、一年を通じて出稼ぎに行く通年出稼ぎがある。小泊村では通年出稼ぎがさかんである。一方、佐井村では農業集落の人びとが通年出稼ぎをし、漁業集落の人びとは半期出稼ぎしかしない。

小泊村の出稼ぎの期間を下前漁業協同組合(以下、下前漁協)の資料を参考にみてみよう。下前漁協が一九九六年に下前の漁業協同組合員を対象として実施した調査によると、組合員一八二人のうち六七人が出稼ぎをしている。六七人の出稼ぎ者のうち、正組合員で出稼ぎをしているのは三二人、准組合員で出稼ぎをしているのは三五人だった。[*10]そして、正組合員の三二人はすべて冬期間の一〇月から三月までの半期出稼ぎであり、准組合員の三五人はすべて一年を通じて出稼ぎをする通年出稼ぎをしていた。つまり下前集落では正組合員・准組合員の区別にかかわらず漁協の組合員でありながら出稼ぎをする人びとが多いのである。この傾向は、聞き取りによれば、小泊集落でもほぼおなじである。

一方、佐井村では農業集落の人びとが通年で出稼ぎをする傾向がある。漁業集落の人びとはほとんどが半期出稼ぎである。佐井村漁業協同組合(以下、佐井村漁協)の一九九七年の組合員数は三二八人である。その九割にあたる二九六人が正組合員である。漁協の正組合員であり続けるためには年間九〇日以上、出漁していなければならない。[*11]そこで漁業を生業とする人びとは、出稼ぎをするにしても半期しか出ていかないのである。

つまり小泊村と佐井村の漁業集落についてみると、小泊村の出稼ぎ者は半期と通年の人びとがほぼ同数であるのに対し、佐井村の漁業集落の場合は出稼ぎをする人が少なく、行くとしても半期の出稼ぎが多いのである。

こうした違いはどのような要因から生じているのだろうか。次の節では資源の分配方法の違いに注目して、出稼ぎに対する両村の態度の違いを検討しよう。

5 資源の分配をめぐって

前節までにみてきたように、小泊村は共時的にみても通時的にみても出稼ぎがさかんである。一方、佐井村の磯谷集落では共時的にみても通時的にみても出稼ぎはほとんどなかった。小泊村の出稼ぎについてのみ説明しようとすれば、プッシュ・プルの構図を使って出稼ぎ現象を説明することができそうである。つまり小泊村では、漁業出稼ぎがおこなわれていた時代も都市に出稼ぎをするようになった現在も、村のなかだけでは安定した収入を見込めなかったので人びとは出稼ぎに行かざるをえなかったとみることができる。

しかし一方で、プッシュ・プルの構図は小泊村の出稼ぎ現象を説明しても、佐井村磯谷集落の人びとが出稼ぎに行かなかった現象を説明することにはならない。もし「地元では稼げないから出稼ぎに行く」というのであれば、小泊村にくらべて一軒あたりの漁獲金額が少なく、村全体としての漁獲金額も少ない佐井村の人びとのほうがさかんに出稼ぎに行くことになりそうなものである。しかし実際には磯谷集落の人びとはほとんど出稼ぎをしない。すると人びとはなぜ出稼ぎに行くのかという問いに答えるには、単に「稼げないから」というプッシュ・プルの構図だけで説明するのではなく、出稼ぎが可能になったり不可能になったりする理由を別の側面から考える必要があるだろう。

本章の四節でも述べたように、出稼ぎは出ていくのと同時に帰ってくるからこそ成り立つ経済活動である。そして、プッシュ・プルの構図は「出ていく」原因を地元の生業構造のなかに求めてきた。そこで本節では「必ず帰ってくる」原因を地元の生業構造と関連づけてみてみよう。

結論を先にいってしまえば、出稼ぎ者が長いあいだ都市に出て出稼ぎをして戻ることができるのは、地元の生業のなかに出稼ぎ者が戻ってきたときに生業を再開できるだけの資源的な余裕があるか、または実際には資源的な余裕がないにしてもあると思わせるような仕組みがあるからである。逆にいえば、よそに出ていって戻ってくる見込みがなければ、人びとは別の場所に移動してしまい出稼ぎという経済活動は成り立たない。つまり小泊村の人びとが出稼ぎをすることができ、佐井村磯谷集落の人びとが出稼ぎすることができない原因の一つのは、それぞれの村のなかでの資源の分配の仕組みにあると考えることができる。

本章の三節でみたように、小泊村の人びとは一貫して「とれる場所に出かけてとる」漁業をしてきた。一方、佐井村磯谷集落の人びとは一貫して「目の前にあるものをとる」漁業をしてきた。こうした生業戦略の違いは、資源の分配のしかたにも影響を与えてきた。以下では、小型定置網と漁協の組合員制度を例に、資源を分配する仕組みについてみていこう。

(1) 小型定置網漁における漁場の分配と管理

小泊村も佐井村も、春になるとヤリイカの小型定置網漁をする。ところがこの定置網の漁場管理は、小泊村と佐井村でまったく違っている。「とれるところに出かけてとる」漁業をしてきた小泊村の場合、漁場は外に向かって拡げていくものだった。そして一九六〇年代以降は、村の前の海は漁協の組合員であり、年間九〇日以上漁をしているという条件を満たす以上いつでも新しく漁をはじめることができる状態にある。

一方、「目の前にあるものをとる」漁業をしてきた佐井村磯谷集落では、村の前にある水深四五メートルまでの限られた海こそが収入を得るための場所であり、村の前の海は新しく漁をはじめることが認められない閉ざされた場所になっている。つまり小泊村では新規参入がいくらあっても、漁場を外の世界に求め続ける限りは漁場の飽和状態を避けることができるのである。一方、佐井村磯谷集落では漁場を拡げることはほとんどなく、むしろ問題はそこに住む人びとがどのようにして漁場を分け合うかである。すでに漁場は飽和状態になっており新規の参入を許す余地はないのである。

ヤリイカの小型定置網漁場が、新漁業法の制定によって、それぞれの地域に住み漁業をする人全員に開放されると、小泊村では毎年、正組合員のなかで小型定置網漁に参加する人を募り、くじ引きで一人に一ヵ所を割りあてるようになった。漁場は一年限りの占有が認められるにすぎないのである。小泊村の場合、その時々に漁業を営む人に漁場を開放し、使う機会を与えているのである。

一方、佐井村磯谷集落の場合、漁業法の改正後、形式上は小型定置網の漁場が漁協組合員全員に開放されたが、すぐに一世帯に一ヵ所の漁場を分配し直した。しかもその分配でも、もともと定置網漁をしていた人に優先的に漁場を割りあてたのである。そしてその漁場を使う権利は、あたかも個人が所有するものであるかのように、漁業を続ける限りは代々相続していくものとして扱われるようになった。磯谷集落の場合、小型定置網漁をする場所は、ある一時点での参加者希望者に開放され、一度参加者が決まってしまうとその後は新たに参入しようとする人びとに開放されることはなかったのである。

一九四九年におこなわれた新漁業法の制定は、漁場の個人所有を廃止して漁業をする人びと全員に「機会均等」を提供することを目的としていた。この法的な方針にもとづいた小泊村の漁師たちの対応は、集落全体に漁場を開放して、その時々の漁師全員に漁場を使える可能性を与えるものだった。一方、佐井村では小型定置網漁をできる人数をあらかじめ決めてしまい、その数だけの漁場を特定の個人に割りあてて、ある一時点での漁師全員に一度限りの漁場の開放をしたのである。

(2) 漁協の組合員でいること

次に組合員制度に注目してみよう。図3-11と図3-12は、小泊村と佐井村の正組合員数・准組合員数の変化を表したものである。小泊村では、一九六五年に漁協組合員数全体の二割程度だった准組合員数が、一九九四年には半数以上に増えている。一方、佐井村の漁協組合員数は、一九六六年に一割程度だった准組合員数が一九九七年にもほぼ同数で、一貫して准組合員数の少ないのが特徴である。本章の四節で述べたように、小泊村の准組合員のほとんどが通年出稼ぎをしている。一方、佐井村の准組合員はそのほとんどが老いて現役を引退した高齢者か商店の経営者である。両村で准組合員数に差がみられるのは、漁協のもつ制度的な特徴によっている。

小泊村では准組合員は何年も漁業をせずにいたとしても、漁協の組合員をやめさせられることはまず考えられない。一方、佐井村では准組合員が二年間漁業をしないままでいると、漁協の漁場管理委員会から警告が出され、さらに漁業をしなかったときには人びとは漁協の組合員をやめなければならない。このような制度の違いは、単純に制度が違うというだけではない。というのも、この違いこそが小泊村と佐井村それぞれの地域の資源の分配の仕組みを反映しているからである。

「とれるところに出かけてとる」漁業をしてきた小泊村では、漁場を外へ拡げていくことで人びとが漁場で競合することを避けてきた。そして小泊村で漁をする人びとは拡大した漁場に収入の大部分を頼ってきた。一方、村の地先にある海を積極的に使うことは一九六〇年ごろから少なくなっていった。地先の海では一〇〇万円程度の比較的安い資金があれば何らかの漁をすることができる。この沿岸の漁場が、准組合員たちに、帰ってきて再び漁をする可能性を提供しているとみることができる。つまり小泊村の地先の漁場は、長いあいだ漁業をやめて都市に働きに出ていた

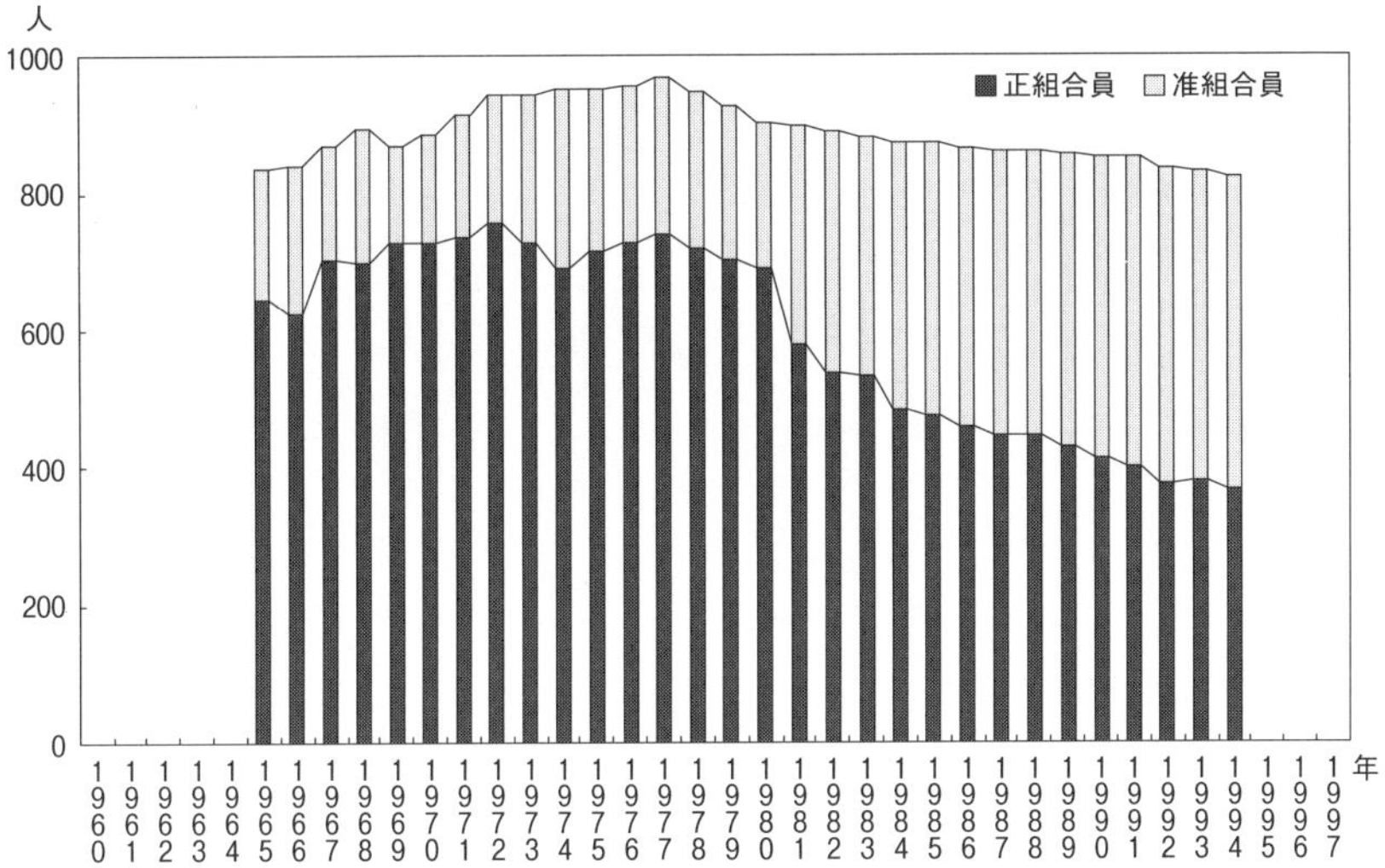

図３-11　小泊村の正組合員数と准組合員数の推移

注：小泊漁業協同組合と下前漁業協同組合の資料を合計して作成。

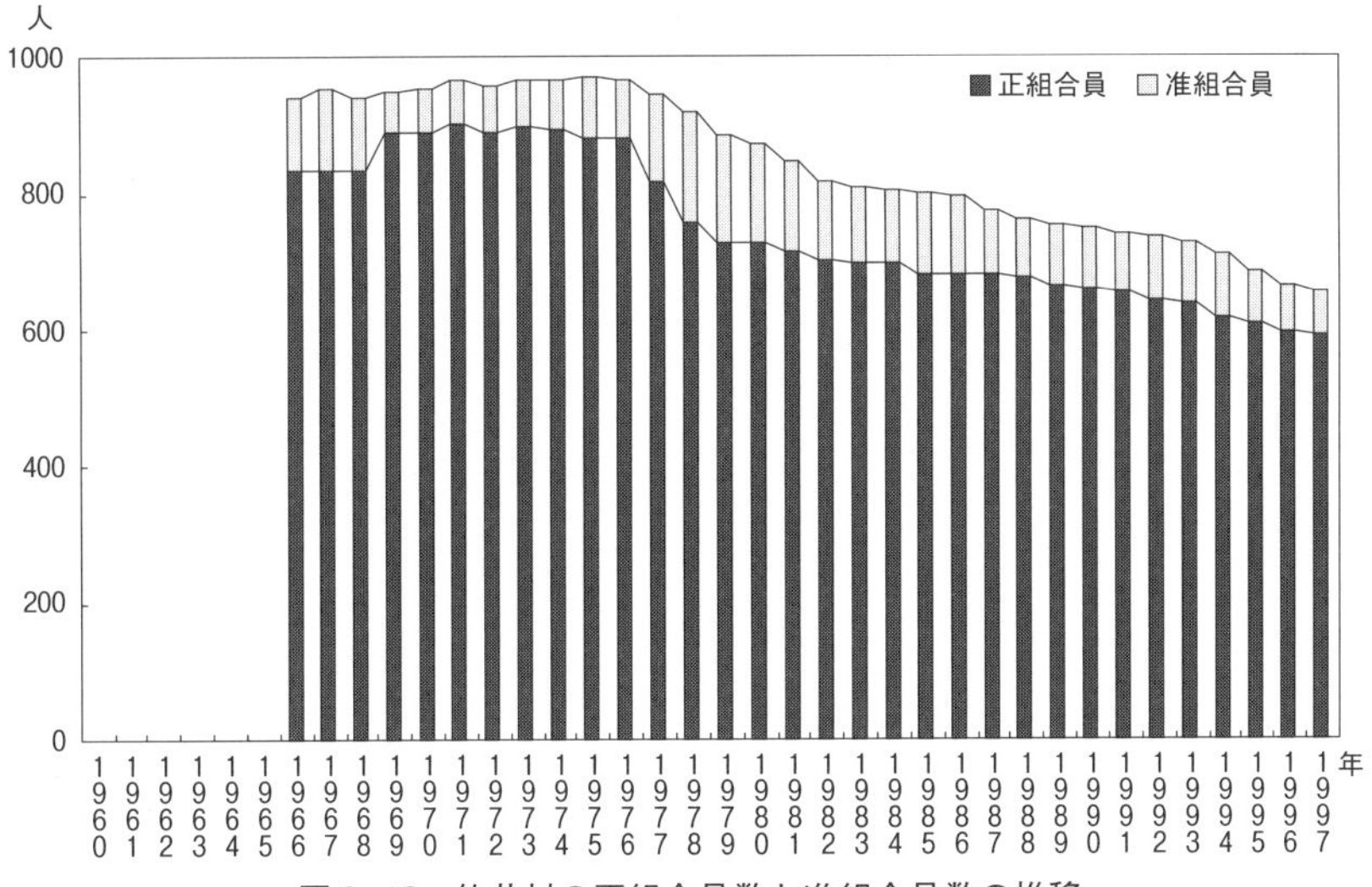

図３-12　佐井村の正組合員数と准組合員数の推移

注：小泊漁業協同組合と下前漁業協同組合の資料を合計して作成。

出稼ぎ者たちを受容するだけの資源的な余裕をもっていたと考えることができるのである。

一方、佐井村では、限られた海だけを漁場としてきた。そこでは自然資源を厳格に管理していたし、また個人の行動も共同作業の論理によって規制していた。そのような場所では、当然のことながら組合員が少なければ少ないだけ個人の漁業収入は多くなるのであり、長く漁をしない人びとに組合員の権利を放棄してもらうほうが、その地域の漁業にとってはよいということになる。そこで佐井村では、漁協の組合員は、たとえ出稼ぎをする場合でも、九〇日という正組合員の権利を維持できるだけの日数を漁業に費やしてきたのである。そしてまた、共同作業における労働量の平等という論理が働いた結果として、出稼ぎに行くこと自体が困難だったのである。

(3) 村に残った人びと

出稼ぎがさかんな小泊村と出稼ぎがほとんどない佐井村磯谷集落では、村に残っている人の属性にも違いがみられる。出稼ぎがさかんな小泊村では、次三男が多くの残っているのに対して、佐井村では長男しか村に残っていない。小泊村では、聞き取り調査をした五〇人のうち約半数の二三人が次三男だった。[*12] つまり出稼ぎがさかんな小泊村の場合、多くの次三男が村にとどまって生活をするライフコースを描くことができるのである。小泊村の海はそれだけ自然資源に余裕があるともいえる。

一方、佐井村の場合は、村の五五世帯のうち四六世帯の世帯主が長男や長男の代わりをする人だった。つまり資源的な余裕がほとんどない佐井村磯谷集落の場合、次三男が村にとどまって生活をするライフコースを描くことは難しく、村から出ていくよりほかにないのである。

6　イーミックな自然に規制される地域社会の人びと

(1)　出稼ぎを可能にする生業の論理、出稼ぎを不可能にする生業の論理

本章の後半では、出稼ぎという経済活動が成立する原因を、出稼ぎの必ず「帰ってくる」という側面に注目して、地元の生業構造と関連させせてみてきた。出稼ぎの原因は、一方ではプッシュ・プルの構図にみられるような「地元では稼げない」から出稼ぎに行くという点にある。しかし「地元では稼げない」という説明は、本章の四節でも述べたように、出稼ぎに出ていく要因に注目したものであり、帰ってくる要因を説明したものではない。

プッシュ・プルの構図は、実際には「出て」いって「帰ってくる」出稼ぎの原因も説明していたし、「出て」いって「帰ってこない」過疎化の原因も説明していた。逆にいえば出稼ぎにおける「帰ってくる」要因がそれほど振り返られてこなかったということである。

そこで本章では、出稼ぎの「帰ってくる」側面に注目した。そして出稼ぎ者が長期間地元で生業活動をしなくても地元に帰れる要因の一つは、地元の生業における資源的な余裕の有無にあることを明らかにした。

自然資源の分配の仕組みに注目すると、小泊村では漁場を拡大していく漁業をしてきたのであり、新たな参入者に対しても積極的に自然資源を分配することができるのである。そのことが、出稼ぎ者に帰って漁業ができるという期待を抱かせていたのであり、出稼ぎという就労形態を許容する原因になっていたのである。小泊村ではしばしば「少年時代には磯漁業で鍛え、成人すると大型船に乗って漁をし、年をとって体力が落ちたら磯漁業で遊びながら余生を送る」ことが理想であると語られる。こうした語りは単なる夢物語ではなく、実際の人びとの動きとなってあらわれている。近年、小泊村では一トン未満の漁船の稼働率があがっている（図3-13）。漁協の説明によれば、この稼働率の上昇は出稼ぎを引退した人びとが地元に戻って漁に出るようになったからだという。これらのことをまとめてみる

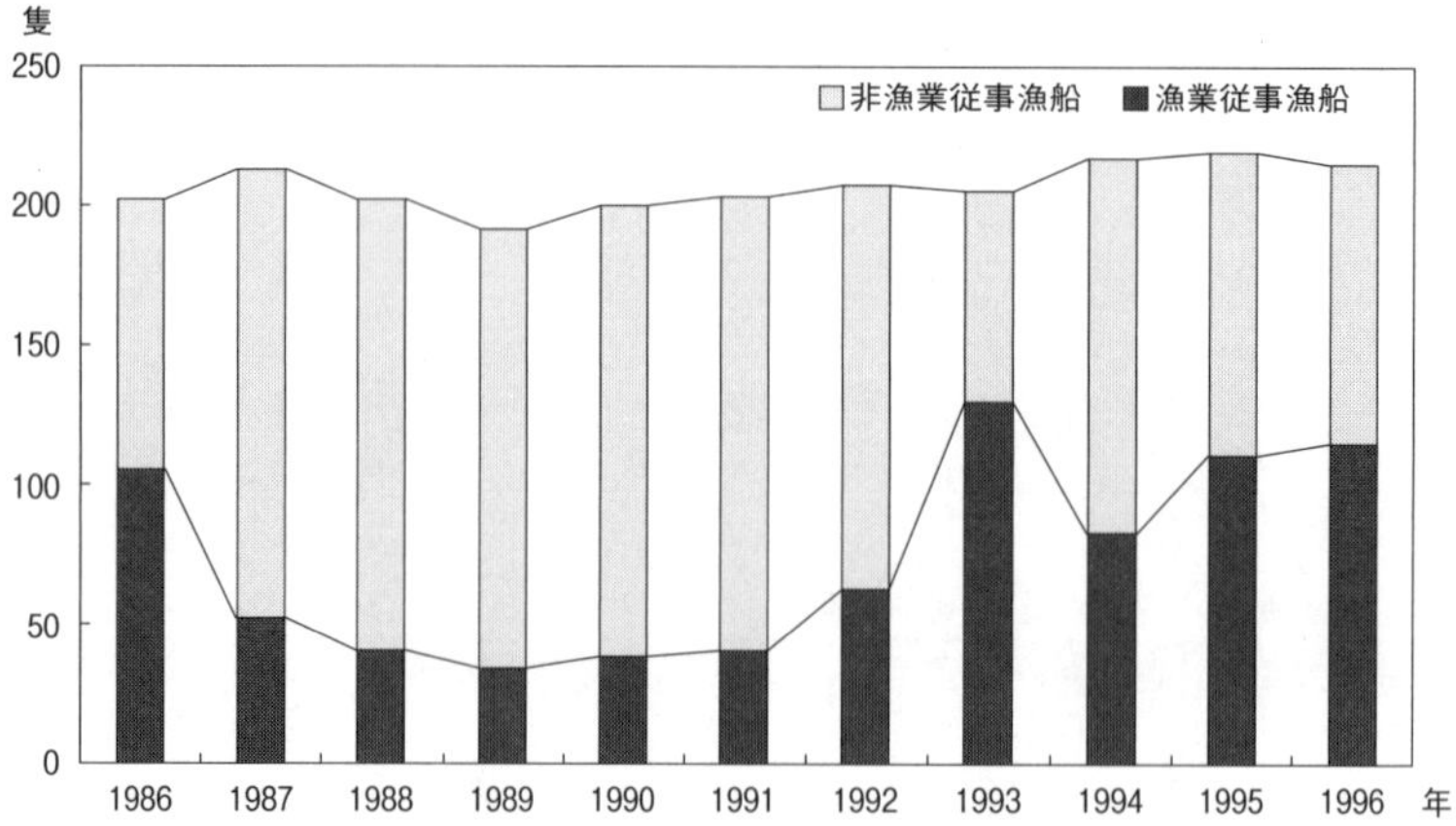

図3-13　小泊漁協所属の1t未満の漁船の稼働状況の変化

注：小泊漁業協同組合資料より作成。

と、出稼ぎ者の故郷が地元で生活するイメージを与え続けていることが、出稼ぎという経済活動を可能にしているといえるだろう。

一方、限られた空間を分割して目の前の海で漁撈活動をしてきた佐井村磯谷集落では、一九七〇年代以降、地元の漁場に新たな参入者を入れる余地は残っていなかった。磯谷集落では本章の四節でくわしくみたように、小型定置網漁を導入した一九三五年ごろから一九七〇年ごろにかけて、集落内の核家族化が急速に進み、分家には小型定置網に参入する権利を与えていた。しかし一九七〇年ごろから小型定置網漁へ新たに参入することがむずかしくなった。そして佐井村磯谷集落では長期に漁業を休業した人が再び漁業に戻る機会を制限するようになり、一度漁業をやめた人びとは再び漁業に戻れない状況が生じた。つまり佐井村では一度漁をやめてしまうと村のなかに居場所がなくなってしまうのである。

一度村を離れると地元で生活できなくなってしまう佐井村では、前節でみたように村には長男ばかりが残ることになり、次三男は出稼ぎという稼ぎ方を選択することなく、よその土地に稼ぎ口を求めて出ていってしまう。実際聞き取りによると、佐井村磯谷集落の次三男たちは磯谷集落を離れてまず佐井村の中心部の佐井集落に移って建設業をし、さらに下北半島のむつ市や関東方面へ移住していったという。この佐井村の事例は、小泊村の場合とは逆に、故郷が地元で生活するイメージを人びとに与えていないとすれば、人びとは移住してしまって村には残らないということを示している。

(2) 自然資源と地域社会の構造

以上に論じたように、出稼ぎという経済活動をめぐってまったく異なる対応をした小泊村と佐井村磯谷集落の両地域では、その対応に地元の生業戦略が深く関わってきたといえるだろう。

小泊村にしても佐井村磯谷集落にしても、戦後になってさまざまな自然資源をみつけて、それを商品化してきた。漁船や漁具など道具に関わる技術の向上や市場の動向などによって、その時々に新しい自然資源を商品としてみつけて、生計をたてる手段として組み入れてきたという点では、両地域の戦後の動きはよく似ている。一方で、商品としての自然資源の発見と利用の目まぐるしい変化にもかかわらず、それぞれの村の生業戦略が大きく変わることはなかったのである。小泊村の人びとの活動には一貫して「とれるところに出かけてとる」生業戦略がみてとれるし、佐井村磯谷集落の人びとの活動には一貫して「目の前にあるものをとる」という生業戦略がみられるのである。

こうした両村の漁師たちの活動の違いは、単純に自然科学的な環境の違いからだけで説明できるものではない。むしろ人びとが日々の活動を通じて自らつくりあげてきた自然と人の関わりが人びとの行動を規制し、結果的に集落のあり様にまで関わってきたといえるだろう。

人びとの行動に対する規制は佐井村磯谷集落では顕著である。本章の三節で述べたように、佐井村磯谷集落でも、小泊村と同じように、一九五〇年代から七〇年代にかけてのほんのわずかの間ではあるがスルメイカ釣り漁をしていた。このスルメイカ釣り漁は津軽海峡のあちこちへ出ていってとるものだったが、磯谷集落ではスルメイカ釣り漁は重要な生業活動とはみなされず、小型定置網漁をおぎなう副収入のようにとらえられたのである。

同様に、マグロ釣り漁のような個人でする漁も主要な漁にはならなかった。佐井村の北側に位置する大間町の沖には、よく知られているようにマグロの有名な漁場がある。この漁場は大間町の人びとが排他的にネツキモノをとることのできる区域のなかにあるが、釣り漁で行く限り、漁業法上の制約を受けることはない。もちろん本書の第四章で論じたように地域的につくられる社会的な規制はあり、単純に誰でも参入できるとは限らない。しかし本章の三節の佐井村磯谷集落の漁業の変遷のなかで述べたように、磯谷集落のなかでも数は少なかったものの大間町の沖合まで出かけていってマグロ釣り漁をするようになった人びともいたのである。

こうしたことをあわせてみれば、佐井村磯谷集落の漁業でも外へ出ていって漁をする試みはあったのである。しかし実際には、佐井村磯谷集落の人びとの意思としては地元の目の前にある自然資源を重要視してきた。佐井村磯谷集落の人びとは小型定置網漁や改良底建網漁を経営する論理を優先し、また村の背後にある集落共有林を協同で管理するための論理を優先したのである。つまり佐井村磯谷集落の人びとは、集団経営の小型定置網漁の漁場や村落協同で経営する森林に資源としての価値をみいだし、その二つの資源を使うことを前提にして付加的にさまざまな自然資源をみつけて使ってきたのである。そして集団の論理にそぐわないものは資源とはみなさなかったのである。その結果、この佐井村磯谷集落の人びとが資源としてみなしたものを使うことのできなかった人びとは集落の外に移っていき、地元に戻ってくることはなかったのである。

一方、小泊村の「とれるところに出かけてとる」拡大型の生業の論理は、結果的に人びとが地元の人間として所属し続けるということに対して寛容だったといえるだろう。仕事の種類を変えて村の外に出かけていくことは特別なことではなく、むしろ生業戦略のなかに組み込まれた活動だった。そして同時に、拡大型の生業戦略をとることによって、帰ってきても何かしらの仕事ができるという期待も含んでいたのである。また漁業の特徴についてみれば、小泊村の漁業は一九四九年以降、個人化し、移動する自然資源に注目してきた。その結果、自然資源の移動にともなって人びとも移動するという生業戦略をつくりあげた。つまり自然のなかから商品となるものとしてスルメイカなどの移動性の高いものを資源としてみつけたということである。こうした生業戦略によって、結果的に、人びとが地域から完全に離れることはなく、地域に再び戻ってくることも許容されていたのである。

結局、こうした地域社会のあり様の違いは、エティックな立場からみた自然環境の違いというよりも、人びとが生業活動のなかで自ら規定してきた自然に対する知識や論理による違いといえそうである。つまり何を資源と考えてきたのか、どの自然資源を優先してきたのかという自然と人の関わり方が、結果的に小泊村と佐井村磯谷集落それぞれの地域に暮らす人びとの構成にまで影響を与えたのである。すなわち地域社会のあり様は、単純に地域の自然科学的な自然、またはエティックな立場からみた自然に規定されるだけでなく、また社会構造のみに規定されるのでもない。地域社会の構造は、人びとが自ら認識し定義するイーミックな立場からみた自然のあり様にも規制されるといえるだろう。

以上、第三章では、第二章で示した生業誌という視点から検討する自然と人の関わりのうち、自然と地域社会の関わりを検討してきた。自然資源を使わない人びとも含めた地域社会のあり様を通時的な側面から検討してみると、これまで述べてきたように、人びとが地域社会に住み続けるか移住してしまうかという選択が、生業活動を通じて地域社会の人びとが規定するイーミックな立場からみた自然に大きく左右されていたことを明らかにした。地域社会の成員であり続けるか移住してしまうかという人びとの生き方に関わる選択は、漁業の景気がよいか悪いかという経済学的に論じられるだけの問題ではなく、自然資源の分配の方法が人びとに地域社会に居続けるイメージを与え続けているかいないかという問題でもあったのである。

次章では、自然と人の関わりのうち、二つ目の自然と漁業者集団との関わりをとりあげ、自然資源を使って生きる人びとの生業活動の変容を検討しよう。

註

＊1　漁業センサスで使われる漁業形態の区分には沿岸漁業、沖合漁業、遠洋漁業の三つがある。この区分は距離による分類ではなく、船の大きさと漁撈の種類による分類である。この分類の用語と別に、単に陸に近い場所で漁をするという意味で、本章では佐井村の漁業を地先型の漁業と呼ぶ。

＊2　スルメイカは、スルメイカ科の生物で日本海に分布する。本州中部沿岸から東シナ海北部を産卵場として、本州からサハリン西部沿岸を回遊する冬生まれ群と、佐渡から対馬にかけての沿岸に分布する春・夏生まれ群がある。スルメイカの各群の季節的な北上や南下にあわせて、日本海のほぼ全域で釣り漁業の漁場ができる［奈須ら　一九九六］。

＊3　ウスメバルは、一般にメバルと呼ばれる魚の標準和名である。小泊村ではこのウスメバルを「海峡メバル」という名前でブランド化して大阪などの市場に出荷している。

＊4　ヤリイカは、ジントウイカ科の生物で、日本海沿岸の大陸棚に生息する。海岸の非常に浅い場所で産卵をする習性があり、冬から春にかけての産卵時期には沿岸にヤリイカが集まり、日本海各地で漁をしている［奈須ら　一九九六］。

＊5　漁業センサスでいう漁業経営体数は経営者数に近い意味である。たとえば個人で漁をしている場合にも一経営体と数え、集団で漁をしている場合にもその集団を一経営体と数える。つまり漁業経営体数は漁業従事者数をあらわすものではない。しかし小泊村の場合は、一部に例外はあるが、個人で漁をする人が経営者になっており、個人が経営体として数えられている。また佐井村では、数人が集まって定置網漁などの網漁をしているが、網漁をしている集団を一経営体とは数えていない。複数の経営体が集まって一つの漁をしていると解釈している。佐井村でも基本的には個人が経営体の単位になっている。つまり小泊村も佐井村も、経営体数は漁をしている人びとの実数に近い値になっている。

＊6　釣り漁は、本書の第一章で述べたように、漁業法の規制を受けない。しかし各都道府県が独自に決める漁業調整規則があり、実際にはさまざまに規制される。

＊7　本章で佐井村の漁業のなかで定置網漁と表記したものは、親方が人を雇って経営する戦前の網漁のことを指す。一方、佐井村磯谷集落の事例で小型定置網漁と表記したものは、戦後に普及した個人や数人でやる小規模な網漁のことを意味する。

＊8　松田昌二は「脱農化が出稼ぎという形態をとってあらわれるのは、商品経済に巻き込まれた農業の生産力が低く、しかも地元に適当な就業の機会がないことにもとづくものであるが、その場合、出稼ぎ収入がもっぱら出稼ぎ者自身の労働力の再生産に充

当されるのではなくて、商品生産のおくれた農家経営の補助としての役割を果させられるという関係が重要であるが、その意味では出稼ぎは同時に農業の後進性を映し出しているわけで」［松田 一九五八ｂ：三二九］と述べ、地元の産業の脆弱性が出稼ぎを引き起こさざるをえない原因をつくりだしていると論じている。

＊9 庄司東助は『日本の漁業問題――その歴史と構造』の冒頭で「長い間沿岸漁民の宿命とされてきた出稼労働解消策の一つとして、今日沿岸漁業における増養殖漁業への転換の指向がいろいろの形で現れてきている。そこには、自分たちの生まれ故郷である沿岸漁村の地先漁場を開発して、なんとか増養殖漁業を発展させ、「とる漁業」から「つくる」漁業に一日も早く転換し、家族とともに楽しく、人間らしい労働がしたいという、当然の人間的要求がその土台としてあるのである」［庄司 一九八三：四―五］と述べており、地元の産業である漁業を拡充することによって出稼ぎを解消する必要性を論じている。

＊10 正組合員と准組合員は、漁業協同組合法で、出漁日数によって分類されている。漁業協同組合法では、一般に九〇日以上出漁している人びとは正組合員とし、九〇日以下の出漁日数の人びとは准組合員とすることが定められている。正組合員と准組合員ではとることのできる資源が違ったり、参加できる漁が違ったりといった制限があることが多い。この正組合員と准組合員の差は各漁業協同組合の裁量に任されている。

＊11 一年間に九〇日の出漁日数という条件は、一年の四分の一に過ぎない。そのためこの条件は一見簡単にクリアできる条件のようにみえるが、気象条件に左右され実際には九〇日間の操業を出稼ぎなどほかの仕事をしながらこなすのは難しい。青森県の場合、とくに冬期には海が荒れて出漁できない日も増える。そこで、この条件に合わせるためには、実際には半年近くは地元にいることが必要になる。

＊12 この五〇人に対する聞き取り調査の結果は、一九九六年度と一九九七年度に弘前大学人間行動コースの調査実習において実習に参加した学生が集めたデータを使わせていただいた。筆者はその一員として調査をして、データの整理にも参加した。

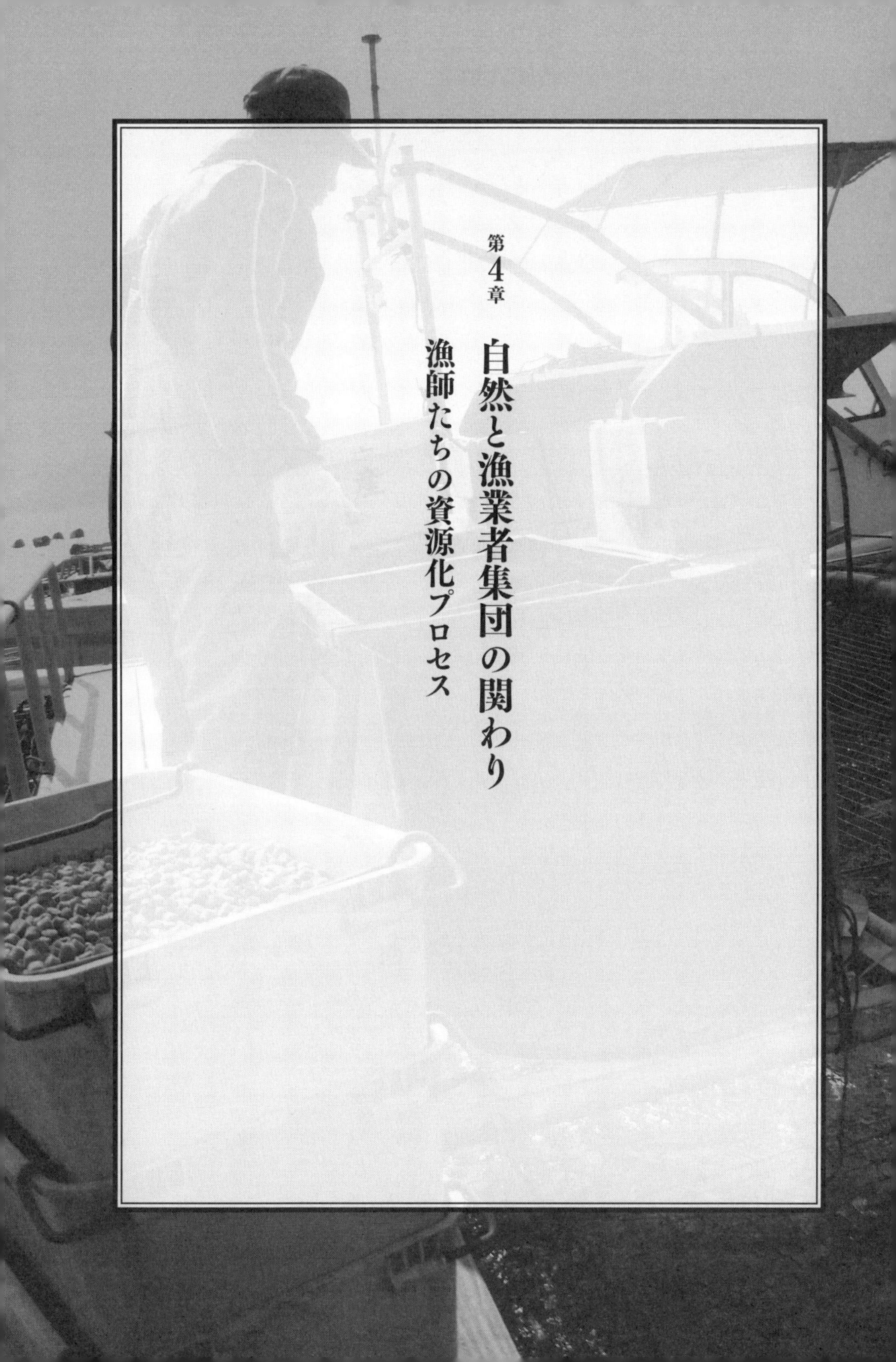

第4章

自然と漁業者集団の関わり

漁師たちの資源化プロセス

1　多様な自然資源利用のなかの漁業者集団

本章では序章と第二章で論じた自然と人の関わりのうち、自然と漁業者集団の関わりを検討する。本章では漁業者集団の事例として、長崎県北松浦郡、五島列島北部にある小値賀島《おぢか》の漁業者をとりあげる。

本章で漁業者集団というのは、漁業に直接的に関わって実際に自然資源を使って生計をたてる人びとの集団のことである。自然資源を使って生計をたてる人びとは、自然資源をとる現場で資源の利用をめぐるさまざまな社会的な規制をつくってきた。漁業者集団を対象として自然との関わりを論じた研究には、序章でも述べたように、特定の自然資源をとりあげ、その自然資源を使う人びとが現場で相互調整を繰り返してつくりあげる社会的な規制に注目して持続的な自然利用のあり様を検討するものが多い。

また序章や第二章でも論じたように、自然と集団の関わりを論じた研究は、特定の自然資源に注目することが多く、人びとが自然資源を持続的に使うなかで自然に対する豊富な知識をいかに実践的に生かしてきたのかを論じてきた。世界的に市場のグローバル化と分業化が進み、大量生産と大量消費が求められる現代において、こうした人びとの実践と経験のなかに自然資源を持続的に使い続ける術を探ることは時代の要請だろう。

しかし序章でも述べたように、特定の自然資源に限って資源利用の持続性を論じると、いくつかの問題が生じる。一つは特定の自然資源だけがとりあげられ、ほかの自然資源を使う活動がとりあげられなくなってしまう点である。地域の漁業が複数の自然資源を使うことで成り立っているとすると、それぞれの自然資源を使う人びとがどのような集団をつくり、どのように自然と関わっているのかを丹念に検討していくことが必要だろう。

二点目は、特定の自然資源に注目することで、その自然資源が人びとにとってつねに価値のあるものとして描かれてしまいかねないことである。先行研究では自然資源のア・プリオリな価値を否定している［秋道 一九九五］。しかし資源利用の持続性を問題にすると、資源利用の成功例がとりあげられる。持続的な自然資源の管理に成功している事例は、人びとがその自然資源を価値のあるものと見なしつづけていることを示している。しかし成功例だけに注目していると、人びとが自然資源に価値をみいだしたり、その自然資源に価値をみいださなくなり使わなくなったりする経験や、資源管理に失敗する経験などは描きづらくなる。

三つ目は、人びとが持続的に資源を使ってきた結果が、生態学的な知見、エティックな立場からみた自然と結びつきやすいという点である。資源利用をめぐって人びとがつくりだす社会的な規制が持続的な資源の利用に結果的に寄与していたとしても、それは人間の自然に対する適応や共生の文脈でとらえられることではない。資源の価値は政治や文化、社会、自然の変容によって変化するのであり、その意味で自然資源の持続性は人間の側の問題としてみる必要があるだろう。序章で篠原の議論を引き合いにして論じたように、エティックな立場からみた自然とイーミックな立場からみた自然は弁別してとらえる必要があるのである［篠原 一九九〇］。

これら三つの問題をふまえて、漁業をする人びとの集団が自然とどのように関わってきたのかを論じるために、本章では三つのことを試みる。一つ目はライフヒストリーに注目し、自然資源を使って生きる人びとの生業活動の変遷を描くことである。二つ目は自然資源の商品としての発見―利用―利用放棄のプロセスを論じるために、人びとが使ってきた個別の自然資源に注目して通時的な側面から利用形態の変化を論じることである。三つ目は一点目と二点目の検討にもとづいて、人びとが産業としての漁業のもとで自然との関わり方をいかに拡げていったかを検討することである。

一点目の課題を検討するために、本章では複数の人びとのライフヒストリーに注目する。一般にライフヒストリー研究では語りを対象にする［谷 一九九六］。たとえば人生の転機がどのようにして生じたのかやその事象をどうとらえたのかなどを論じるのである［鶴見 一九九八］。しかし本章ではそうした検討はしない。本章では地域社会に住み漁をする複数の人びとがしてきた漁の変遷をライフヒストリーから追う。本章で「漁」というときには漁具と漁法を組み合わせたものを意味する。

一人のライフヒストリーだけをとりあげると、個人の生業活動の変遷だけを追うことになる。そこには個人的な家庭の事情や本人の願望などが反映される。したがって一個人のライフヒストリーをとりあげるだけでは、自然資源を使う集団の漁の変遷を示すことにはならない。そこで本章では集団に属する複数の人びとのライフヒストリーをとりあげ、集団に共通する生業活動の特徴を抽出する。このような作業を経て、多様な自然資源を使う人びとの生業活動を明らかにする。

二点目についての検討では、聞き取りから得た自然資源の利用をめぐる社会的な規制の変化に注目する。序章で述べたとおり、産業としての漁業のもとでは、商品としての自然資源には発見―利用―利用放棄という過程がみられる。本章の後半では個別の自然資源に注目して、その利用形態を通時的に検討する。そしてどのようにして商品としての自然資源が発見―利用―利用放棄の過程をたどるのかを記述する。

三点目については、一点目と二点目を検討した結果をもとに論じる。エティックな立場から自然をみれば、事例としてとりあげる小値賀島のまわりには人びとが商品にできる可能性のある自然資源が非常に多い。しかし自然資源は、人びとが発見してはじめて人びとにとって有用なものになる。したがって、どれほど地域の海が生態環境に恵まれていたとしても、人びとにとってその海が豊かな海であるとは限らないのである。ここでは人びとが海に何をみいだしたのかをイーミックな視点からとりあげてみよう。

本章では、これらの検討を通じて、自然と関わる漁業者集団の経験をみていくことにしよう。本章を書くにあたって使ったデータは、二〇〇〇年から二〇〇一年にかけてのべ一〇二日間にわたっておこなった聞き取りを中心として集めたものである。

2　多様な自然資源をつかう小値賀島の漁業

(1)　魚種の多い小値賀島の自然環境と漁場

小値賀島は長崎県の西部、五島列島の北部に位置し、小値賀町の中心的な島である（図4-1）。小値賀町の人口の多くが小値賀島に集まっている。二〇〇〇年の小値賀町役場資料によれば、小値賀町の全人口は三七六二人である。小値賀町のおもな産業は農業と漁業である。二〇〇〇年の国勢調査によれば、町の全就業者数一六五一人のうち三三二人が漁業をおもな生業としている。

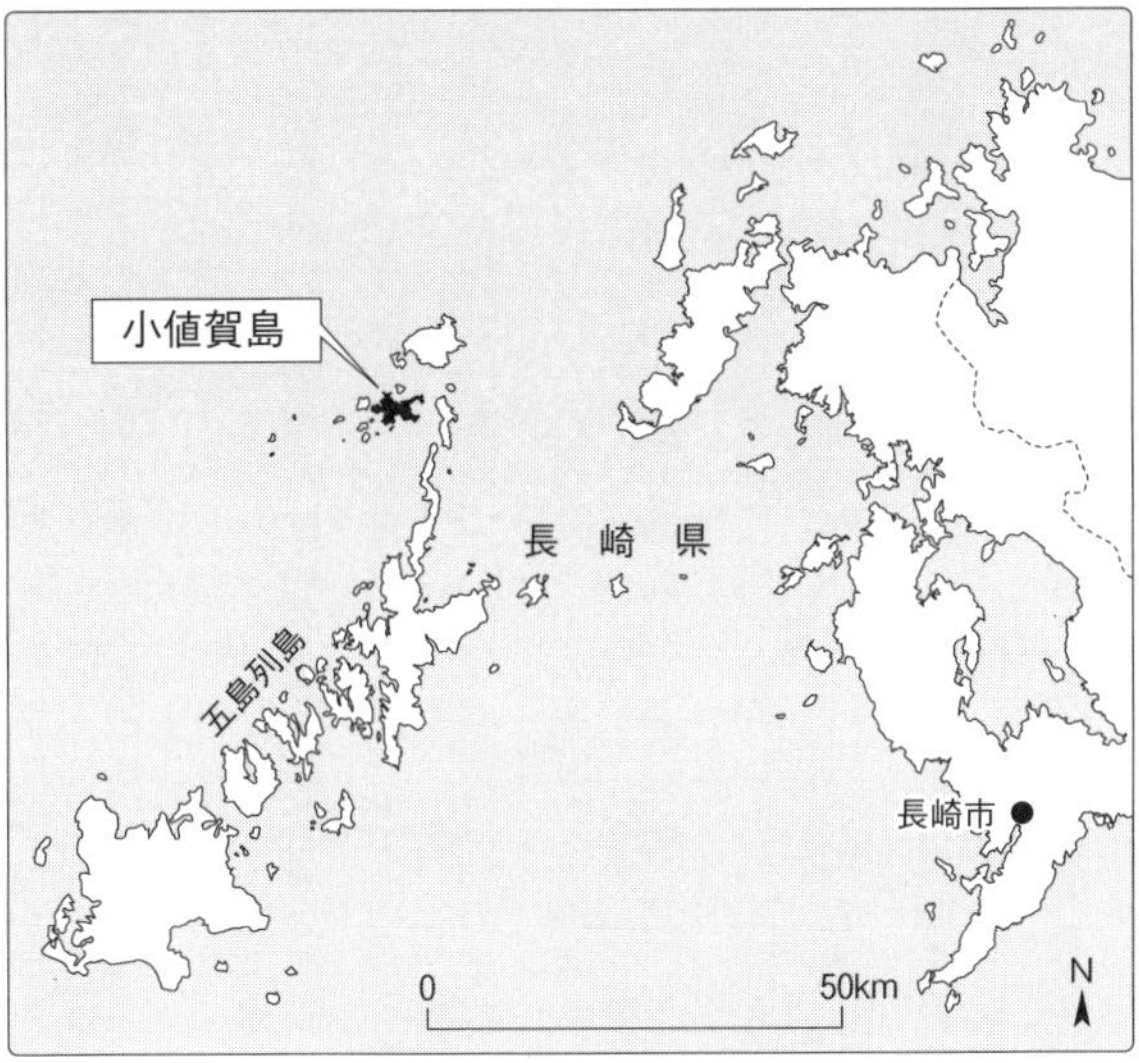

図4－1　小値賀島の位置

小値賀島のまわりはセ（瀬）やソネ（曽根）と呼ばれる起伏に富む海底地形が広がっている（図4-2）。セやソネは、魚が集まり格好の漁場となってきた。[*1] 現在でも小値賀島ではセやソネに集まる資源を使う沿岸漁業[*2]がさかんである。

小値賀島の漁師たちの多くは一〇トン未満の小型の漁船を使って漁をする。一九九八年の漁業センサスによれば、小値賀町で漁に使う船の九七パーセントが一〇トン未満である。小値賀島の漁業は近海で営む規模の小さい漁が中心である。

二〇〇〇年に小値賀町漁業協同組合（以下、小値賀町漁協）が扱った自然資源は一四七種類である。その多くはセやソネでとれたものである。図4-3に小値賀島の漁師たちが二〇〇〇年にとった自然資源の種類別漁獲金額を示した。一四七種類のうち、とくに漁獲金額が高いのがブリ類[*3]・イサキ・タチウオである。この三種類の魚は小値賀島の漁師たちが重要だと考える魚種である。

小値賀島の漁師たちは島のまわりの海を無制限に使っているわけではない。法的な制度と小値賀島の漁師たちによる社会的な規制にもとづいて、小値賀島のまわりの海は六つの海域に分けられる。六つの海域を海域Aから海域Fとして、各海域の位置と漁場の名前をあらわしたのが図4-4である。[*4] 海域AとCには名前がついた場所が多く、海域DとFには名前がない。以下では六つの海域における制度や規制、自然環境、漁法、とっている資源をみていこう。

(2) 各海域の制度・規制と可能な漁法

海域Aは小値賀町漁協が管理する共同漁業権漁場である。この海域Aにはソネやセが多く、貝類や水棲生物類、海草類、魚類などの資源になりうる生物が多くいる。小値賀島の漁師たちはこの海域Aでよその地域の漁師を排除して独占的にアワビ類、ウニ類、サザエ類、海草類などのネツキモノをとることができる。これは漁業法が定めている

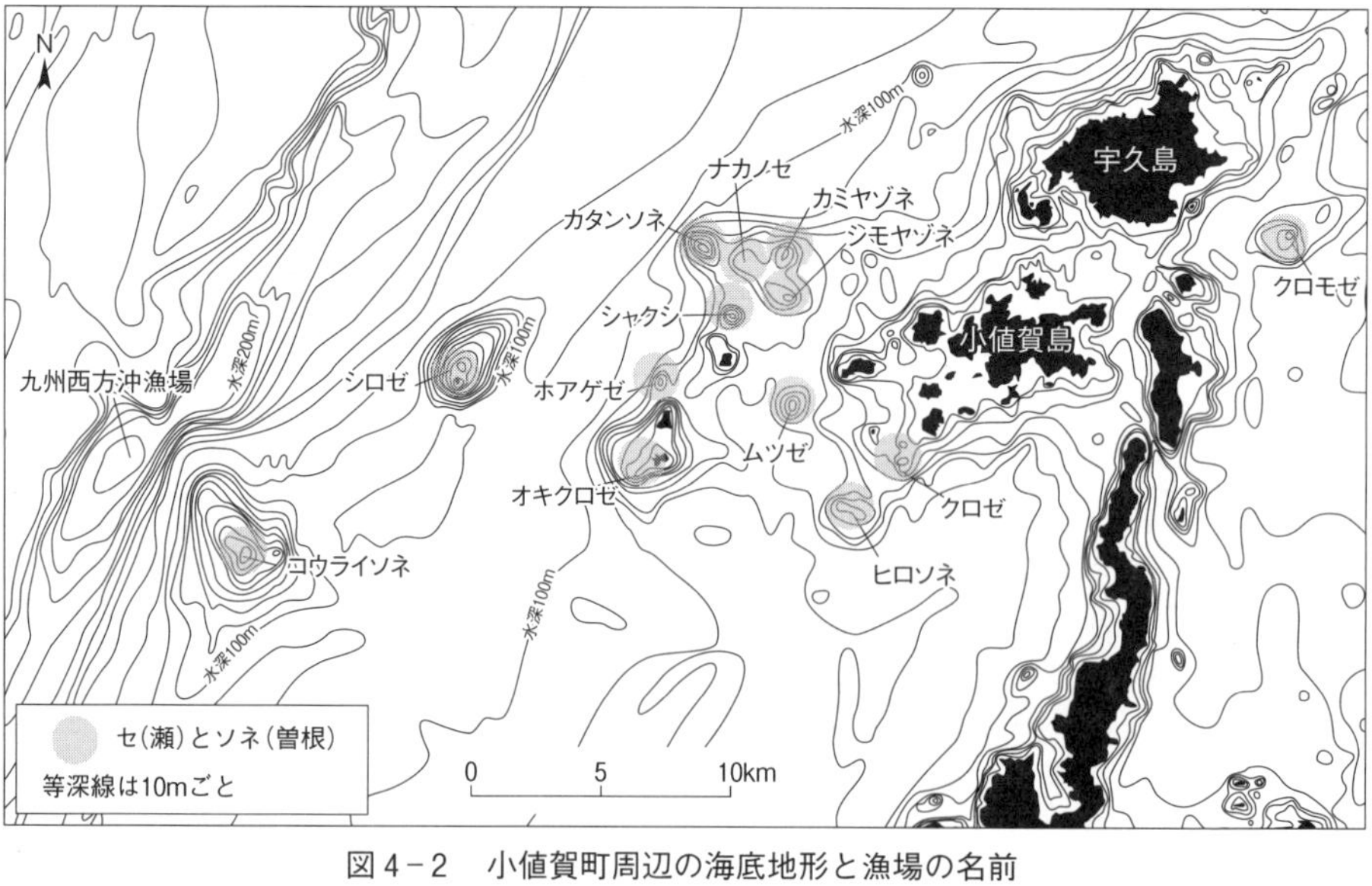

図4－2　小値賀町周辺の海底地形と漁場の名前

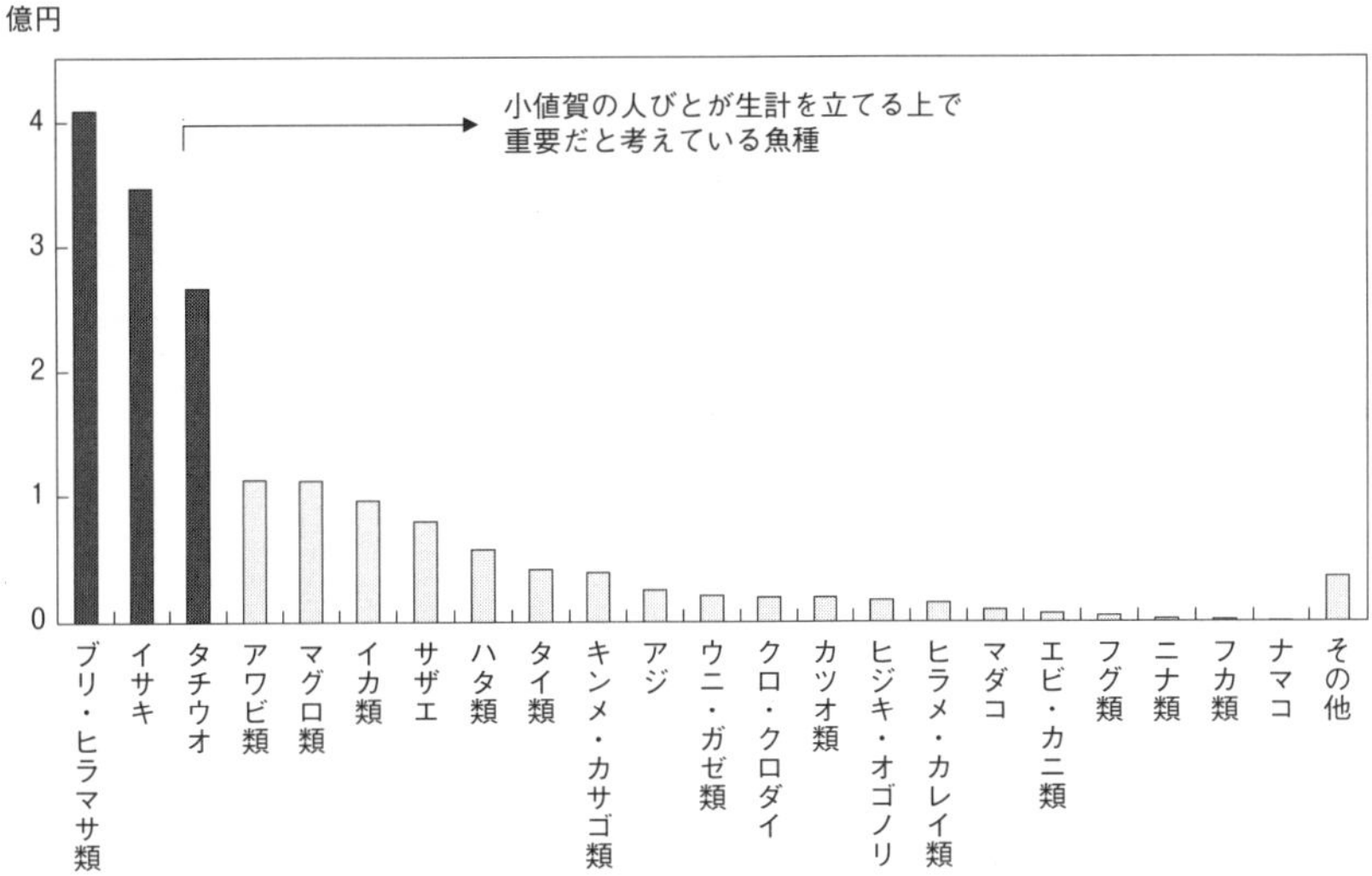

図4－3　小値賀町の魚種別漁獲金額（2000年現在）

注：小値賀町漁業協同組合資料より作成。

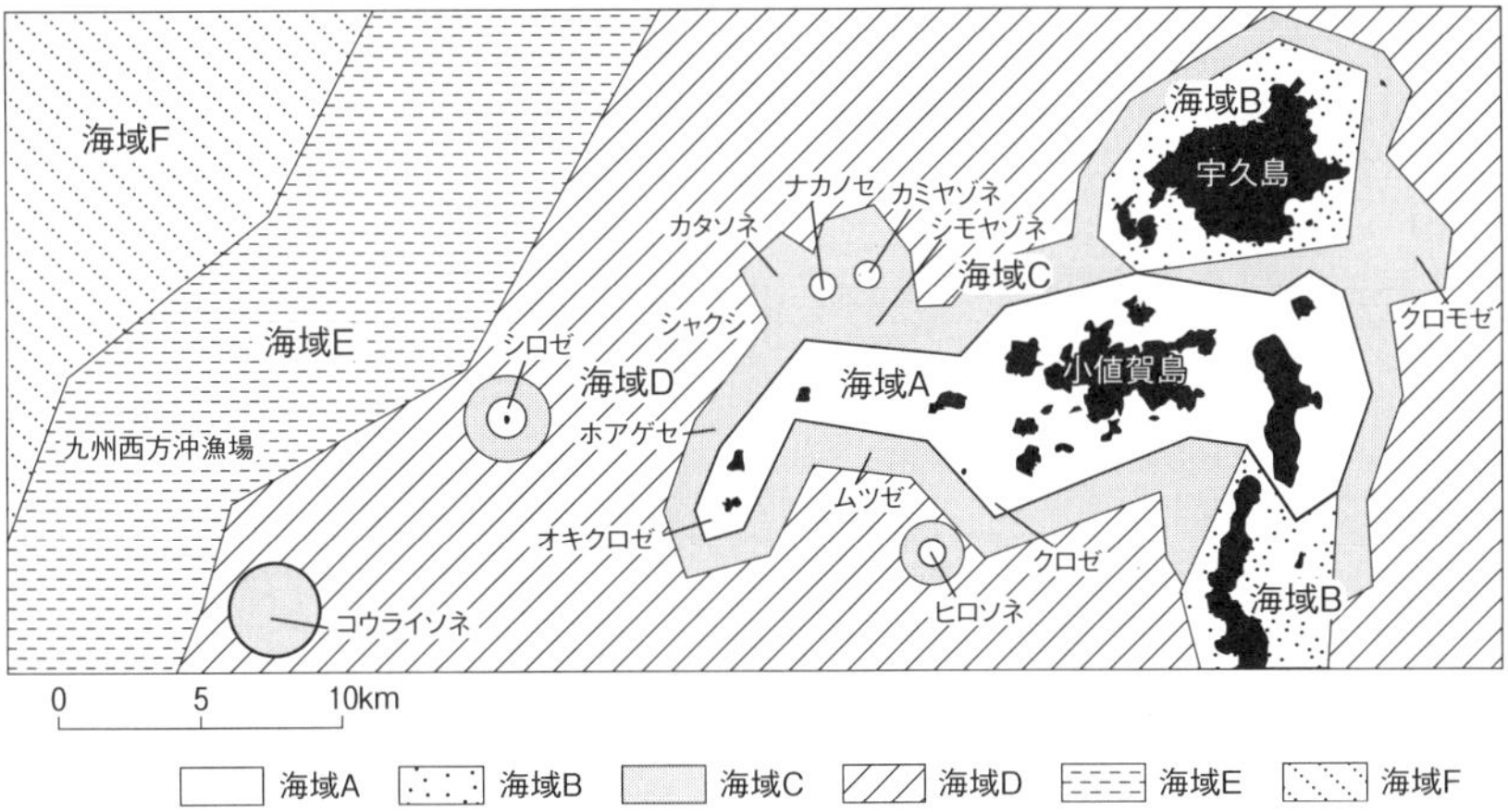

図4－4　制度と社会的な規制に注目して分類した小値賀島周辺の海域

注：小値賀町漁業協同組合資料および聞き取りより作成。

利用権である。一方、釣り漁と長崎県の許可を受けた刺し網漁では、よその地域の漁師たちを排除できない。

海域Bはほかの地域の漁協が管理する共同漁業権漁場である。小値賀島の漁師はこの海域で釣り漁と長崎県の許可を受けた刺し網漁ができる。小値賀島の漁師がネツキモノをとることはできない。

海域Cは長崎県が管理する。海底地形や生息する生物は海域Aとおなじである。小値賀島の漁師たちはこの海域を釣り漁と長崎県の許可を受けた刺し網漁でよく使っている。釣り漁と長崎県の許可を受けた刺し網漁では自由にどこの場所でも漁をできる。

海域Dは長崎県が管理する漁場である。海域Dは海底地形がなだらかであり、小値賀島の漁師たちは資源になる生物が少ないと考えている。誰が使ってもよい海域であり、小値賀島の漁師たちはこの海域を釣り漁で使うことがある。

海域Eは長崎県が管理する漁場である。海底が急激に深くなる場所であり、魚が多く生息している。この海域は誰がどんな漁法で使ってもよい。小値賀島の漁師たちのなかでも速度が速く遠くに行くことのできる船をもつ漁師たちがこの海域で釣り漁をする。

海域Fは長崎県が管理する漁場である。海域Fは韓国の排他的経済水域との境界までの広い範囲である。海域のところどころに地形の変化に富んだ場所があり、そこに魚が生息する。誰が使ってもよい漁場であり、釣り漁をしてよい。近年、小値賀島の漁師たちのなかで速度が速く遠くに行きやすい船をもつ漁師たちが、この海域に釣り漁の漁場を開拓しつつある。

(3) 重要な魚種がとれる海域と「小値賀の海」

次にそれぞれの海域でとれる自然資源をみていこう。表4-1に示したように、小値賀島の漁師たちは海域Aと海域B、海域Cでは多種類の資源をとっている。また小値賀島の主要な魚種であるブリ類、イサキ、タチウオは海域

表4－1　各海域でとれる自然資源

海域	魚種
海域A	コウイカ，ヤリイカ，アオリイカ，ソデイカ，マダイ，キダイ，チダイ，アカアマダイ，シロアマダイ，イトヨリダイ，ヒメダイ，ホウボウ，クロダイ，イシダイ，メジナ，ヘダイ，クロメジナ，メダイ，タカノハダイ，ユウダチタカノハ，タマメイチ，ヒレグロコショウダイ，ブル，ヒラマサ，カンパチ，カツオ，ハガツオ，ヤイトハタ，カサゴ，アヤメカサゴ，オニカサゴ，ダルマオコゼ，キツネメバル，アオハタ，クエ，エボシダ，ホシザメ，オニイトマキエイ，トラフグ，シマフグ，シロサバフグ，クロサバフグ，マフグ，クサフグ，ハコフグ，ヒラメ，シマウシノシタ，ヒレグロ，メイタカレイ，マアジ，マルアジ，アオアジ，マルヒラアジ，マサバ，ゴマサバ，サンマ，サバ，トビウオ，ツクシトビウオ，ホソトビウオ，タチウオ，ハモ，マアナゴ，アカヤガラ，イサキ，シマイサキ，アカカマス，ヤマトカマス，サワラ，ウシサワラ，スズキ，サケ，アンコウ，イスズミ，マエソ，ボラ，マゴチ，ウミタナゴ，ウマヅラハギ，ナガハギ，キュウセン，テンス，キントキ，メカイアワビ，クロアワビ，サザエ，ツキヒガイ，ガンガゼ，ムラサキウニ，タコ，マナマコ，イセエビ，ウチワエビ，ワタリガニ，マフノリ
海域B	コウイカ，ヤリイカ，アオリイカ，ソデイカ，マダイ，キダイ，チダイ，アカアマダイ，シロアマダイ，イトヨリダイ，ヒメダイ，ホウボウ，クロダイ，イシダイ，メジナ，ヘダイ，クロメジナ，メダイ，タカノハダイ，ユウダチタカノハ，タマメイチ，ヒレグロコショウダイ，ブル，ヒラマサ，カンパチ，カツオ，ハガツオ，ヤイトハタ，カサゴ，アヤメカサゴ，オニカサゴ，ダルマオコゼ，キツネメバル，アオハタ，クエ，エボシダ，ホシザメ，オニイトマキエイ，トラフグ，シマフグ，シロサバフグ，クロサバフグ，マフグ，クサフグ，ハコフグ，ヒラメ，シマウシノシタ，ヒレグロ，メイタカレイ，マアジ，マルアジ，アオアジ，マルヒラアジ，マサバ，ゴマサバ，サンマ，サバ，トビウオ，ツクシトビウオ，ホソトビウオ，タチウオ，ハモ，マアナゴ，アカヤガラ，イサキ，シマイサキ，アカカマス，ヤマトカマス，サワラ，ウシサワラ，スズキ，サケ，アンコウ，イスズミ，マエソ，ボラ，マゴチ，ウミタナゴ，ウマヅラハギ，ナガハギ，キュウセン，テンス，キントキ，タコ，イセエビ，ウチワエビ，ワタリガニ，マフノリ
海域C	コウイカ，ヤリイカ，アオリイカ，ソデイカ，マダイ，キダイ，チダイ，アカアマダイ，シロアマダイ，イトヨリダイ，ヒメダイ，ホウボウ，クロダイ，イシダイ，メジナ，ヘダイ，クロメジナ，メダイ，タカノハダイ，ユウダチタカノハ，タマメイチ，ヒレグロコショウダイ，ブル，ヒラマサ，カンパチ，カツオ，ハガツオ，ヤイトハタ，カサゴ，アヤメカサゴ，オニカサゴ，ダルマオコゼ，キツネメバル，アオハタ，クエ，エボシダ，ホシザメ，オニイトマキエイ，トラフグ，シマフグ，シロサバフグ，クロサバフグ，マフグ，クサフグ，ハコフグ，ヒラメ，シマウシノシタ，ヒレグロ，メイタカレイ，マアジ，マルアジ，アオアジ，マルヒラアジ，マサバ，ゴマサバ，サンマ，サバ，トビウオ，ツクシトビウオ，ホソトビウオ，タチウオ，ハモ，マアナゴ，アカヤガラ，イサキ，シマイサキ，アカカマス，ヤマトカマス，サワラ，ウシサワラ，スズキ，サケ，アンコウ，イスズミ，マエソ，ボラ，マゴチ，ウミタナゴ，ウマヅラハギ，ナガハギ，キュウセン，テンス，キントキ，タコ，イセエビ，ウチワエビ，ワタリガニ，マフノリ，クロマグロ，ビンチョウマグロ，シイラ
海域D	コウイカ，ヤリイカ，アオリイカ，ソデイカ，クロマグロ，ビンチョウマグロ，シイラ
海域E	マダイ，キダイ，チダイ，タチウオ，アカムツ，クロムツ
海域F	アカムツ，クロムツ，ムツ，キンメダイ

注：それぞれ自然資源の名前は標準和名である。
　種が特定できな102種類を載せた。
　小値賀町漁業協同組合資料と聞き取りより作成。

A、海域B、海域Cと海域Eの四つの海域でとれる。小値賀島の漁師たちはこの主要な魚種がとれる海域のうち海域Bをのぞく場所を「小値賀の海」と呼ぶ。「小値賀の海」では小値賀島の漁師たちが社会的な規制にもとづいて、よその地域の漁師たちを排除して自然資源をとっている。

海域Aは法律上、ネツキモノをとる場合に限ってよその漁師たちを排除してよい。しかし小値賀島の漁師たちはネツキモノをとるときだけでなく、釣り漁や刺し網漁をするときにもよその漁師たちを排除している。また海域Cは、小値賀島の漁師が釣り漁や刺し網漁でよその漁師たちを排除して使う。さらに海域Eでは、小値賀島の漁師たちと隣町の宇久の漁師たちがタチウオひき縄漁でよその漁師たちを排除している。

一方、小値賀島の漁師たちは、あまり魚をとっていない海域Dを「小値賀の海」と呼ばない。小値賀島の漁師たちは現在のところ、海域Dにはあまり魚がいないと考えており利用価値が低いと思っている。また海域Fは、現在使っている人が少なく、「小値賀の海」とは呼ばない。

小値賀島の漁師たちは、自分たちが漁で頻繁に使う海を「小値賀の海」と呼んで、そこではよその漁師たちを排除して自然資源をとってきた。しかしこの結果からわかるように、小値賀島の漁師たちは単に漫然と小値賀島のまわりの海だという理由で他者を排除しているのではなく、人びとが有用な自然資源が多くあると考えている海でよその漁師たちを排除しているのである。以下では「小値賀の海」ができた過程を、小値賀島の漁師たちのライフヒストリーを使って通時的にみていこう。

3　多様化する一九五〇年以降の小値賀島の漁業

小値賀で漁をしてきた一四人に対するライフヒストリー調査から、小値賀の漁が一九五〇年を境に徐々に集団漁[*5]を中心とするものから個人漁を中心とするものへと変わったことがわかった。[*6] 一九五〇年以前に漁業をはじめた漁師たちと一九五〇年以降に漁業をはじめた漁師たちでは、経験した漁に違いがある。[*7] 一九五〇年以前に漁をはじめた漁師たちはすべて集団漁を経験しているのに対して、一九五〇年以降に漁をはじめた漁師たちはほとんど個人漁しかしていない。

一九五〇年以前に漁をはじめたのは図4-5の№1から№8の八人である。この八人は漁をはじめたころに集団漁をしている。一九五〇年以前の集団漁には、アワビ集団潜水漁やカマス網漁、イワシまき網漁、刺し網漁[*8]などがあった。一九五〇年以前に漁をはじめた漁師たちは個人漁と集団漁を経験するなかで漁をおぼえた。イワシは一九五〇年代なかばに突然とれなくなり、イワシまき網漁などの規模が大きい集団漁は廃れていった。一九五〇年以前に漁をはじめた漁師たちはその後、規模の小さな集団漁を続けながら次第に個人漁だけをするようになっていった。

一方、一九五〇年以降に漁業をはじめた図4-5の№9から№14の六人は、集団漁をほとんどせず、はじめから個人漁をしている。彼らは漁業をはじめるとき、父親や兄弟の船に乗って漁法や操船技術などをおぼえ、その後一人で漁をするようになった。

以上のことは次のようにまとめられる。一九五〇年以前に漁業をはじめた人は集団漁を中心とする漁から個人漁を中心とする漁へと移っていった世代であり、一九五〇年以降に漁業をはじめた人は個人漁だけを経験してきた世代である。つまり、小値賀島の漁業形態は一九五〇年を境として集団漁を中心とするものから個人漁を中心とするものへと変わっていったのである。

集団漁がさかんだったときには、イワシをとるために漁船が九州各地から小値賀に集まり、小値賀周辺の海は誰でも自由に使える場所だった。小値賀島の漁師たちがイワシ漁をするよその漁船を排除することもなかった。しかしイワシがとれなくなり個人漁が小値賀島の漁の中心になると、小値賀島の漁師たちは小値賀の海からよその地域の漁船

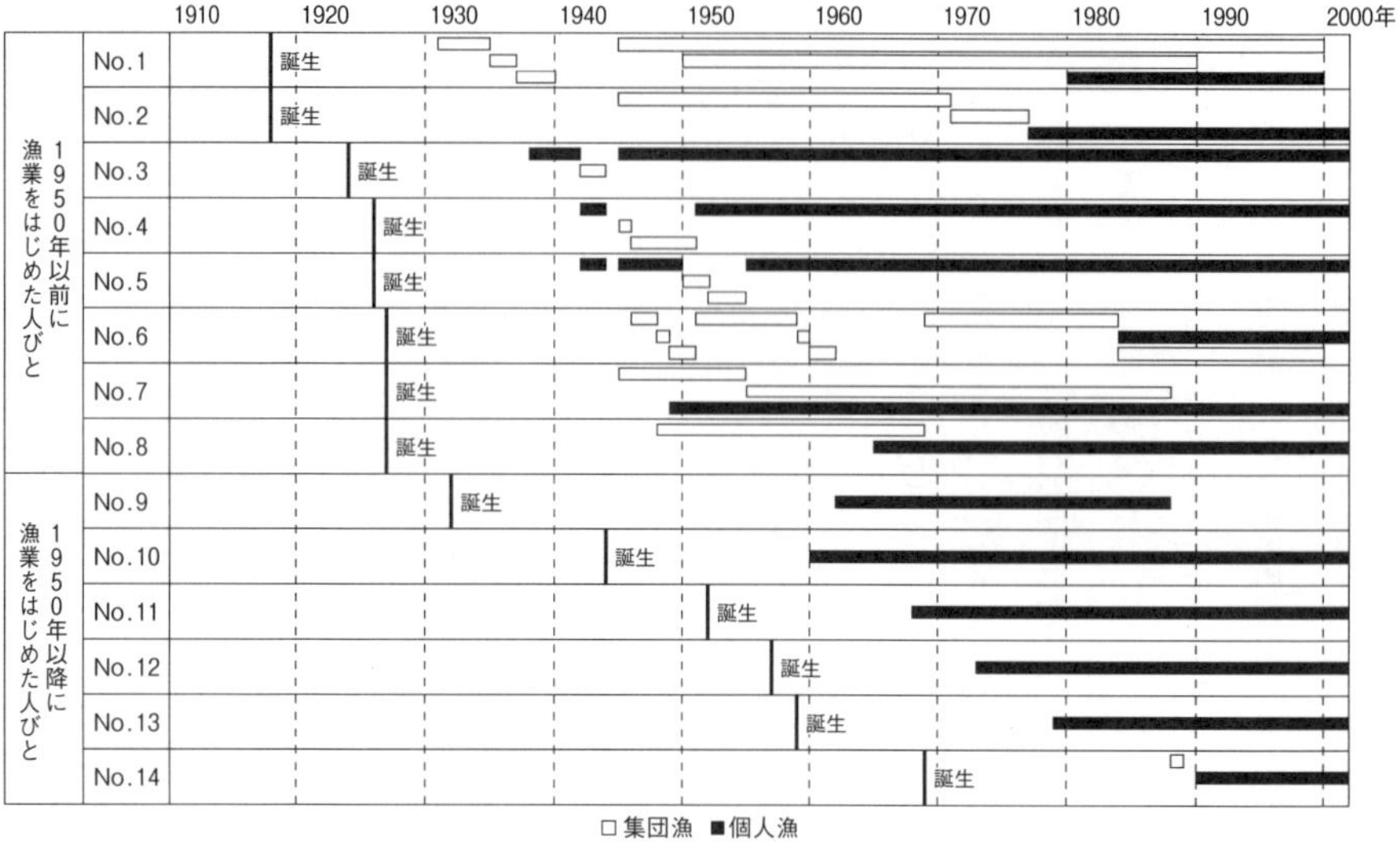

図4－5　小値賀の人びとの漁業形態の変化

注：聞き取りより作成。

を締め出し、海を排他的に使うようになった。

次に一九五〇年以降にさかんになった個人漁に注目して、漁の変化を具体的にみていこう。図4-6には一四人から聞きとったライフヒストリーをもとに、個々人の漁の変遷をあらわした。一九五〇年以降に小値賀でさかんになった個人漁は、釣り漁を中心としていた。図4-6の一四人のうち一二人が釣り漁[*9]をしており、四人が刺し網漁をしている。

一四人の漁の形態の変化をみると、No.1からNo.7までの人びとは従来の漁をやり続ける傾向があるのに対し、No.8からNo.14までの漁師たちは、はじめに関わった漁を続ける場合もあるが、次第に新しい漁を試みていることがわかる。No.8からNo.14までの漁師たちに顕著な漁の移行は、新しい資源の発見を機に漁を変えていくやり方である。こうした漁の変化は結果的にみれば、あたかも漁業のなかで魚種ごとに仕事を分担する分業化の様相を呈しているようである。漁師一人一人が新しいものに移っていき自分に適した漁をみつけていくことで、小値賀島の漁師たちは小値賀島のまわりの海で、先に述べたように一四七種類の自然資

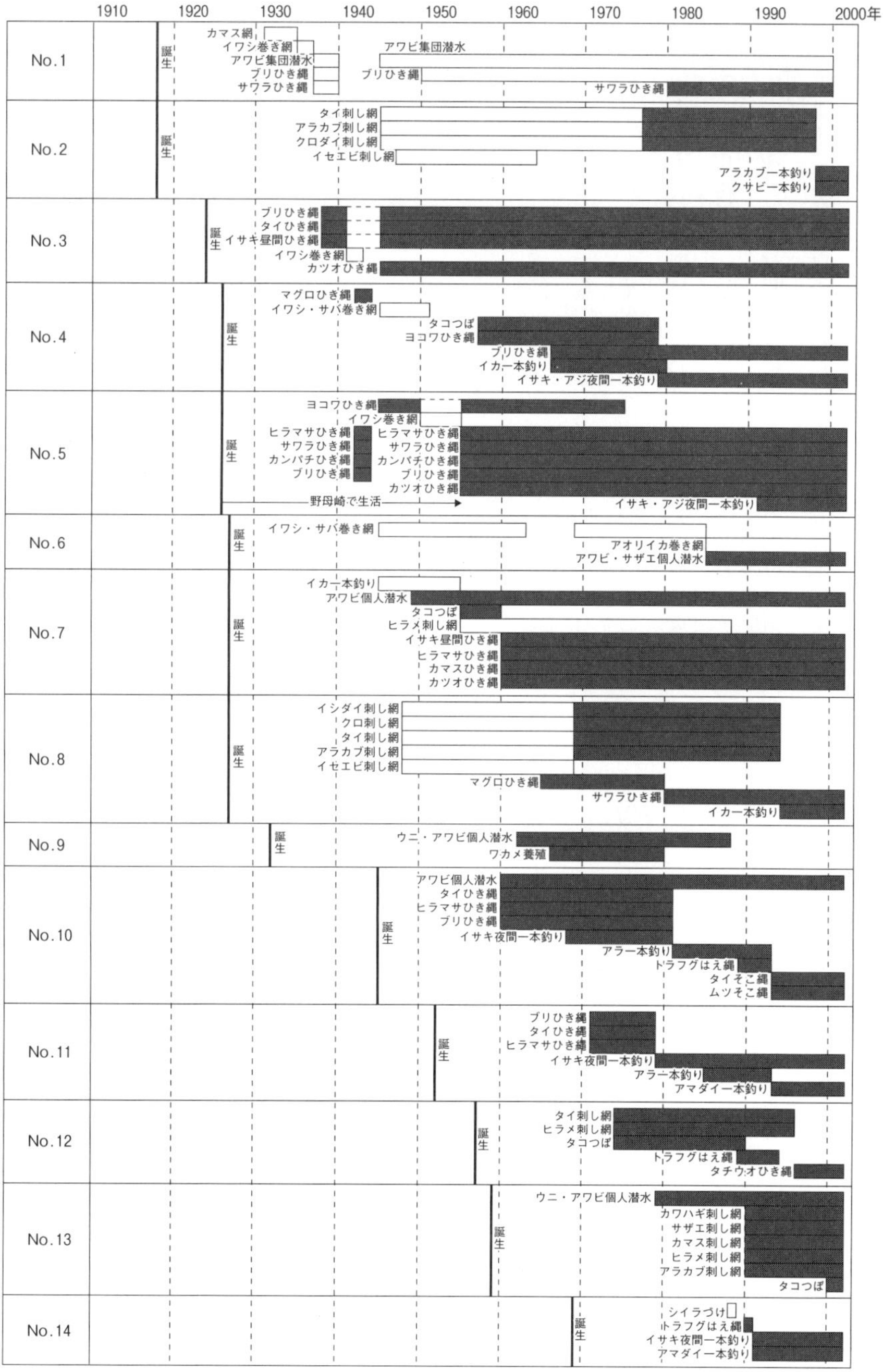

□集団漁　■個人漁

図4－6　小値賀の人びとが経験した漁

注：聞き取りより作成。

源を有用なものとして使うようになっていったのである。

ところで、一九五〇年以降、小値賀島でさかんになった個人漁のうち、もっともさかんになったのが釣り漁である。この釣り漁は、漁業法上では漁場に制限がなく、どこでも自由に魚をとることができる漁であるとされている。

一九五〇年以降、小値賀島でとくにさかんになった釣り漁はトラフグはえ縄漁、タチウオひき縄漁、イサキ夜間釣り漁である。以下ではこれら三つの漁に注目して、トラフグ、タチウオ、イサキがどのように人びとにとって有用な資源として発見され、利用され、利用放棄されたのか、また自然資源の発見―利用―利用放棄のプロセスのなかでどのような社会的な規制が生じたのかを、くわしくみていこう。

4　釣り漁における資源の発見と社会的な規制の生成

(1)　トラフグはえ縄漁における社会的な規制とその変化

トラフグはえ縄漁は、二〇〇メートルの糸に五〇本の針をつけた仕掛けを、海面に近い場所に入れて一定時間が過ぎたあとに回収する釣り漁である。漁期は一二月から四月にかけてである。この漁が小値賀島ではじまったのは一九八九年である。一九八九年に長崎県の指導のもとでトラフグはえ縄漁の研修がおこなわれ、小値賀島の漁師たちは漁法を覚えて小値賀島のまわりで漁をするようになった。

一九八九年より前から、小値賀島のまわりはトラフグが多くいる漁場として、広島・山口・福岡の漁師たちに知られており、漁場が開拓されていた。またトラフグは山口や九州の市場を中心に高値で取引されていた。しかし一九八九年まで小値賀島の漁師たちがトラフグに関心を示すことはほとんどなかった。当時の小値賀島ではブリ曳き縄漁やマグロ曳き縄漁などの釣り漁がさかんで、小値賀島の漁師たちにとって価値の高い資源はブリやマグロだったのである。当時はトラフグを積極的にとろうとする小値賀島の漁師はほとんどいなかったのである。[*10]

一九八九年に小値賀島の漁師たちが漁法を導入すると、状況は一変した。まず小値賀島の漁師たちのトラフグに対する関心が高まった。長崎県の漁業調整委員会と小値賀町漁業協同組合はトラフグを希少な資源とみなして、小値賀島でトラフグはえ縄漁をする漁師たちにトラフグはえ縄組合をつくらせた。組合ができると、組合に出資をして組合員になって操業許可をえない限り、トラフグをとることはできなくなった。結果としてこの組合は広島・山口・福岡の漁師たちを排除する役目を果たしたのである。

小値賀島の漁師たちがトラフグはえ縄漁をはじめる前、小値賀島のまわりにいるトラフグは誰がとってもよい自然資源であった。当時はよその漁師たちだけがトラフグを資源としてみており、トラフグが地域の人びとによって排他的にとられることはなかった。小値賀島の人たちが漁をはじめるのと同時に、トラフグはえ縄組合ができた。この組合に加入しなければ、トラフグをとれない決まりになっていたので、漁をする人たちは必ず組合に入って入漁権を得た。そのとき、組合は長崎県の外からやってくる漁師を組合に入れずに排除し、長崎県内の漁師のみを組合員として受け入れた。つまり漁を導入する前には誰でも自由にとることのできる自然資源であったが、漁を導入して小値賀島の漁師たちのトラフグに対する関心が高まると、トラフグは組合が排他的に管理する自然資源となったのである。[*11]

ところが入念な規制や自然資源の管理体制の整備にもかかわらず、皮肉なことに漁の導入から五年後の一九九三年には小値賀周辺でトラフグはほとんどとれなくなってしまった。しかしトラフグがとれなくなってしまったからといって、小値賀島の漁師たちが完全にトラフグはえ縄漁をするための入漁権を放棄してしまったわけではなかった。トラフグはえ縄漁は長崎県が許可する許可漁業になっていたこともあり、一部の漁師たちは再びトラフグはえ縄漁ができるようになったときにそなえて、魚をとる見込みがないにもかかわらず現在でも入漁料を払って入漁権を維持し続けているのである。[*12]

(2) タチウオひき縄漁における社会的な規制とその変化

タチウオひき縄漁は、二五〇メートルの糸に疑似餌のついた針を一〇〇本つけて、船でゆっくり移動しながら糸を曳いてとる釣り漁である。夏は昼間に、冬は夜間に漁をする。

小値賀島では一九九七年に漁がはじまった。漁を持ち込んだのは北隣の宇久島の漁師である。漁が小値賀島に伝わると二年のあいだに五〇人以上がタチウオひき縄漁をするようになった。タチウオひき縄漁業者が急速に増えるにともなって、一九九九年に宇久島と漁師と小値賀島の漁師が協同で宇小タチ会というタチウオひき縄漁の組合をつくった。現在、長崎県内には宇小タチ会のほかに長崎タチ会、五島タチ会、平戸タチ会、対馬タチ会がある。これらのタチ会はそれぞれの地域でタチウオひき縄漁をする漁師たちを管理する団体となっている。

一般に小値賀島の漁師のなかでタチウオひき縄漁をする漁師たちは、自分が住む地域のタチ会である宇小タチ会のほかにいくつかのタチ会に入っている。ほかの地域のタチ会に入ることによって、小値賀島の周辺以外の漁場でも漁をすることができるようになるのである。

二〇〇〇年の宇小タチ会の会員数は三一九人であり、そのうち八一人が宇久島と小値賀島の漁師である。そのほかの二三八人は長崎・五島・平戸・対馬など長崎県内のほかの地域の漁師と広島県の漁師であった。このように、タチ会は、ほかの地域の漁師たちを積極的に受け入れることによって、自分たちもほかの地域のタチ会に入りやすいようにしている。

タチウオもまた、トラフグと同じように、小値賀島で漁がとりいれられるよりも前から関西の市場を中心にさかんに取引されていた、市場での取引価格の高い魚だった。しかしタチウオひき縄漁を導入するまで、小値賀島の漁師たちはタチウオをほとんど資源と考えていなかった。漁を導入する前の小値賀島の漁師たちは、タチウオをトラフグの仕掛けが誤って深い場所に沈んでしまったときにかかる魚というくらいにしか認識していなかったのである。つまり小値賀島の漁師たちは、タチウオがいることは知っていても、タチウオを資源として積極的にとろうとはしなかったのである。

ところが漁法が伝わると、小値賀島の漁師たちはタチウオを商品になる自然資源とみなすようになり、多くの小値賀島の漁師がタチウオひき縄漁をするようになった。資源の発見と小値賀島の漁師たちのタチウオに対する関心の高まりを背景として、小値賀漁業協同組合は小値賀島に水揚げされるタチウオを「白銀（ハクギン）」という名前でブランド化した。このブランド化により小値賀島でとれるタチウオは市場価格が安定するようになり、小値賀島の漁師たちはタチウオをさらに価値の高い資源とみなすようになっていった。

長崎県下の漁師たちが各地域でタチウオをさかんにとるようになると、県内の各地域のタチ会は地域の漁師たちで独占的にとろうとするようになった。二〇〇一年の春、小値賀島の漁師たちが対馬に出漁しようとしたところ、対馬タチ会の漁師たちから断られるという事件が起きた。これをきっかけに宇小タチ会の漁師たちは、宇小タチ会に入っている対馬タチ会の漁師たちを除名し、対馬タチ会の漁師たちが小値賀周辺の海でタチウオの漁をできないようにした。この一連のやりとりは、小値賀島の人びとがタチウオを資源として重視するようになるなかで、漁場から排除する対象を替え、それにともなって排除を正当化する論理を変えていった動きとしてみることができるだろう。小値賀島の人びとは、当初、排除すべき対象を組合に入っていない人びとと考え、組合に入りさえすれば排除することはなかった。ところがこの事件をきっかけとして、小値賀の人びとは地域外からやってくる人びとを排除して、地縁的な論理にもとづいて排除を正当化していったのである。[*13]

タチウオひき縄漁では小値賀島の漁師たちが漁をとりいれてから二年間は誰でも自由に漁ができた。そのあいだ、宇久島と小値賀島の漁師たちだけでなく、長崎県の内外から漁師たちがやってきてタチウオひき縄漁をした。その後、タチウオに資源としての価値がみいだされるにつれて、小値賀島ではタチウオひき縄漁をする漁師たちが増えていき組合ができた。二〇〇〇年に宇小タチ会という組合ができると、タチウオは組合に属する漁師たちが排他的にとる魚になった。宇小タチ会は当時、小値賀島のまわりでタチウオひき縄漁をしていた漁師たちをすべて取り込んでいた。つまりタチウオひき縄漁をできるのは組合に入っている漁師たちだけだったが、希望すれば誰でも簡単に組合に入って漁をすることができたのである。ところがブランド化などの動きが進むなかで、小値賀島の漁師たちにとってタチウオの資源としての価値はさらに高まっていった。するとタチウオは、組合が排他的にとるものから、地縁的な結びつきの強い漁師たちがよその漁師たちを排除してとるものへと変わっていく兆しがみられるようになったのである。

以上みたように、タチウオにおいても、トラフグはえ縄漁と同様に、短期間のうちに自然資源として発見されその価値が高まるにつれて、地域的な規制ができ、地域の漁師たちが排他的に使うようになってきたのである。

(3) イサキをとる漁における社会的な規制

イサキは四月後半から一〇月にかけてとれる魚である。現在、小値賀島の漁師たちがイサキをとる漁法は二つある。一つは昼にセやソネのまわりで風上から風下にむけて船をゆっくり進めて釣り糸をひいてとる釣り漁である。もう一つは夜にセやソネのまわりに船をいかりで固定して水中灯と呼ばれるライトを水中に投入して小魚を集め、その小魚を食べに集まるイサキをとる釣り漁である。以下では昼にするイサキ漁をイサキ昼間ひき縄漁、夜にするイサキ漁をイサキ夜間釣り漁と呼ぶこととし、おもにイサキ夜間釣り漁についてみていきたい。

なお、イサキをとる漁については社会的な規制の詳細な変化がわかっている。そこで本項では、まず現在のイサキをとる漁における社会的な規制を論じ、次節でその通時的な変化についてくわしく述べたい。

(i) イサキ昼間ひき縄漁

イサキ昼間ひき縄漁をする漁師たちは日の出前の四時ごろ漁場にむかう。イサキ昼間ひき縄漁の漁場は、イサキ夜間釣り漁をする漁師たちの漁場のまわりである。イサキがいる場所は岩礁地帯であり、朝早くに漁に出た漁師たちはイサキ夜間釣り漁の漁場を避けるようにして無灯火でひき縄漁をする。のちにくわしく述べるが、イサキ夜間釣り漁では個人ごとに漁場が決まっており、そこに入って漁をすることはできないのである。ただ、日の出とともにイサキ夜間釣り漁をする漁師たちが漁場を離れると、イサキ昼間ひき縄漁の漁師たちはイサキ夜間釣り漁の漁場のうえを移動しながら漁をする。しかしイサキ夜間釣り漁をする漁師との争いを避けるため、彼らがいなくなった漁場に船を止めて漁をすることはない。一般に昼の一二時ごろには漁をやめて港に戻る。

漁は、五本から一〇本の針をつけた糸をイサキのいる場所に垂らして潮の流れにあわせて曳き、イサキのいる場所から外れるとはじめの位置に戻ってまた糸を入れることを繰り返す。現在では昼間ひき縄漁をする漁師が少なくなり問題になることはほとんどないが、漁場では潮の流れる方向に糸を曳くことが暗黙の了解である。また漁では疑似餌以外を使ってはならない。

(ii) イサキ夜間釣り漁

イサキ夜間釣り漁の漁師たちは日没の少し前に港を出て漁場にむかう。漁場の位置は、GPS（Global Positioning System）にあらかじめ登録した情報と山と山の重なりをみて三点照合をするヤマアテの技術を使って決める。漁師たちはそれぞれ使うことのできる漁場が厳格に決まっている。

漁場が特定できると、漁師は一つのいかりで船を固定し、水中灯を海中に入れて点灯する。それから一時間ほどすると小魚やイサキが水中灯のまわりに集まり、漁がはじまる。漁では疑似餌を使う。一つの糸に五本から一〇本の疑似餌をつけて入れてはあげ、入れてはあげる。糸を水中に投入してからあげるまでの時間は短いときでおよそ五分ほどである。魚を外してふたたび糸を水のなかに入れるのに三分から五分かかる。つまり、一時間のうちに六回から八回ぐらいは釣り糸を水のなかに入れることができる。

イサキ漁師たちが使っている特定の漁場のことを小値賀島の漁師たちはアジロ（網代）と呼ぶ。アジロは海上の特定の非常にせまい点である。現在、アジロは小値賀島の周辺に七三ヵ所ある（図4-7）。そのうち、七一ヵ所は七一人の漁師がそれぞれ一ヵ所ずつを独占的に使っている。また、残りの二ヵ所のうち、一ヵ所では二人が一年ごとに交代で使っており、もう一ヵ所では一週間ごとに交代で使っている。漁師たちはアジロの位置がずれることをきらう。アジロに到着していかりを入れても場所がずれると自分で入れ直したり、人から指摘されて入れ直したりする。その理由について漁師たちは二つの説明をする。一つは、いかりを入れる場所が少しでもずれるとイサキが釣れないということである。もう一つは、自分がいかりを入れた位置のまわりにいる人が自分とあまり近い位置に船を固定すると、水中灯の光が干渉しあってイサキが釣れないということである。光の干渉を防ぐために、船同士は一八〇メートル以上離すことが暗黙の了解である。

光の干渉は実際、漁に大きな影響を与えるようである。船同士が近づきすぎたときだけでなく、月の満ち欠けによってもイサキの漁獲量は大きく変わる。図4-8に月の満ち欠けとイサキの漁獲量の変化をあらわした。天気がよければ、月が満ちてくればくるほどイサキの漁獲量が減る。イサキの漁獲量がもっとも多いのは新月のころであり、もっとも少ないのは満月のころである。図4-8で満月に多くとれているのは、この日が曇りで月の光が遮られており多くの漁師が出漁したからである。イサキ夜間釣り漁師たちの話によれば、満月のころになると月の光と水中灯の光が干渉してイサキがとれないのだという。そして満月の日を挟んだ三日間はツキヨマと呼ぶ。この期間は漁にすら出ない漁師も多い。

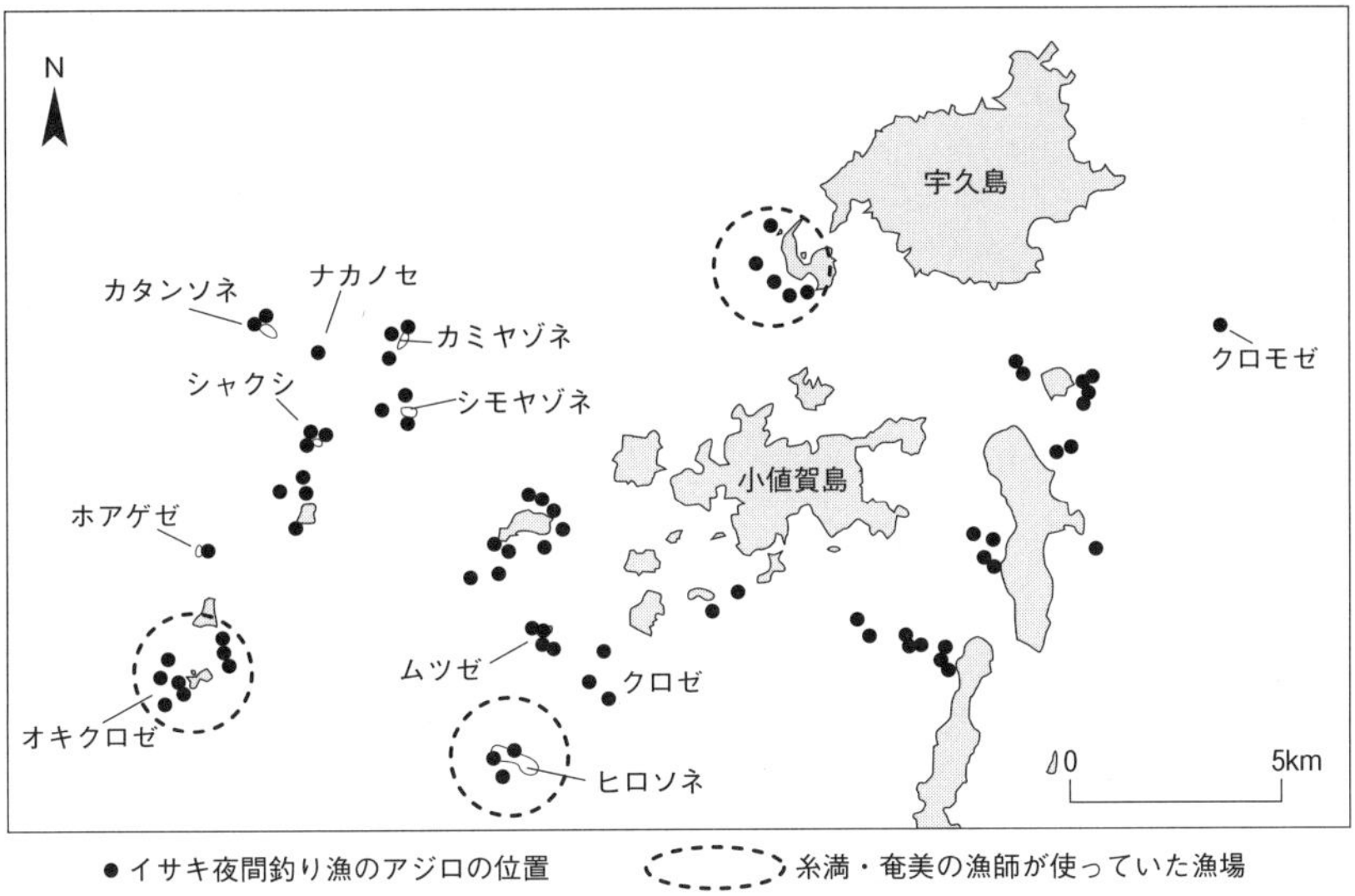

図４－７　イサキ夜間釣り漁のアジロ

注：小値賀町漁業協同組合資料および聞き取りより作成。

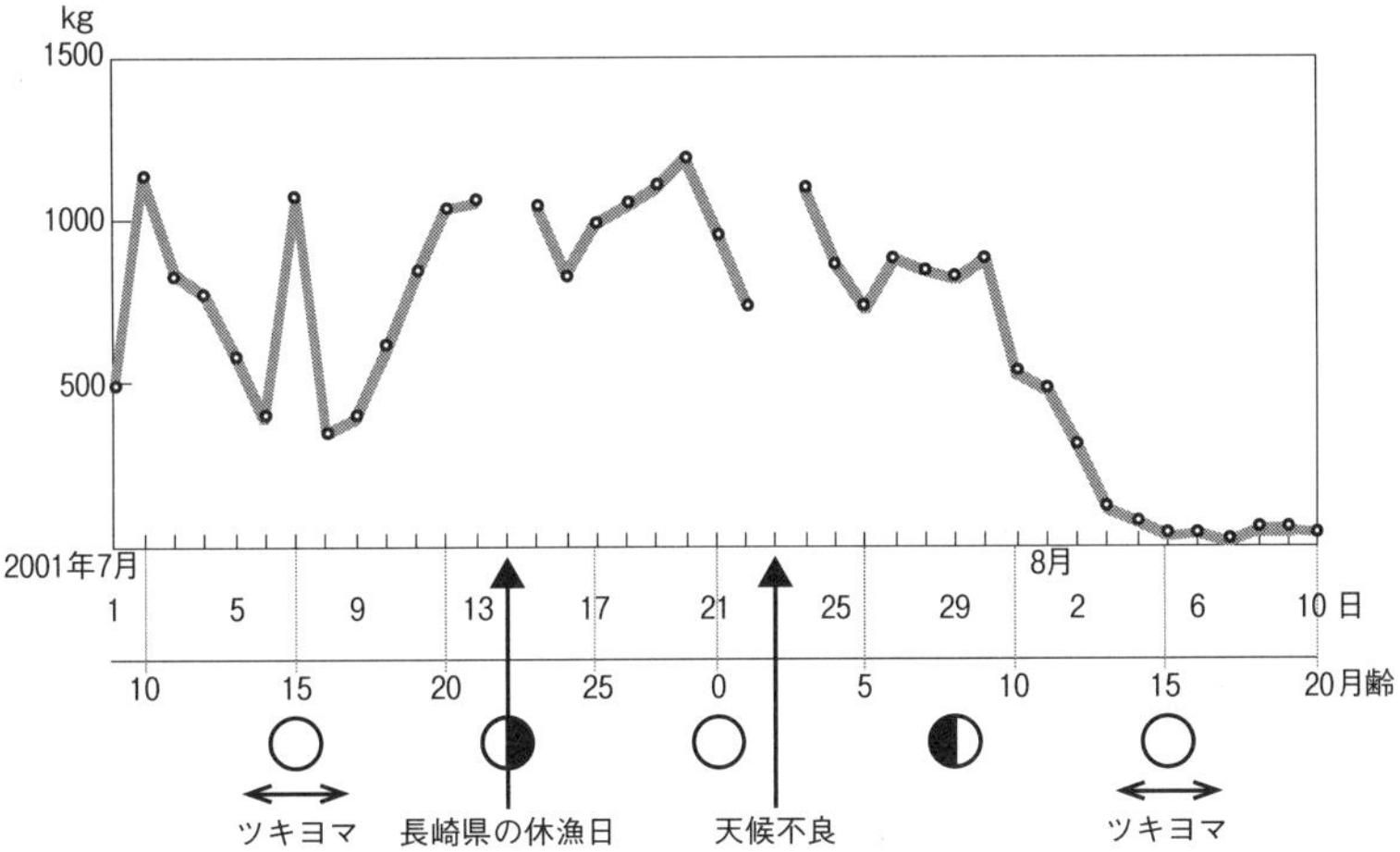

図４－８　月の満ち欠けとイサキ漁獲量の日変化

注：それぞれの日の漁獲量はイサキ夜間釣り漁をする小値賀の人びとが小値賀漁業協同組合に出荷したイサキの重量を筆者が集計したものである。
小値賀町漁業協同組合仕切り書より作成。

(iii) 出荷のための規制

小値賀島では、釣り漁をするすべての漁師たちのあいだで、どんな魚種を対象にするにしろ、釣り漁でまき餌をしないことが決まっている。この決まりはイサキ夜間釣り漁師たちのあいだでも厳密に守られている。イサキ漁師たちはイサキを釣るときには疑似餌を使う。釣りのときに疑似餌を使うことを、小値賀島の漁師たちは自然資源の保全のための取り組みとして語る。たしかにその側面もあるが、もう一つ重要なことが魚の品質管理である。

小値賀島から出荷するイサキは一九九九年に値賀咲《ちかさき》という名前でブランド化された。それ以前にも小値賀島のイサキといえば、九州や大阪の市場では高値で取引される有名な存在だった。それを支えていたのは鮮度を保つ技術だったという。とれたイサキはすべて小値賀町漁協を通して市場に出す。まき餌釣りの禁止は魚の価値の維持に関わる問題なのである。まき餌をして釣ったイサキは、エサに使うエビの色で腹が赤くなるうえ腐りやすく、魚の品質をたもつことが難しいのだという。そこでまき餌釣りを禁止して疑似餌を使った漁をしている。

値賀咲ブランドの価値を保つために、漁協はとり方によってイサキを厳密に分類する。イサキは釣り漁でとるほかに、刺し網にかかることがある。このとき漁協では刺し網でとれたイサキをアミサキ（網サキ）と呼んで釣り漁でとれたイサキとは分けて市場に出す。

イサキ昼間ひき縄漁やイサキ夜間釣り漁でとったイサキは、福岡と熊本、京阪神の市場に出す。大きなイサキがとれると東京の市場に出すこともある。基本的に一匹の重さが二五〇グラム以下のイサキは福岡や熊本に出し、二五〇グラムから五〇〇グラムのイサキは京阪神地域に出す。また五〇〇グラムを超えるイサキは東京の市場に出すことが多い。

ⅳ イサキ夜間釣り漁の論理が優先する漁業

以上にみてきたように、イサキをとる漁にはイサキ昼間ひき縄漁とイサキ夜間釣り漁の二つがある。この二つの漁は、漁をする時間はほとんど重ならないが、漁場は重なる場合もある。しかし基本的には、イサキ夜間釣り漁をする人びとが現場でつくりだした社会的な規制が、イサキ昼間ひき縄漁でつくられた論理よりも優先されている。

イサキ夜間釣り漁では、現在、特定の人が特定のアジロをつかうことが認められている。一方でイサキ昼間ひき縄漁をする漁師たちは、アジロを勝手につかうことはできないのであり、イサキ夜間釣り漁をする人びとのアジロを避けるようにして漁をしている。つまり現在、小値賀町でイサキをとる人びとは、イサキ夜間釣り漁のなかでつくられた社会的な規制を優先して漁をしているのである。

しかしイサキ夜間釣り漁の厳しい社会的な規制は、イサキをとる漁がはじまった当初からあったものではない。では、このようなイサキ夜間釣り漁をめぐる社会的な規制はどのようにしてできてきたのだろうか。以下では現在のイサキ夜間釣り漁をめぐる社会的な規制ができてきた過程を通時的な側面からくわしくみていこう。

5 イサキをとる漁の通時的変遷

イサキをとる漁は漁法の変化から三つの時期に分けられる。第Ⅰ期は一九一六年から一九五九年までであり、第Ⅱ期は一九六〇年から一九七〇年まで、第Ⅲ期は一九七〇年から現在までである。第Ⅰ期の特徴は糸満や奄美の漁師たちがイサキのシーズンになるとやってきてイサキ追い込み漁[*14]をしていたことである。第Ⅱ期には小値賀島の漁師たちが昼間ひき縄漁をしていた。第Ⅲ期は小値賀島の漁師たちが夜間釣り漁をしている。この三つの時期にわたる変化は小値賀島の漁師たちがイサキに価値をみいだして、イサキの漁場を個人が独占的に使うようになる過程である。以下では、それぞれの時期の漁をくわしくみていこう。

(1) 第I期のイサキ追い込み網漁——一九一六年～一九五九年

第I期のイサキ漁を『日本における海洋民の総合研究　下巻』［中楯編 一九八九］[*15]に依拠してみていこう。小値賀の海で最初にイサキ追い込み漁がはじまったのは一九一六年である。糸満の漁師たちがはじめた。一九一六年には漁場を使うための操業権を取得する必要はなかったという。一九二六年から毎年、糸満の漁師が定期的にやってくるようになり、小値賀島の有力者が組織した小値賀漁民団（以下、漁民団）が一九三〇年から追い込み漁を漁民団の事業として経営するようになった。漁民団はイサキ追い込み漁の操業権を糸満の漁師に貸して、イサキのとれ高に応じた収入を得るようになった。

戦時中、一時イサキ追い込み漁は廃れた。[*16] 戦後になると奄美の漁師も小値賀にくるようになりふたたびさかんになった。戦後、漁民団は小値賀生産組合（以下、生産組合）[*17]と名前を変えて追い込み漁の事業を続けた。漁民団は新しく組合員になるのが難しい組合だったという。組合員の資格は漁民団ができた当初に加盟した家が親子で受け継いでいた。そしてイサキ追い込み漁の操業権を糸満の漁師たちに貸すことで得た利益は、漁民団に属する家にのみ配分された。その特徴は生産組合にも受け継がれた。

イサキ追い込み漁は七隻ほどの小舟と潜水夫が組になって網に魚を追い込む漁だった。一つの船団は四〇人から八〇人ぐらいで構成されていた。漁期は四月から九月だった。イサキ追い込み漁はセやソネの周辺にいる魚を一網打尽にすることができた。しかし一度追い込み漁をすると漁場に魚が戻るまで一週間ぐらいかかった。そこで追い込み漁ではいくつかの漁場を使っていた。漁場は小値賀島のまわりだけでなく、五島列島の南部や北部、平戸島周辺までを含んでいた。[*18]

小値賀での追い込み漁はおもに三つの漁場で営んでいた（図4-7）。聞き取りによれば小値賀漁民団と小値賀生産組合が許可した漁場は、北隣の宇久島に近い漁場と小値賀島の南西にある平島周辺の漁場、広曽根周辺の漁場の三ヵ所である。

追い込み漁は収益性が高かった。しかし小値賀島の漁師たちが積極的にイサキを資源としてとることはなかった。当時、小値賀島の漁師たちが重視していたのはアワビ集団潜水漁やイワシまき網漁、カマス網漁などの集団漁だった。イワシまき網漁はイサキの漁期と重なっていた。聞き取りによれば、第I期には小値賀島の漁師たちはイサキを有用な自然資源とはみておらず、「海のゴミ」と呼んでいた。イワシまき網漁をしたときに網の目にイサキがつまって排水ができず、網が破れることがあったからだという。

ところが一九五五年ごろからイワシがとれなくなり、小値賀島の漁師たちの目がイサキにむくようになった。この時期は、前節で説明したとおり、小値賀島の漁業が集団漁を中心にするものから個人漁を中心にするものへと移っていく時期だった。漁師たちは小値賀周辺でイサキをはじめとした個人漁の魚種を開拓しはじめた。その過程で生産組合に入っていない漁師たちが自分たちの漁場を求めて生産組合と対立するようになった。はじめ漁協がイサキ追い込み漁を経営すべきだという議論が起きた。議論の過程でイサキ追い込み漁は資源を枯渇させる恐れがあるので廃止すべきだということになった。結果として一九五九年に、長崎県の指導のもとでイサキ追い込み漁は廃止になった。そして糸満や奄美の漁師たちは「小値賀の海」から排除されたのである。

(2) 第II期のイサキ昼間ひき縄漁——一九六〇年～一九七〇年ごろ

イサキ追い込み漁が廃止になって小値賀島の漁師たちが自由にイサキの漁場を使えるようになると一人か二人で船にのって漁をするイサキ昼間ひき縄漁がさかんになった。イサキ昼間ひき縄漁は、一隻のエンジンのついた船で一本の糸に六本から一〇本の針をつけて岩礁地帯をゆっくり進みながらとる漁である。潮の流れにあわせて船を進め、一定の地点までくるとまたもとの場所に戻って糸を入れるという漁だった。漁期は四月から一〇月までのおよそ七ヵ月間だった。イサキが小値賀島の周辺で釣れるようになると漁がさかんになり、釣れなくなるとその年の漁はおわった。

昼間ひき縄漁ではおなじ漁場に何隻もの船が集まって一定方向に船を進めて漁をしていた。進む方向のルールさえ守れば小値賀島の漁師は誰でもイサキ昼間ひき縄漁をすることができたのである。つまり、イサキ昼間ひき縄漁はつねに新規に参入することができる状態にあったのである。この状況はいまも変わっていない。

(3) 第Ⅲ期のイサキ夜間釣り漁——一九七〇年ごろ〜現在

イサキ昼間ひき縄漁は船を一回進めるごとに一度しか糸をあげることができず効率が悪かったという。そこで一九七〇年ごろに船をいかりで一ヵ所に固定して強い光で魚を集めてとるイサキ夜間釣り漁が考案された。前にも述べたように、この漁法はとても効率がよかった。はじめはガス灯を吊っていたが、電球を使うようになり、一九七五年ごろには水中灯を導入するようになった。イサキ夜間釣り漁がはじまると、イサキを釣る人の大半が夜間釣り漁をはじめた。一九八〇年ごろになると市場で小値賀島のイサキが価値をもつようになり高値で取引された。一九九八年に海産物のブランド化の流れにのって値賀咲（チカサキ）という名前でブランド化した。

イサキ夜間釣り漁の特徴は、イサキがよくとれるセやソネのアジロを個人が占有して使うことである。小値賀島の漁師たちはこの占有のしかたをめぐって漁師同士の調整を繰り返してきた。この調整の経緯は三つの時期に分けられる。①小値賀島の漁師であれば誰もが自由に釣ることのできた導入期、②一九七五年ごろからのアジロ順番待ち期、③一九八五年ごろからのアジロ占有期である。

宗教哲学研究　No. 24〜29
宗教哲学会編／年1回／A5／並製／各2520円

家庭フォーラム
日本家庭教育学会編／年２回／Ａ５／並製／各500円

㉒家庭教育とは何か　　㉓「卓育」で家族団欒
㉔子どもといっしょに体力づくり

日本の哲学
日本哲学史フォーラム編／年１回／Ａ５／並製／各1890円

①西田哲学研究の現在　②構想力／想像力　③生命
④言葉、あるいは翻訳　⑤無／空　⑥自己・他者・間柄　⑦経験
⑧明治の哲学　⑨大正の哲学　⑩昭和の哲学　⑪哲学とは何か
⑫東洋の論理

人と水
『人と水』編集委員会編／Ｂ５／並製／各500円

①水と身体　②水と社会　③水と生業　④水と地球環境
⑤水と風景　⑥水と動物　⑦水と植物　⑧水と信仰　[完結]

人と自然
『人と自然』編集委員会編／年２回／Ｂ５／並製／32頁／500円

②音をめぐる人と自然——音とことばの接点
③虫をめぐる人と自然——虫にこめられた多様な意味

シーダー SEEDer
『シーダー』編集委員会編／年2回／B5／並製／各1050円

No. 1：オーストラリアの自然と人間——交流と攪乱の歴史
No. 2：生物多様性が拓く未来／No. 3：災害の情報学
No. 4：水田がつなぐ知恵——水循環をめぐって
No. 5：都市をはかる／No. 6：境域の北ユーラシア

地域研究
地域研究コンソーシアム編／年２回／Ａ５／並製／各2520円

Vol. 11　No.1：金門島研究　ほか
Vol. 11　No.2：災害と地域研究
Vol. 12　No.1：中東から変わる世界　ほか
Vol. 12　No.2：地域研究方法論

月刊　農業と経済
毎月11日発売／Ａ５／並製／通常号860円

2012年５月号：見えてきたTPPの本質—「農業問題を超えて」
６月号：農業・農村の枠を拡げる、新しい挑戦
7･8月合併号：JA—責任と課題（920円）

(i) 導入期——一九七〇年ごろ〜一九七五年ごろ

イサキ夜間釣り漁がはじまると、イサキをとる漁師たちは夜から朝にかけて船を一ヵ所のアジロに固定するようになった。このことは二人以上がおなじ場所を同時には使えないことを意味していた。つまりイサキ夜間釣り漁の導入によって、一時的にではあるが個人がイサキ釣りの漁場であるアジロを占有するという現象が生じたのである。しかし漁法が導入された当初は特定の人が特定の場所を長期的に使うことはできなかった。イサキ夜間釣り漁をしたい小値賀島の漁師たちは誰でも自由に釣ることができ、アジロの利用は早い者勝ちだった。誰かが先にアジロを使っているときには、前の人が釣り終わるのを海の上で並んで一晩から二晩待って、前の人がいなくなると自分がアジロを使うようになった。

(ii) アジロ順番待ち期——一九七五年ごろ〜一九八五年ごろ

やがて、それぞれのアジロを決まった数人の漁師たちが占有して使うようになっていった。その結果、海の上で数隻の船が順番待ちをして並ぶという状況になった。待っている船は漁をすることが許されず、炊事や睡眠などをしながらひたすら自分の順番を待っていた。自分の番がくるまでに二晩も三晩も待つこともあったという。

その当時のことを漁師は次のように語っている。「海にいて人がアジロから出ていくのをひたすら待って、自分の番になるとはりきって魚が来るか来ないかに関係なく朝から集魚灯を炊いて夜になるのを待った。とったものを漁協に下ろしたらすぐにアジロに戻らないと、いつまでたっても自分の番がまわってこない。だからシーズン中は家には戻らなかった」。

このようにして、並んで自分の番を待ったからといって、いざ自分の番になったときにたくさんのイサキがとれるという保証はなかった。月の満ち欠けによってもイサキの漁獲量は変わった。そこで何もしないで順番を待つことをきらった漁師たちが、さかんに新たなアジロを探すようになった。イサキのアジロをみつけることは難しかったという。偶然に一日や二日でみつけることもあったが、多くの場合は一ヵ月も二ヵ月もかかるのが普通だった。しかも、みつけた場所が長く続けられるアジロになるかどうかは、しばらく使ってみなければわからなかった。そこで小値賀島の漁師たちのあいだでは、暗黙の了解として、アジロをみつけた人が優先的に使うことになっていた。

(iii) アジロ占有期――一九八五年ごろ～現在

一九八五年ごろからアジロは急速に特定の個人が占有して使うものへと変わっていった。一九九〇年ごろ、小値賀町漁協の総会でイサキ夜間釣り漁のアジロを一週間に限って一人の人が占有して使うことが認められた。この取り決めは海の上で待機するという状況を少しでも和らげようとするものだったという。

ところが取り決めの意図に反して、この取り決めのあと、アジロは個々人が占有して使うものになったのである。この取り決めのあと、イサキ夜間釣り漁をする漁師たちはアジロに漁船を固定したままにして小舟で港とアジロのあいだを行き来するという方法をあみだした。漁船をアジロに固定することで、つねに特定の個人がアジロを使い続けているという状況がうまれたのである。現在では、アジロが個人のものであることは小値賀島の漁師たちのあいだで暗黙に了解された事実である。現在では船をアジロに固定しておくことはない。しかし現在でもアジロを使い続けるために、アジロを占有する漁師たちはイサキが釣れない四月のはじめからアジロに水中灯を焚いて場所とりをするという。

このように現在でも、アジロの占有は、アジロを使っているという事実によってのみ保たれているものなのである。このアジロの占有はさまざまな葛藤を抱えている。以下ではイサキのアジロをめぐる排除の論理が抱える葛藤についてみていこう。

(4) 漁場の排他的利用と葛藤

イサキ夜間釣り漁では特定の個人がイサキ釣りの漁場であるアジロを占有して使っている。この状況は決して安定しているわけではない。むしろ小値賀島の漁師同士やよその漁師との絶え間ない相互調整の結果として生じた姿である。そして漁場を排他的に使うためのせめぎ合いは現在も続いている。ここでは、小値賀内部でイサキ夜間釣り漁をする漁師たちとしない漁師たちのあいだに起こる摩擦、また小値賀島のイサキ夜間釣り漁師やほかの漁をする漁師たちと、小値賀外部の漁師たちとのあいだに起こる摩擦がどのように解消されるのかについてみていこう。

(i) 小値賀内部での排除の論理

小値賀内部に目をむけると、アジロを占有して使っている漁師とアジロを使えない漁師のあいだには絶えず対立がある。アジロを占有する漁師たちは、資源問題への取り組みとして、アジロを占有して使うことを正当化する。アジロを使える人を限定してイサキの乱獲を防いでいるというのである。一方、アジロを使えない漁師たちは、特定の個人がアジロを占有して使うことは、漁業法の精神に反する行為としてとらえている。

小値賀町漁協の総会では毎年、イサキ夜間釣り漁のアジロが個人の所有でないことを確認する議決をするという。ところが、このような議決にもかかわらず、特定の個人がアジロを占有して使うという状況に変わりはない。

イサキ夜間釣り漁をする漁師たちは独占的にアジロを使っていることについて二つの語り方をする。一つは、アジロを自分のものにできるのは、ほかの人たちが認めてくれるからであり、勝手に漁場を占有しているわけではないということである。もう一つは、イサキのアジロをみつけることは大変なので、みつけた漁師たちを尊重しなければならないということである。このような語りの一方で、アジロを占有する漁師たちは魚がこない四月からアジロに行って水中灯を焚いて漁場をつくっている。つまり個々人がアジロを使っているという態度を示すことこそがアジロを個人で占有して使うことを可能にしているのである。

(ii) 小値賀外部に対する排除の論理

小値賀島の内部ではイサキ釣りをする漁師としない漁師が対立している。しかし対立がほかの地域の漁師たちとのものになると、小値賀島の漁師たちは団結してよその漁師を排除しようとする。二つの例を示そう。一つは、よその漁師が勝手にイサキのアジロで漁をしている場合である。もう一つは、よその漁師が勝手にイサキのアジロを使うことが恒常化したときの対応である。

なお、以下ではイサキ釣り漁師と小値賀島の漁師たちと小値賀町漁協という三つの排除の主体について述べる。イサキ釣り漁師という場合、アジロを占有する漁師たちのことを指す。また小値賀島の漁師たちという場合、船をもって漁をする小値賀島の漁師たち全員のことを指す。一方、小値賀町漁協という場合、船をもって漁をする人だけでなく、船をもたない漁協の組合員をも含んだ小値賀町で漁に関わるすべての漁師を代表する組織のことを指す。小値賀島の漁師たちは「小値賀の海」にやってくるよその漁師たちと直に接して、よその漁師たちを排除する。一方、小値賀町漁協は小値賀町で漁に関わるすべての漁師を代表して個別の対立を漁協同士の取り決めとして調停する。

まず、よその漁師が小値賀島の漁師のアジロを勝手に使っている場合である。よその漁師がアジロを使っているのを発見すると、小値賀島の漁師たちはいっせいに船を取り囲んで漁をできなくしてしまい、漁場の外に追い出す。ここで排除の主体は小値賀島の漁師たちである。

また、恒常的によその漁師たちがやってきたときには漁協を通じて交渉をする。一九八〇年代の後半から平戸島志々岐の漁師たちがきて、イサキのまき餌釣り漁をするようになった。このときもっともよい漁場になったのが、小値賀島でイサキ夜間釣り漁をする漁師たちが船を固定していたアジロだった。志々岐の漁師たちはたびたび小値賀の海にやってきて、小値賀島の漁師がとめている船のまわりにまき餌をして昼のうちにイサキを釣ってしまった。昼間に釣られてしまうと、夜になって小値賀島の漁師が水中灯を入れてもイサキがまったく集まらなかったという。

このような状況に対して小値賀島の漁師たちは、小値賀町漁協を交渉の主体として志々岐の漁師が小値賀島にやってこないように交渉をした。そのとき小値賀漁協と小値賀島のイサキ夜間釣り漁をする漁師たちは「資源保全」の観点から自分たちの資源の利用方法を正当化した。つまり特定の個人がアジロを独占して使うのは、いっせいに漁場を使うことによる乱獲を防ぐためだと主張したのである。さらに魚の鮮度をたもつための手段だったまき餌禁止の取り決めもまた、乱獲を防止する手段として読み替えられて交渉に使われた。この場合の排除の主体はイサキ釣り漁師たちであり、小値賀島の漁師であり小値賀町漁協である。つまりイサキのアジロをめぐって排除の主体は重層的に存在しているのである。

6　変容する漁業と資源利用をめぐる社会的な規制の変化

ここまで一九五〇年以降の小値賀島の漁業における資源利用の形態の変容と社会的な規制の変化をみてきた。本章の二節でみたように、小値賀島の漁師たちは小値賀島のまわりの海を「小値賀の海」と呼んでいる。小値賀島の漁師たちはこの小値賀の海でイサキ漁をはじめとして多くの漁をよその漁師たちを排除しながら続けてきたのである。

この小値賀島の漁師たちの営みからは、次の二点を指摘できる。一点目は小値賀島の漁業の変遷をみると、漁師たちは一つの資源を使い続けることによって生計をたててきたのではなく、次々に新しい魚種や漁法をとりいれることによって生計をたててきたということである。二点目は一つの魚種をとってみてもその魚種をめぐってできる社会的な規制は目まぐるしく変わるのであり、また同時に所有や占有の主体はどの場合にも一義的に決定できないということである。以下ではその二点についてくわしく論じよう。

(1) さまざまな魚種を発見してきた小値賀島の漁業

本章の三節と四節でみてきたように、小値賀島の漁業は一九五〇年以降、次々に新しい漁を取り込んできた。結果として、かつては商品になる自然資源とみなされなかったものが有用な自然資源として積極的に使われるようになってきた。一九五〇年以降の小値賀島の漁業における自然資源の利用の変遷は、この地域の漁師たちが一つの決まった自然資源を使い続けるというやり方ではなく、いくつもの自然資源をみつけては使い、一方で資源として使えないと判断すると使うのをやめてきたことを示している。さらにある自然資源を使い続けるか、使い続けないかという判断は個人的なものだった。結果として個人の生業活動のやり方に差が生じて同じ空間でいくつもの漁が同時に営まれるようになり、小値賀島の漁師たちの自然資源の利用は多様化した。自然資源の利用が多様化した背景には自然資源の発見―利用―利用放棄というプロセスがあった。つまり自然資源は小値賀島の漁師たちにとって先験的な価値のあるものではなかったのである。

こうしたことをふまえると、小値賀島の漁業を事例として自然資源の利用をめぐる人と人の関係を論じるには、一つの自然資源に関わる人と人の関係だけを明らかにするだけでは不十分であり、ほかの漁との関係も視野に入れる必要があることを指摘できる。当然のことではあるが、漁が個人的に営まれている現在では、ある地域の人びとが同じ時期に等しく同じ一つの資源だけを使って生計をたてているとは限らないのである。また一つの自然資源の使い方を明らかにしても、その社会的な規制がすべての自然資源をめぐる人と人の関係に同じように反映されるとは限らないのである。

トラフグはえ縄漁、タチウオひき縄漁、イサキ夜間釣り漁の事例でみてきたように、それぞれの資源をとりまく政治的・経済的な背景や、それぞれの資源を使おうとする人びとが認識する生物の特徴によって、社会的な規制のあり様には違いが生じてくる。

たとえばトラフグはえ縄漁では行政的な介入があり、小値賀島の漁師たちは漁場でトラフグを排他的にとる権利を行政の出す保証に依拠することによって獲得していた。つまり小値賀町漁協を通じて長崎県から操業許可を得ることによって、他者を排除して占有的にトラフグをとってきたのである。またタチウオでも、組合をつくって漁協で参入する権利を整えることによって、いわば行政的な側面をもった入漁制限をしてきた。さらにイサキ夜間釣り漁では、個々人が自らの努力で漁場をみつけることを通じて、漁師同士の暗黙の了解のもとで自然資源をとっている。イサキ夜間釣り漁では、社会的な規制が現場での人びとの活動の論理にもとづいているのである。

しかし先に本章の四節と五節で述べたように、他者の排除は必ずしも資源の持続的な利用に貢献したとはいえない。トラフグについてみると、とりはじめて数年するとトラフグはほとんどとれなくなってしまった。つまり厳しい規制にもかかわらずトラフグという自然資源は枯渇してしまったのである。またタチウオも、筆者が二〇〇三年に再び小値賀島を訪れたときには不漁が続いており、漁をやめる人も出ていた。イサキ夜間釣り漁についてみれば、漁場が個人の占有するものへと変化していくなかで、新しい漁を探してイサキ夜間釣り漁をやめてしまう人びともあらわれたのである。

こうしてみると小値賀島の漁業における多様な自然資源の利用形態は、商品経済の浸透、漁撈技術の革新、政府による個人漁の促進という社会的・政治的な要因のなかで発展してきたことがわかる。島のまわりに多様な自然資源があったとしても、それがすぐ商品になるわけではなく、商品にするには商品を受け入れる市場や消費地があることや商品化の技術をもっていることが前提となる。さらに漁業法をはじめとして戦後の漁業政策が沿岸漁業の発展に力を入れてきたことも、結果として小値賀島の漁業における資源利用の多様性に影響を与えている。
市川光雄は沖縄県宮古群島大神島の漁業を事例として、漁業者の多様な自然資源の利用を描いた。市川はその多様な自然資源の利用が、多様な魚介類を消費する商品経済を前提として起こったことを指摘している［市川 一九七八］。本章でみた小値賀島の漁業における資源利用の多様性も、沖縄の場合と同様に、商品経済を前提として広まったといえよう。

⑵ イサキをめぐる多義的な占有のあり様とその変遷

社会的な規制は、コモンズの議論のなかでしばしば論じられるように、通時的にみると大きく変わっている。一つの資源の利用形態をみても、その自然資源の利用をめぐる人と人の関係の変容は劇的である。そして自然資源を使う主体を一義的に論じることはできない。ここではフィーニーらが論じた自然資源の利用をめぐる所有形態の四つのモデルにひきつけて、小値賀島の漁業における多義的な自然資源の占有のあり様と、占有形態の通時的な変化を論じよう。

フィーニーらは世界各地の資源管理についての報告を比較して、資源の所有形態を私的所有、公的所有、共同体的所有、オープンアクセスの四つに分類した。フィーニーらの議論は所有形態を四つに分類した上で、各所有形態において資源の持続的な利用が実現しているかどうかを検討したものである［フィーニーら 一九九八］。しかしここでは資源利用の持続性については論じず、この四つの分類を使って、小値賀島でおこなわれている漁をめぐる占有の状況が四つの分類のどの状態にあるのかを示し、漁場の占有が一義的には決まらないことを示す。

小値賀島のイサキの漁における社会的な規制の変化をフィーニーらの四分類をもとにしてみると、所有形態はめまぐるしく変化している。第Ⅰ期にあたる一九五九年までは漁民団（生産組合）が漁場を占有していた。この状況はいわば私的所有である。第Ⅰ期にあたる一九六〇年以降についていえば、現在まで、漁法の変化はあるが共同体的所有である。

ところで、このような所有形態の変化のとらえ方はエティックな視点である。これをイーミックな視点から評価すると、異なった解釈ができる。第Ⅰ期は漁民団（生産組合）が漁場を占有していたという意味では私的所有であるが、小値賀島の一部の漁師たちが出資した集団という意味では、共同体的所有でもある。また第Ⅱ期についてみると小値賀島の外部からみれば共同体所有であるが、小値賀島の内部からみれば、誰でも自由に漁ができるオープンアクセスであったとも解釈できる。さらに第Ⅲ期は全体で共同体的所有とみることができるが、一方でイサキ夜間釣り漁の導入期には小値賀島の漁師たちにとってはオープンアクセスだったのである。またアジロ順番待ち期には、アジロを使うメンバーは固定的になり共同体的所有の特徴をよみとることもできる。さらにアジロ占有期では、共同体的所有のなかで個人が漁場を占有する私的所有の特徴をよみとることもできる。しかもこのような所有の状況は、国家が定めた漁業法の規定に照らしていえば、あくまでもオープンアクセスである。

このことは漁場の占有形態が重層的に決定されており一義的に決まるものではないことを意味している。鳥越皓之は近代的な所有制度のもとでは一義的に所有者が決定されてしまうが、従来の村落では村落の土地は個人の土地であると同時に共有の土地であり、所有権と利用権の境がハッキリしていなかったと論じ、土地所有の二重性を指摘している［鳥越 一九九七］。この鳥越が想定する土地所有の重層性とくらべてみると、小値賀島の漁師たちの占有はもう少し複雑である。つまり自分たちのものと発言する範囲は、その時々の相手や状況に応じて変わっているのである。村落共同体としてのムラが総括的な所有・占有の主体ではないのであり、占有の範囲も状況依存的に語られているのである。

ところでこの小値賀島のイサキ漁師たちの漁場をめぐる占有形態の変化は、排除の論理の変化である。どのように他者をつくりだし排除してきたのかを如実に物語るものである。第Ⅰ期には排除の対象である他者は生産組合に入っていない小値賀島の漁師たちだった。第Ⅱ期になると排除の対象はよその地域の漁師となった。第Ⅲ期になるとよその地域の漁師はもちろんのこと、アジロを使い続ける選択をしなかった漁師たちは結果としてアジロから排除された。

この排除の論理は本章の四節でみたとおり、一義的に決まるものではない。イサキ夜間釣り漁では小値賀島の内部での対立のほかによその漁師との対立があり、漁師たちはそのときどきの状況に応じて態度を決めている。小値賀島の内部の漁師同士が対立するときには、イサキのアジロはあたかも私的所有であるようにみえる。しかし外部の漁師と小値賀島の漁師が対立するときには、イサキのアジロはむしろ共同体的所有であるようにみえるのである。このような漁師たちの行動は、自然資源の価値の変化と深く関わっている。もし小値賀島の漁師たちがイサキには価値がないと考えるようになれば、イサキの占有状態はしだいに解体し、小値賀島の漁師たちにとってオープンアクセスや共同体的所有のような状態へと変化していく可能性もある。さらに小値賀島の漁師たちがイサキに価値をみいださなくなれば、誰もが自由に漁をできるオープンアクセスの漁場になることも考えられるのである。つまり伝統的な資源利用の方法が自然資源を使ううえでの完成された姿ではないし、また現在の姿が自然保全にとって有効であるかどうかは判断できないのである。

実際、このアジロの占有という状況もまた必ずしも未来永劫的に安定しているとはいえない。現在のようにアジロを排他的に使えるのはアジロを占有する漁師がそのアジロを使い続けているという事実にもとづいている。アジロがその人のものだといわれるためにはアジロを使い続けていることを示すためのさまざまな努力がある。たとえば病気で入院してアジロを長期間使えないときには、親戚や仲のよい友人に頼んでイサキ夜間釣り漁をしてもらう。また春になると、イサキがやってくる前からアジロに出かけていって水中灯を焚いてその場所が自分のものであることを表明する。これらの行動は、一つにはアジロをつくるという意味がある。魚が集まる場所を恒常的につくっておくと、いざイサキ夜間釣り漁をはじめるときに魚を集めやすくなるというのである。しかし、もう一つには、小値賀内部のほかの漁師たちに対して自分がアジロを使っていることを表明するという意味がある。

図4-6からわかるように、近年、小値賀島の漁師たちは新しい漁を導入している。そのため、近年はあまり小値賀島の漁師同士の対立は少なくなったといわれている。しかし一九九〇年ごろには春にアジロに行かなかったために、べつの漁師にアジロをとられてしまうこともしばしば起きた。アワビの潜水漁がはじまる時期と小値賀島の漁師がイサキ夜間釣り漁でアジロに行って水中灯を入れて場所とりをする時期は重なっている。せっかく前の年に自分でアジロをみつけても、次の年にアワビ潜水漁にかかりっきりになりアジロに行かないでいると、ほかの人が水中灯を入れて場所とりをしてしまい、その年の漁をあきらめざるをえないことも多かったという。

つまりイサキ夜間釣り漁をする漁師がそのアジロを占有して使えるのは、アジロを使い続けていることを小値賀内部や外部の「他者」にむかって表明し続けているからなのである。その占有の状況は占有をしている個人にとっては非常に危ういものであり、「他者」に使い続けていることを表明できなかったときには、アジロは放棄されたとみなされて別の人が占有するものになってしまうのである。

(3) 多様な自然資源をめぐり重層化する社会的な規制

本章では長崎県小値賀島の漁業を事例としてとりあげ、商品経済を前提とする産業としての漁業において自然資源がどのように発見されて生業活動に組み込まれていくのかという点と、自然資源の利用をめぐってできる社会的な規制がどのように変わってきたのかという点を、通時的な側面から検討した。

一九五〇年以降の小値賀島の漁業における資源利用の多様化は、機械化や商品経済の進展などの産業化が背景となって起きたことを明らかにした。産業化の過程で起きた資源利用の多様化は、以前から積極的に使われてきた資源の生産量が拡大した姿ではなく、新しく小値賀島の漁師たちが有用なものとして発見するというプロセスを経て、一九五〇年以降になって次第にできあがってきたものである。

同時に、一つの資源をとってみても、その自然資源をめぐる社会的な規制は状況に合わせて変わってきた。イサキの昼間釣り漁や夜間釣り漁をめぐる社会的な規制は、ほかの魚種をとる漁師たちとのあいだの相互調整によってできてきた。しかもその内容はつねに確定的なものではなく、変容の過程のなかにあったのである。商品として魚を出荷し収入を得るという現代の産業としての漁業のなかでは、人びとにとっての自然資源の重要性はそのときどきの状況に応じて変わる。人びとはその変化に応じて社会的な規制をつねにつくりかえてきたのである。しかしその本質は商品経済の対象となる自然資源についていえば、その自然資源を使う人びとをなるべく限定して他者を排除することにあった。

ここまで生業誌という視点を用いて検討する自然と人の関わりのうち、自然と漁業者集団の関わりをとりあげ、漁業者集団が経験した生業活動の変化を論じた。人びとの生業活動の変化に注目すると、現代の産業化した漁業のもとで人びとは特定の自然資源を枯渇させないように使い続けてきたわけではなく、そのときどきに新しい自然資源をみつけて生業活動のなかに取り込んできたことがわかる。現代の自然と人の関わりからみれば、人びとの自然資源の利用の多様化は商品経済との関わりのなかで起きたといえるだろう。また個別の自然資源に注目してみても、その利用形態の変化はめまぐるしく、社会的な規制はそのときどきの状況に合わせて、つねにつくりかえられてきたのである。

次章では自然と人の関わりのうち、三つ目の自然と個人の関わりをとりあげ、自然資源を使って生きる個人が経験する自然について検討しよう。

註

＊1　肥前國風土記の松浦郡の項には値賀の島という記述があり、そのなかの小近、大近のどれかが小値賀島群をさすと推定されている［秋本校注　一九二六：四〇〇］。『小値賀町郷土誌』でもこの肥前國風土記の記述が現在の小値賀に関係するものとして解釈されている［小値賀町編　一九七八：七九〇］。肥前國風土記には、小値賀島周辺の「海には則ち蚫、螺、鯛、鯖、雑の魚、海藻、海松、雑の海菜あり」［秋本校注　一九二六：四〇一］という記述があり、奈良時代（七〇〇年代）には小値賀島周辺の海産物が注目されていたことがうかがえる。

＊2　漁業センサスでは漁業形態を沿岸漁業・沖合漁業・遠洋漁業の三つに分類している。沿岸漁業には一〇トン未満の漁船を使った釣り漁、網漁、養殖業などが含まれる。沖合漁業とは一〇トン以上の漁船を使った釣り漁、網漁をさす。遠洋漁業は一〇トン以上の漁船を使って日本の排他的経済水域を越えておこなう漁である。

＊3　ブリ類にはブリのほかヒラマサやカンパチが含まれる。

＊4　図4―4は聞き取りをもとに、筆者が分類した海域である。

＊5　集団漁とは二隻以上の船を使って一〇人から三〇人ほどで営む大掛かりな漁である。くわしくみると、小値賀島の集団漁には三つのパターンがある。会社に雇われて漁をする場合、個人が会社を組織して漁をする場合、集落などを単位として漁をする場合である。

＊6　個人漁とは一人または兄弟や親子など家族で営む規模の小さい漁である。

＊7　本章では集団漁、個人漁という漁を営む形態の違いをあらわすとき、漁業形態という言葉を使う。また、本章で漁というときには魚種と漁法の組み合わせを意味する。たとえば、ブリひき縄漁、トラフグはえ縄漁、タチウオひき縄漁などである。とる魚種がおなじでも漁法がちがうときには異なる漁とみなすことにする。たとえばイサキ昼間ひき縄漁とイサキ夜間釣り漁は異なる漁である。本章で漁業というときには生業としての漁業のことをさす。

＊8　小値賀島の刺し網漁はもともと家族や集落単位の集団でおこなうものだった。一九七〇年ごろから急速に漁師一人で営む個人漁へと変わった。

＊9　釣り漁には一本の糸にいくつかの針をつけて釣る一本釣り漁のほかに、一本の糸に数十個の針をつけて漁船を動かしながら魚を釣るひき縄漁、一本の糸に数十個の針をつけて一定時間海のなかに投入しておいてそれを回収するはえ縄漁・そこ縄漁、水中

灯を使った釣り漁などがある。海の表層部分に投入する漁法がはえ縄漁であり、海の底に投入する漁法がそこ縄漁である。

＊10　小値賀島の漁師たちは対馬や壱岐、五島列島の南端までの範囲を漁場として使っており、それぞれの地域の漁師同士との情報交換をさかんにしている。また漁師たちは魚を漁協や市場に出すときにその地域で市場に出る魚の種類や値段を入念にみており、当時の漁師たちがトラフグの市場での価値を知らなかったわけではない。むしろ小値賀島の漁師たちはブリやヒラマサなど、別の種類の魚に資源としての価値をみいだして、トラフグを有用な資源とはみていなかったのである。

＊11　トラフグはえ縄漁の場合、地域的な規制は長崎県の漁業調整委員会と小値賀町漁業協同組合が協力してつくっていた。したがって地域的な規制とはいうものの、行政的指導を反映しており、漁業法が定める規制と近いものになっている。

＊12　二〇〇一年に調査をした際にはトラフグはえ縄漁をする漁師はほとんどいなくなっていた。二〇〇三年に再び小値賀島を訪れたときには、再び一部の漁師たちがトラフグはえ縄漁をするようになっていた。ただし二〇〇三年にみられたはえ縄漁は小値賀島のまわりでやるものではなく、対馬などよその地域に出かけて行ってする漁である。

＊13　タチウオをブランド化する動きは小値賀島のほかに対馬でも起きた。対馬のタチウオは「銀太《ぎんた》」と呼ばれている。筆者の聞き取りによれば、このように魚をブランド化することによってタチウオの資源としての価値がそれぞれの地域で高まったことが、小値賀と対馬での対立の原因の一つになったという。

＊14　イサキ追い込み漁は、正しくは廻高網漁業という。糸満の漁師たちはこの漁法をもって小値賀だけでなく、対馬や九州北部、若狭湾、佐渡、高知などに出漁していた［中楯編 一九八九］。

＊15　本稿ではとくに『日本における海洋民の総合研究下巻――糸満系漁民を中心として』のうち、第三章「糸満系漁民の出稼ぎ形態と実態」のB「五島列島」［井手 一九八九］とC「小値賀島」のなかに収録されているC―一「小値賀島における廻高網漁業（昭和戦前・戦中期）」［三栖 一九八九］、C―二「小値賀島（戦後期）」［牧野 一九八九］、C―三「その社会経済的背景」［廣吉 一九八九］、C―四「小値賀漁業の変遷――受入側の漁業構造」［浜田 一九八九］、C―五「漁場利用と漁業紛争」［島 一九八九］を参照した。

＊16　廃れた原因は糸満における沖縄戦による被害［牧野 一九八九］と小値賀島の漁師による抵抗［島 一九八九］があったためだという。この時期の小値賀島の漁師の抵抗は小値賀島のイサキ追い込み網漁の誘致を進めた地元有力者による締めつけもあり効果的な結果を残さず、イサキ追い込み漁は存続した。

＊17　小値賀生産組合は小値賀町漁業協同組合（小値賀町漁協）とは異なる組織である。小値賀生産組合のもととなった小値賀漁民団は一九二八年に小値賀島の有力者が小値賀島の漁師を組織してつくった組合である［三栖　一九八九］。アワビの加工やイリコ製造、ブリ飼い付け漁などを経営していたが一九九六年に解散した。

＊18　小値賀漁民団（小値賀生産組合）が正式な受け入れ先となり、糸満の漁師たちは小値賀を拠点として周辺地域の漁場にさかんに出ていたようである［牧野　一九八九］。

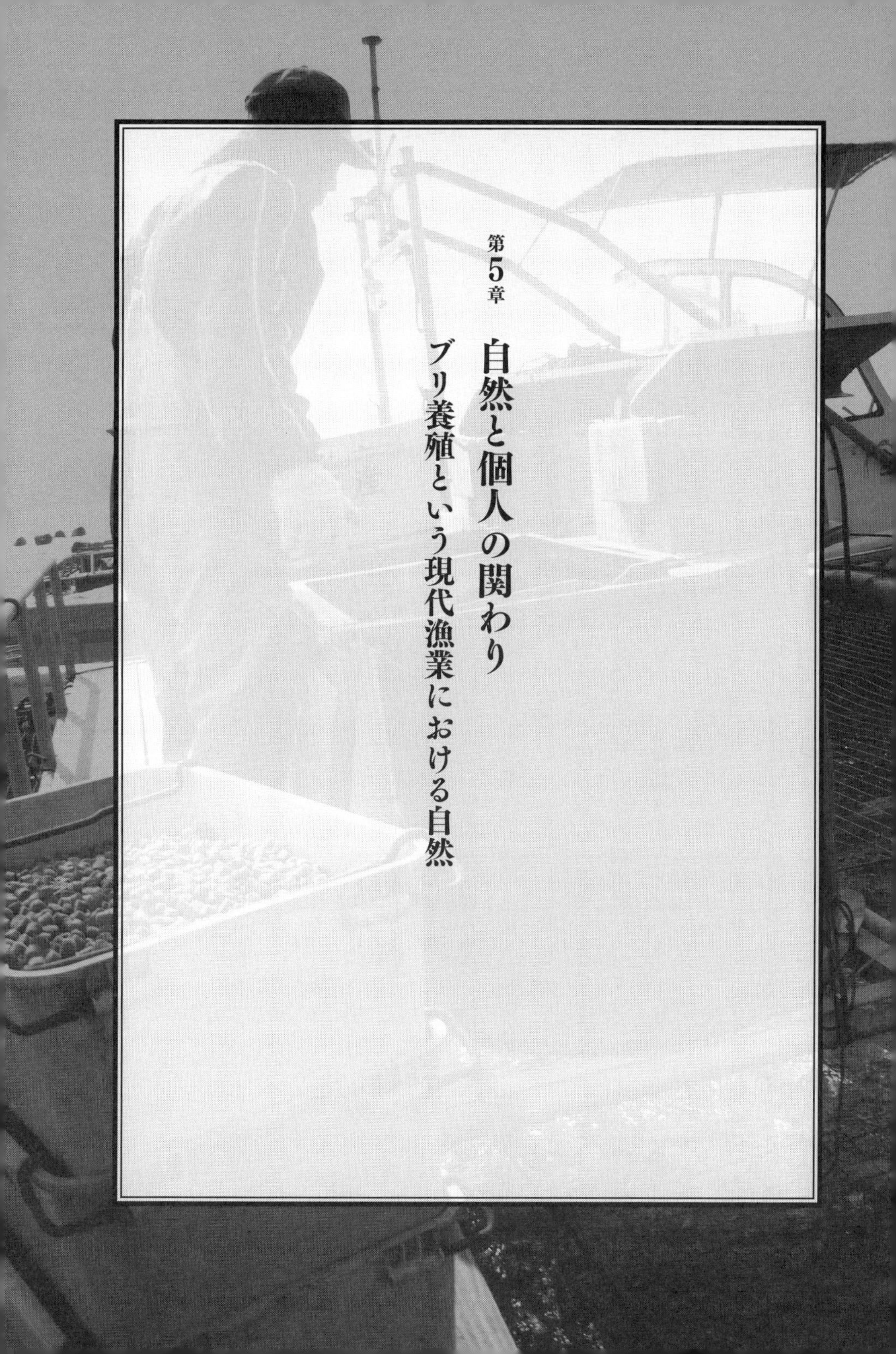

第5章

自然と個人の関わり
ブリ養殖という現代漁業における自然

1　現代的産業にみる自然と個人

(1)　自然と個人の関わりを論じる視点

本章では序章と第二章で論じた自然と人の関わりのうち、残る一つである自然と個人の関わりを論じる。序章で述べたように、自然と個人の関わりは生態人類学的な視点から検討されてきた。生態人類学的な研究は生業活動の現場で人びとが使う知識の体系や技能を具体的に記述し、自然と関わる個人の経験の諸相を明らかにしてきた。

序章でも述べたように、生態人類学的な視点から漁業における自然と個人の関わりを描いた研究は、人びとが身体を使って自然に挑むことによって獲得してきた伝統的な知識や技能と機械化や商業化が進むなかでの自然と人の関わりを論じてきた。また現代に失われつつある自然に対する知識や技能をくわしく記述することは重要な課題だった。

生態人類学が成立した当初に自然と個人の関係を論じた先行研究は、結果的に伝統と現代を対比的にみるという立場をとっていた。そして現代の科学知識のもとで機械類や精密な計器類を使ってする漁を伝統的な漁とは異質のものとして論じていた。つまり現代の漁は自然との密接な関わりが薄れていく過程として描かれたのである。

しかし伝統と現代を対比的に論じる視点への批判から、現代の漁撈活動を再評価する研究がおこなわれるようになった。こうした研究は序章でも論じたように、現代の機械類や精密な計器類を使いこなす漁という人びとの経験も、決して伝統的な知識や技能の体系と対立するものではなく、身体感覚を使うことによって得られる経験的な知識は現代の漁をする上でも重要であることを示した。

しかし現代の漁が身体感覚を使うことが重要であるとしても、果たして現代の漁で使われる身体感覚は伝統的な漁における身体感覚とおなじものなのだろうか。たしかに現代でも身体感覚や自然観察が重要なことに間違いはない。しかし伝統的な漁との連続性があるから現代の漁業でも自然と人の関わりは密接であるといってしまうと、その質的な変化を十分に扱えない。そこで現代の産業を対象として、伝統的な技能に注目するまなざしとおなじように現代の自然と人の関わりを検討してみることも必要だろう。

現代は科学インセンティブの時代だといわれ、自然と人の関わりは乖離する過程にあるとされる。この現代における自然と人の関わりを問うとすれば、従来の研究のように釣り漁や網漁などいわゆるとる漁に注目するだけではなく、現代になって成立した新しい漁業に注目してみる方法が有効である。本章では以上に述べた問題関心から、自然と個人の関わりを論じる事例として魚類養殖業という現代になって著しく発展した産業に注目する。この魚類養殖業はこれまで本書のなかでみてきた二つの事例とくらべると異質の産業である。しかしこの異質な産業も次節でくわしく述べるが、漁業とは異なると断言できるほど無関係ではない。なによりも現代では魚類養殖業は日本の水産物の流通では欠かせない重要な位置を占めているのである。

本章の議論は参与観察法と聞き取りによって得たデータをもとに議論する。自然と個人の関わりを論じる場合、先行研究が明らかにしているように具体的な現場での人びとの行動を記述することが重要だと考えるからである。なお現代の自然と人の関わりは、新興の産業に注目した場合、語りによって開始当初の知識と現在の知識の変化をとらえることができる。したがって本章の議論は基本的には共時的な視点にたったものになるが、自然と人の関わりの通時的な変化も論じる。以上を論じることを通じて、本章では生業誌の視点から自然と関わる人びとの営みを検討しよう。

本章で扱った事例は愛媛県宇和島市津島町北灘地区でさかんなブリ養殖を対象にしたものである。本章で扱ったデータは二〇〇六年七月から二〇〇七年三月にかけてののべ九三日間の参与観察と聞き取りで得たものである。

(2) 魚類養殖とは

本章で扱う魚類養殖は海水性の魚類を育てる産業である。二〇〇六年の海水性魚類の全国水揚げ量の二一パーセントは養殖の魚だった［農林水産省、二〇〇六］。現在、日本のおもな養殖魚種はブリ類とマダイであり、[*1]前述の統計によればブリ類の全水揚げ量の六八パーセント、マダイの八二パーセントが養殖の魚だった。

この魚類養殖業の歴史は比較的新しい。魚類養殖は一九二八年に香川県引田町の安土池ではじまったといわれている[*2]［愛媛県かん水養殖業組合 一九九八］。当初は水深五メートルほどの浅い海に堤防をつくる築堤式や海底に杭を建て網で囲う網仕切り式の養殖施設で魚を育てた。築堤式や網仕切り式は漁場を設けることのできる場所が浅い海岸沿いに限られていた。一九五〇年代に小割式の養殖方法が考案され、水深に関係なく漁場を設けることができるようになって全国に広まった。小割式とは竹や鋼管などで筏をつくって海面に浮かべ、袋網を筏につるす養殖方法である（図5-1）。

(3) 養殖業についての先行研究

民俗学や生態人類学で、養殖業を扱った研究は少ない。わずかに安室知が水田におけるコイ養殖を事例に実証的な議論をしているにすぎない。安室は古くからさかんな水田でのコイ養殖に注目している[*3]［安室 一九九八］。一方、早くから海の魚類養殖に注目してきたのは水産学や地理学、経済学である。水産学では養殖は重要な研究課題となってきた。[*4]

海の養殖に注目した人文学的研究には、古くは大島襄二の地理学的な研究がある。大島は魚類養殖業の地理的分布や生産構造などを検討した［大島 一九七二］。また養殖業を経済構造の視点からとりあげた研究に、濱田英嗣の研究

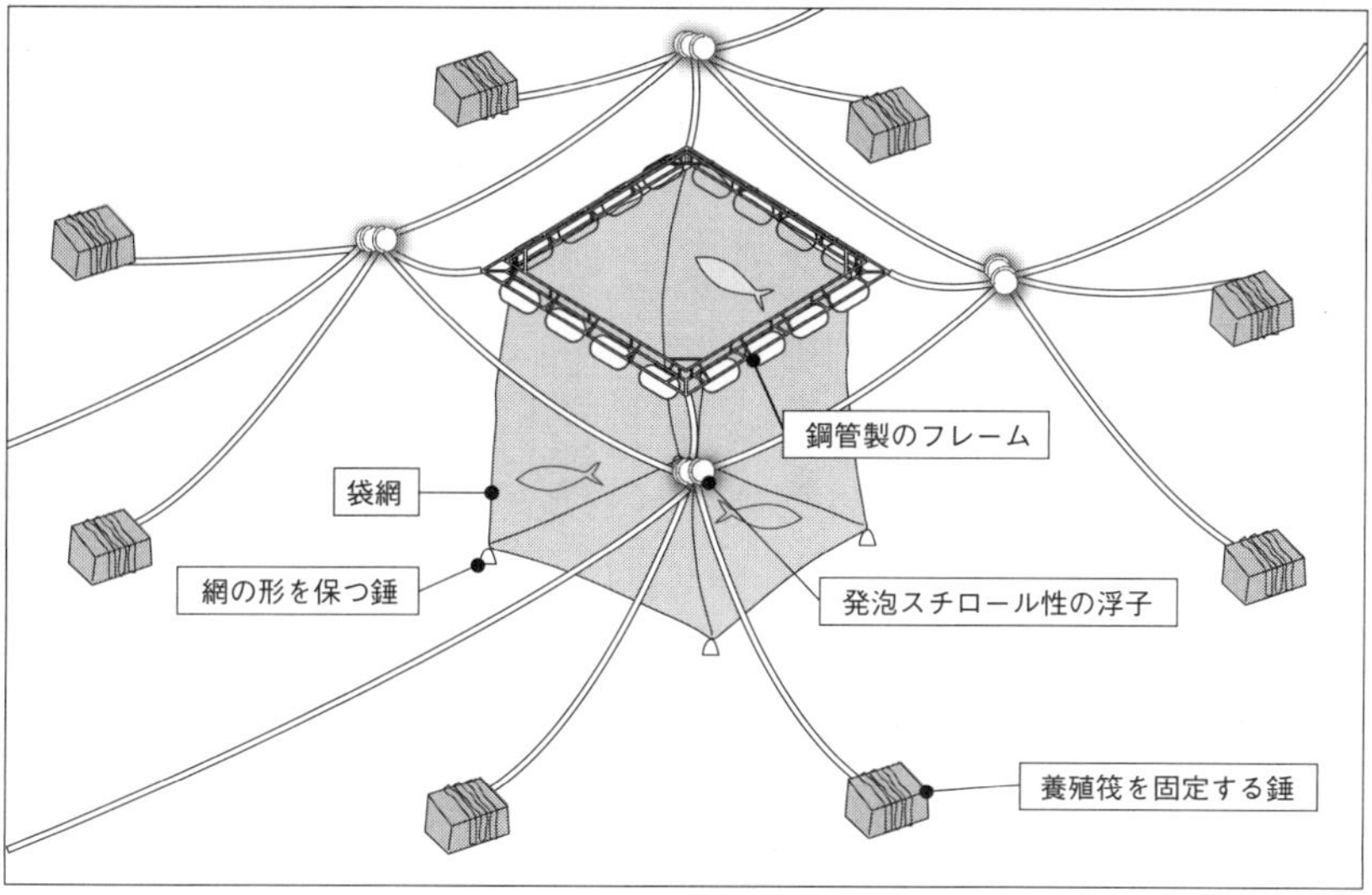

図5－1　小割式養殖筏の模式図

注：聞き取りより作成。

がある。濱田はブリ養殖を事例に養殖業の産業構造の特徴を分析した［濱田 二〇〇三］。これらの研究は養殖産業の立地や構造などをくわしく分析をしている。しかしこれらの研究は養殖業をとりまく社会的状況の分析に注目しており、養殖業者たちの技術や民俗知識など、現場での実践にはほとんど触れていない。

民俗学で海での養殖業がほとんど研究の対象となってこなかったのは、本章で先に述べたように海での養殖業が比較的新しい産業であることと、民俗学が伝統的な民俗知識や技能に注目した結果として、養殖業など新しい技術にそれほど注意を払ってこなかったことによるだろう。

海の養殖業は、技術的な特徴からみても、また技術が普及した年代からみても、きわめて新しい現代的な産業である。そして多くの民俗学的な研究や生態人類学的な研究がみなしてきたように、一見すれば技術や技能の多様性が失われたようにみえる産業である。実際、ブリ養殖において、魚を育てる作業は日々繰り返されるルーティンワークである。魚が商品になる一連の過程をみると、ブリ養殖は自然と人の関係性が単純化した工場労働のようであり、あたかも商業的な漁業のなれの果ての姿のようにもみえる。しかし作業のルーティンワーク化を、簡単に自然と人の関わりの希薄化と結びつけてよいのだろうか。

本章の結論を先回りしていえば、海という自然の一部を使う魚類養殖では、刻々変わる海や魚の状態を観察することが重要である。ブリ養殖では産業化が進み科学的な知識にもとづく魚の管理技術が生み出されるにつれ、自然がもたらす撹乱要因を排除し、安定的な生産ができるようになってきた。しかし技術の進歩にもかかわらず、養殖業者は海という自然から逃れることはできず、そこには観察と経験をもとにした知識と対応が生じている。本章ではブリ養殖業者の活動をくわしく検討し、現代的な産業の典型的な事例にみえる魚類養殖業でも自然と人が深まる可能性があることを示す。その上で現代の自然と人の関わりの特徴を予察的に検討したい。

2 人びとはいかにして養殖業をはじめたか

(1) 北灘地区の人びとと産業

四国の西部、愛媛県の南予地方は入り江と細長く延びた半島からなるリアス式海岸と小さな島々が入り組む地域である（図5-2）。本章で扱う北灘地区はこれらの入り江の一つである北灘湾を囲む地域である。北灘湾には宇和島市内の山中から岩松川の水が流れ込む。

北灘湾の奥、岩松川の河口付近は汽水域である。この地域は海水の塩分濃度が低く、海水中の酸素濃度も低くなりやすい。一方、湾の入り口付近は外海から潮が入り海水の酸素濃度が比較的高い。この湾は古くから豊後水道を行き来する魚が入り込む好漁場だった。

北灘地区は北灘湾の北側の一三集落と、北灘湾の南側の三集落からなる。どの集落も海岸線にあり背後に山が迫

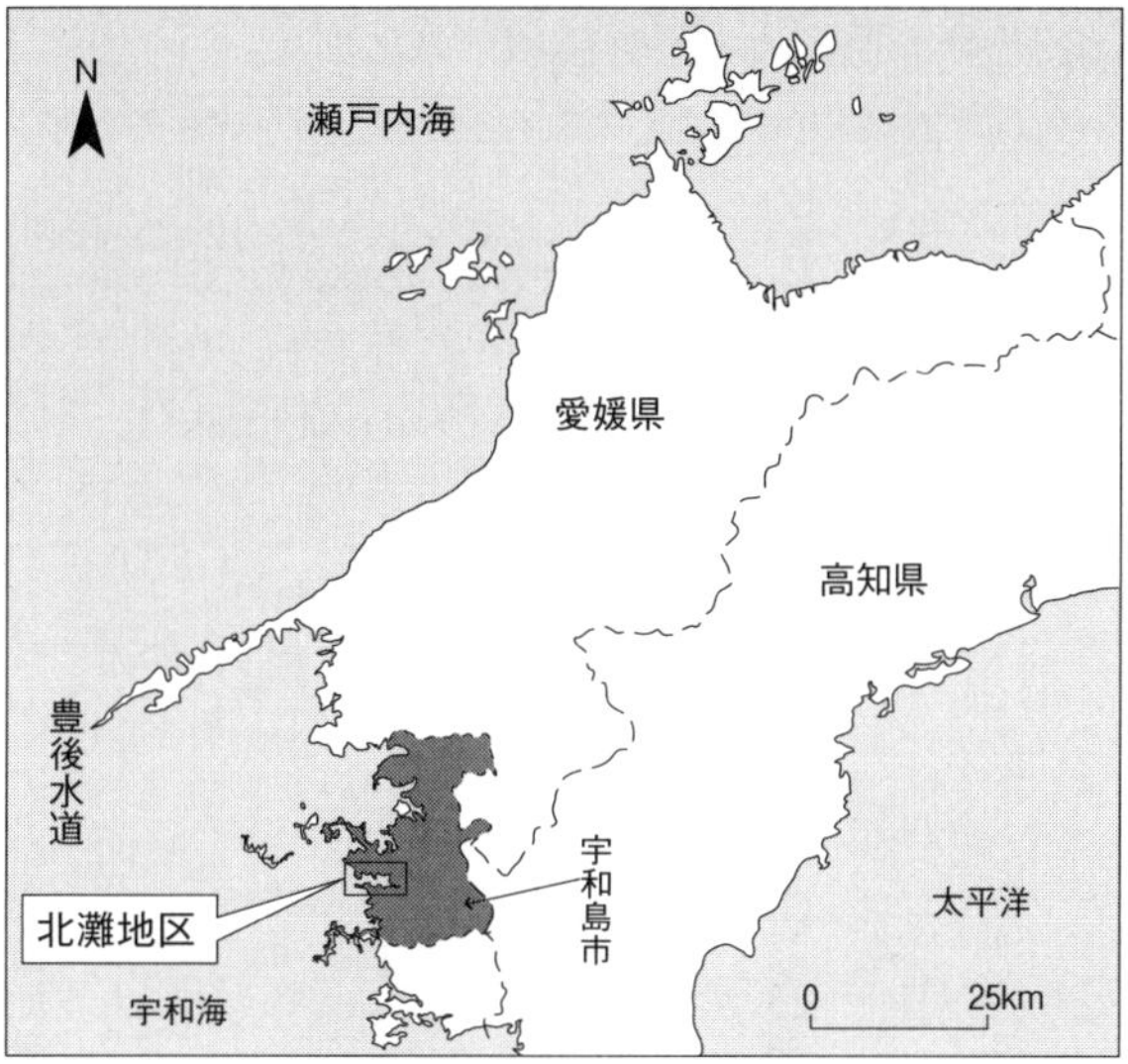

図５－２　北灘地区の位置

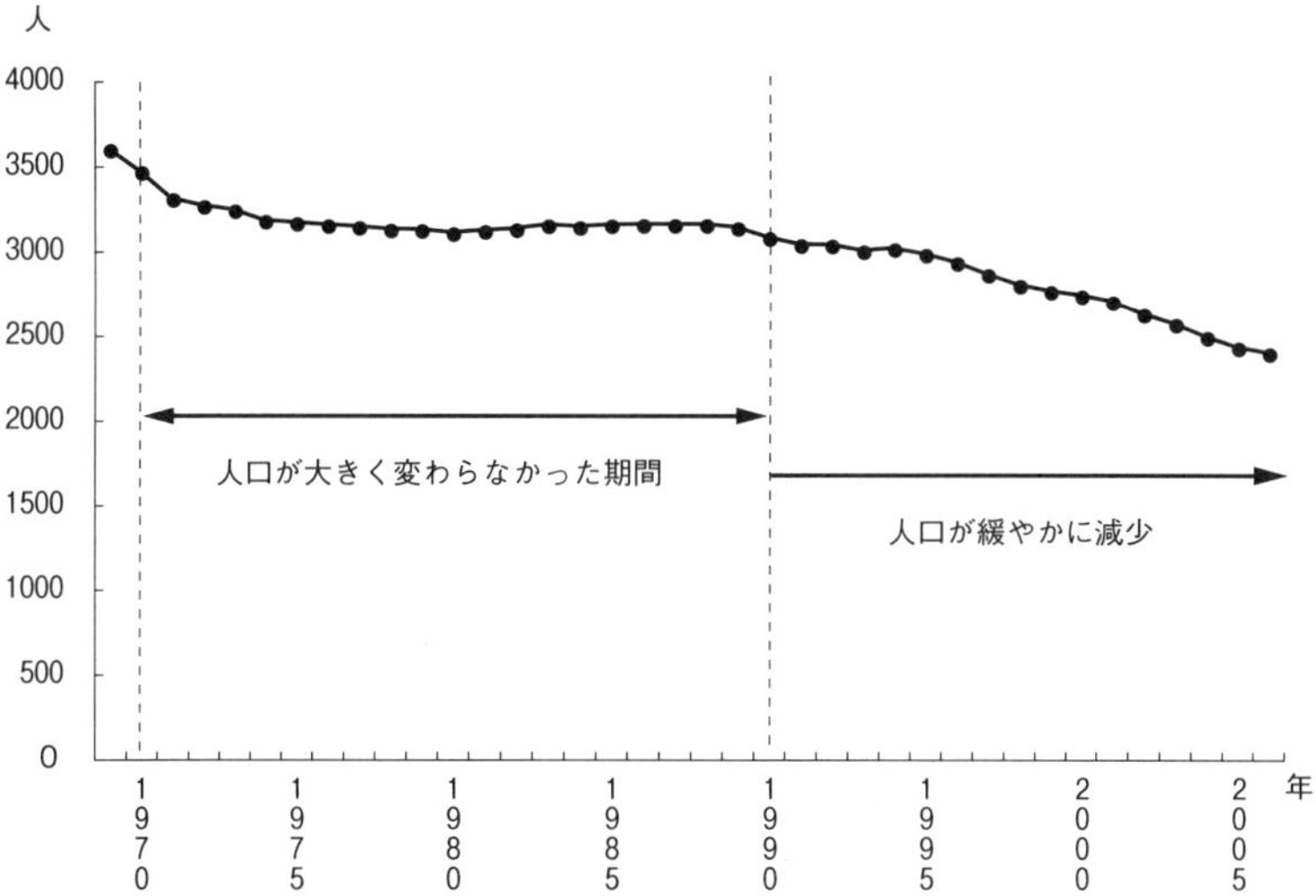

図５－３　北灘地区の人口の変化

注：宇和島市役所津島支所資料より作成。

る。

二〇〇六年の北灘地区の人口は二三九〇人である。この地区の人口は一九七〇年から一九九〇年にかけてほとんど変わらなかった。一九九〇年ごろから人口は徐々に減っている（図5-3）。

現在、北灘地区でもっともさかんな産業は漁業である。二〇〇〇年の津島町役場資料によれば、北灘地区全体の一五歳以上就業人口一二二八人のうち、四五二人が漁業をしている。この多くが養殖業にたずさわっている。

北灘地区では真珠養殖、[*5]真珠母貝養殖、[*6]魚類養殖の三つの養殖業がさかんである。[*7]北灘漁業協同組合（以下、北灘漁協）の資料によれば二〇〇五年現在、北灘地区には一二二の養殖業者があり、[*8]そのうち七九業者はアコヤガイを使う真珠母貝か真珠の養殖をする。魚類養殖をするのは五三業者であり、マダイ・ブリ・ヒラマサ・カンパチ・イサキ・シマアジなどを育てる。[*9]

真珠母貝や真珠の養殖は北灘地区全域でさかんである。北灘湾南側の三集落の養殖業者は真珠関連の養殖のみをする。北灘湾北側の一三集落の業者だけが魚類養殖をする。[*10]

(2) 生業の変化——半農半漁から養殖業へ

北灘地区で養殖業が広まったのは四〇年前である。以下では聞き取りと『津島町誌』［津島町教育委員会編 一九七五］、『津島町誌改訂版』［津島町誌編さん委員会編 二〇〇五］、『津島町の地理』［愛媛県高等学校教育研究会社会部会地理部門編 一九八四］をもとに、明治以降に起きた北灘地区の生業の変遷をみていこう。

北灘地区の生業は明治以降、三期に分けられる（図5-4）。第Ⅰ期は一九六〇年まで、第Ⅱ期は一九六〇年から一九六八年まで、第Ⅲ期は一九六八年から現在までである。第Ⅰ期はサツマイモ栽培と集団網漁、出稼ぎを組み合わせていた。第Ⅱ期にはミカン栽培がさかんになり、副業として真珠母貝養殖と真珠養殖、魚類養殖の三つの養殖業が広

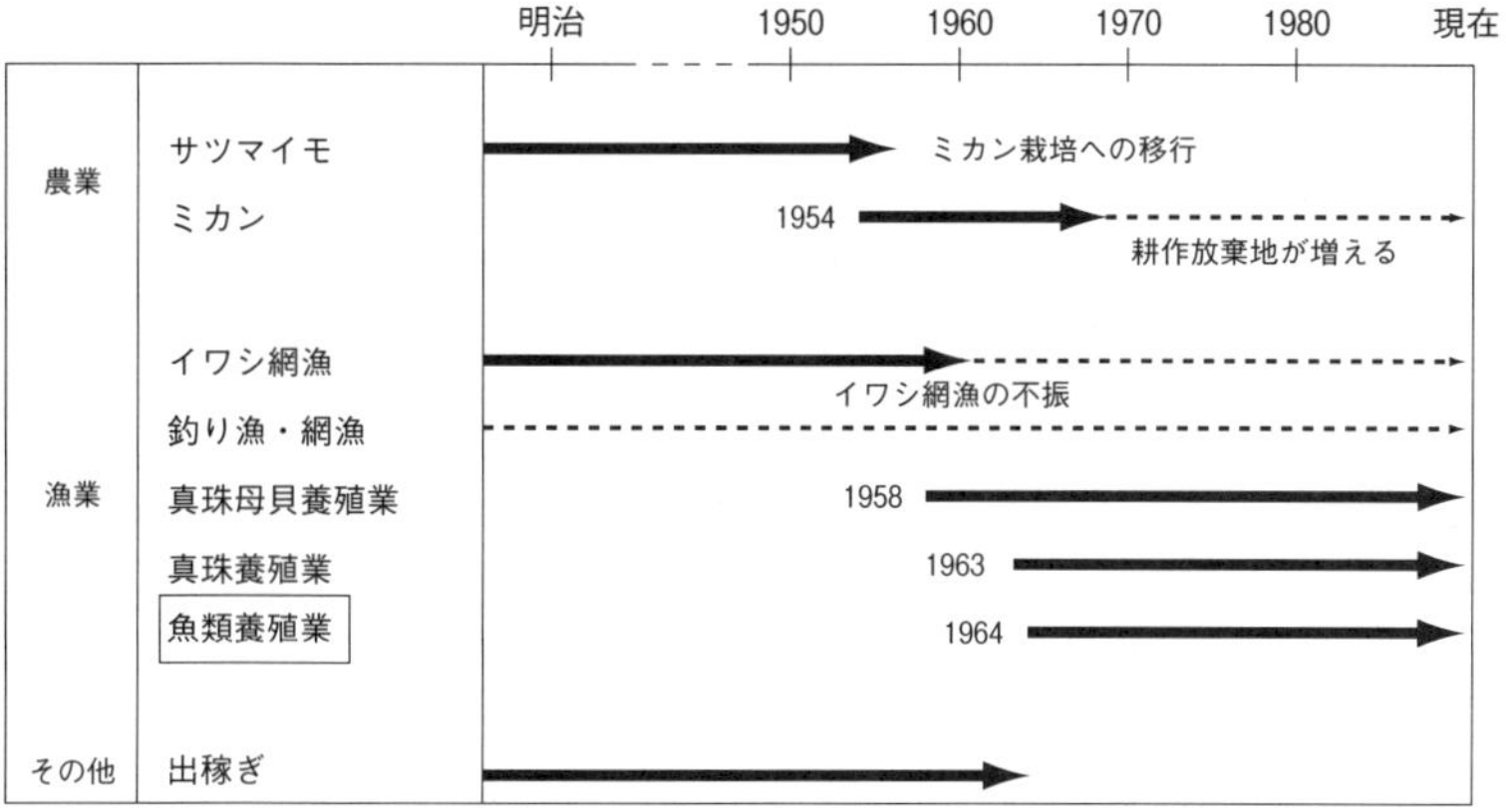

図５－４　北灘地区の生業の変化

注：『津島町誌』［津島町教育委員会編 1975］、『津島町の地理』［愛媛県高等学校教育研究会社会部会地理部門編 1984］と聞き取りより作成。

まった。第Ⅲ期にはミカン栽培が廃れ、三つの養殖業が北灘地区のおもな生業となった。

(i) 第Ⅰ期の生業

第Ⅰ期、北灘地区の人びとは集団網漁、農作物栽培、出稼ぎを組み合わせて生計をたてていた。明治期には養蚕業もさかんだった。海では船ひき網漁や四つ手網漁など、集団網漁をした。一九〇九（明治四二）年、北灘地区には三四ヵ所の漁場と二二艘の網船があり、網元のもとで四四〇戸の網子が働いていた［津島町教育委員会編 一九七五：三四七―三四八］[11]。

背後の山を切り開いた段畑ではサツマイモやムギ[12]をつくっていた。サツマイモは芋焼酎の原料だった。薄く切り乾燥したものを俵に詰めて、船で買いにくる業者に売った。サツマイモは自分の家の食糧でもあり、またムギはほとんど自分の家で食べるものだったという。

出稼ぎは戦前からさかんで、土木建築現場の作業員や物資を運搬する海運業、陸路の運送業などをしていた。自分で船を買って瀬戸内の都市に一時的に移り住んで海運業をする人もいた。出稼ぎに出るのは男性が多く「北灘には女と子どもと老人しかいない」といわれたという。[*13]

第Ⅰ期の網漁は経験と技能が重要で、年齢と技能で昇進する制度があった［津島町誌編さん委員会編　二〇〇五：八六三］。

(ii)　第Ⅱ期の生業

第Ⅱ期にはミカン栽培がさかんで、真珠母貝養殖、真珠養殖、魚類養殖は副業だった。

北灘地区でのミカン栽培は北灘地区の鵜ノ浜集落で一九五四年にはじまった。当時、ミカン栽培で高い収入を得ていた吉田町にあやかったのだという。当時、サツマイモ栽培では収入は年間約一〇万円だったが、ミカン栽培では最低年間一〇〇万円の収入を見込むことができたのだという。北灘地区でミカン栽培が本格化したのは一九六〇年ごろである。一九六〇年代にはほとんどのサツマイモ畑はミカン畑に変わった。ミカン栽培はおよそ一〇年続き、全国的にミカンの単価が下落した影響を受けて一九七〇年ごろから次第に廃れていった。

第Ⅱ期には副業として養殖業もさかんになった。最初にはじまったのは真珠母貝養殖である。一九五四年に三重県の真珠会社が北灘地区に事務所を開いたあとに広まった。[*14] 岩松川河口ではアコヤガイの稚貝がとれたという。真珠会社は真珠の核入れ技術を非公開にし、北灘地区の人びとに稚貝の提供を求めた。そこで北灘地区の人びとは、真珠の核を入れるアコヤガイの稚貝を一年間育てて、真珠会社に売るようになった。アコヤガイの稚貝を売ると大きな儲けがあったという。一九六三年には真珠会社が真珠の核入れ技術を公開し、北灘地区でも真珠養殖がはじまった。また一九六四年には魚類養殖がはじまった。

愛媛県で早くに魚類養殖に成功した養殖業者の一人が津島町須下集落の活魚運搬業者である。[*15] 彼は各地の魚市場を行き来するうち、魚市場でアオモノの魚が不足していることに目をつけて一九六〇年に魚類養殖を手がけた。この業

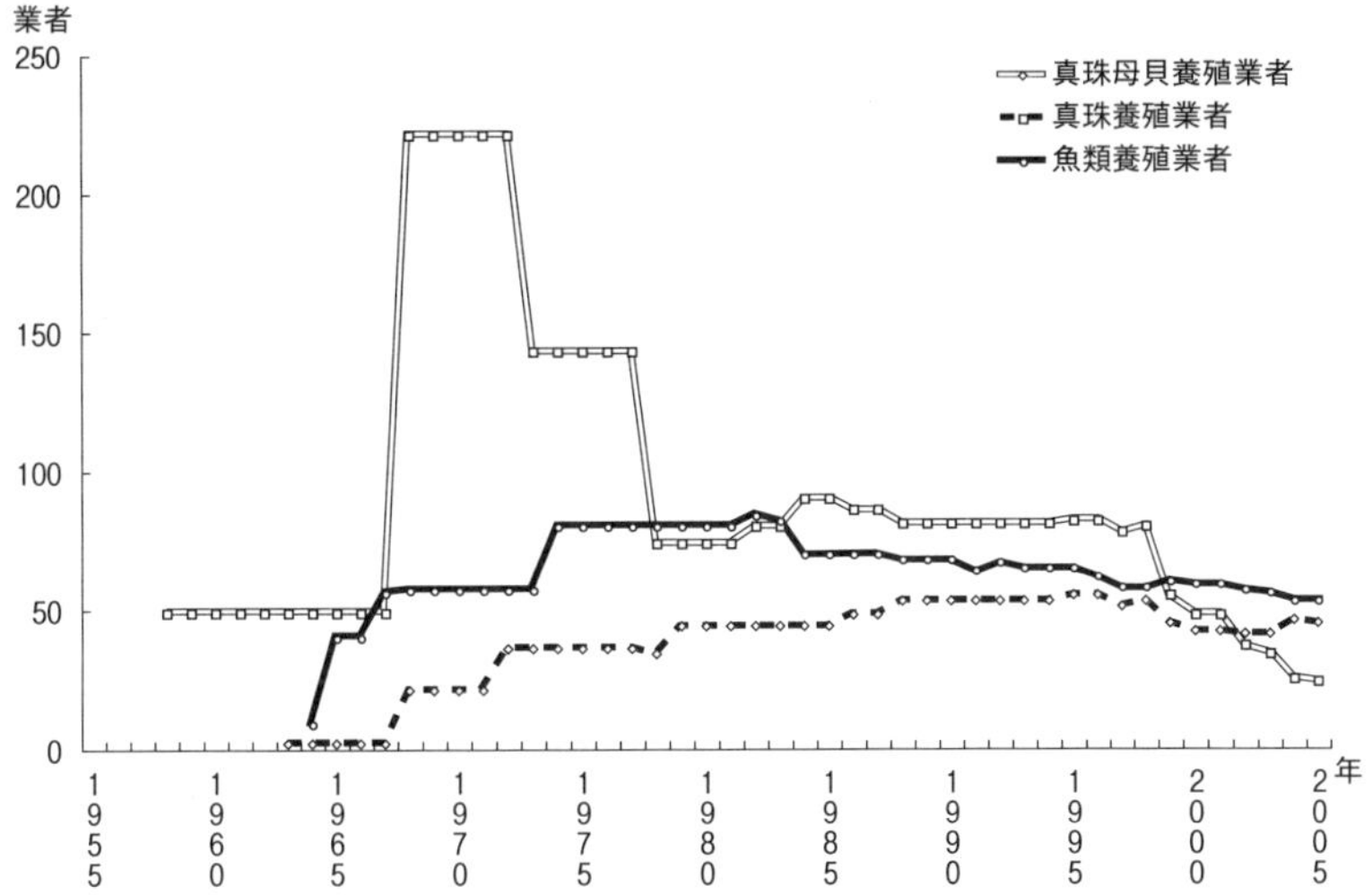

図5－5　北灘地区の養殖業者数の推移

注：北灘漁業協同組合資料より作成。

者の成功で、魚類養殖が高い収入を期待できる産業であることが知られるようになり、周辺地域に広まっていった。北灘地区の魚類養殖も、この成功に追随したのだという。

養殖業がさかんになると、よその地域に移り住んでいた人びとが北灘地区に戻ってきた。真珠母貝養殖や真珠養殖では人手が多いほど高い収入が見込めた。そこで北灘地区の人びとは、ほかの地域に移り住んだ子供や親戚を呼び戻して経営規模を拡げた。大学に進学した子供たちは「大学に行っても将来、お金は儲からない」と説得され、大学をやめて戻ることもあったという。魚類養殖は本業の片手間に「自転車屋さんも床屋さんも」誰でもできる副業ととらえられ、高額の初期投資は必要だったが比較的手軽に儲けられる仕事として広まった。

(iii)　第Ⅲ期の生業

第Ⅲ期の中心的な生業は真珠母貝養殖、真珠養殖、魚類養殖である。

三つの養殖業はミカン栽培や従来の網漁の代わりに広まった。北灘地区では一九四九年の新漁業法制定後も網漁の漁場は網元たちが占有した。しかし一九六〇年ごろから魚がとれなくなり網漁の漁場を使わなくなった。そこで北灘漁協が一九六八年に漁場を買いとって北灘地区の人びとの養殖漁場にした。漁協が漁場を買いとったことをきっかけに、北灘地区では養殖業が急速に広まった。第Ⅱ期には副業だった養殖業は次第に北灘地区の人びとの本業になっていった。

北灘漁協の資料によれば一九六七年以降、三つの養殖業で養殖業者数がもっとも変動したのは真珠母貝養殖である（図5-5）。一九六七年に四九業者だった真珠母貝養殖の業者数は翌年には二二一業者になった。その後一一年間で七四業者まで減った。一九九八年まで大きく変わらなかったが、一九九八年以降アコヤガイが大量に死ぬ現象が起きたのをきっかけに養殖業者数は減っていき、二〇〇五年には二四業者になった。一方、真珠養殖の業者は一九六三年から七九年まで徐々に増え、その後大きな変化がない。

魚類養殖の業者数は導入直後の五年間で九業者から五七業者に増え、一九七四年に八〇業者になった。その後は徐々に減っている。導入当初の魚種はブリだけだったが、一九七四年からマダイ養殖がはじまった。現在では管理が比較的簡単なマダイ養殖が好まれている。

(3) 北灘地区での養殖業の受け入れ方

漁業の技術に注目して、北灘地区での養殖業の受け入れ方をまとめる。

養殖業は従来の集団網漁と同じ海を使う活動だが、その特徴は異なる。集団網漁は伝統的な自然知を組織的な漁撈制度のもとで学び、経験を重ねて一人前になるものだった。

一方、養殖業は科学技術の体系のもとで発展して誰でも手軽にできるもので、導入当初は網漁のような自然に対する豊富な知識は必要ないと考えられていた。以下では自然知が必要ないと考えられていた養殖業の一つである魚類養殖に注目して、その特徴をみていこう。

3　魚類養殖の方法と産業構造

現在、北灘地区の多くの魚類養殖の業者は零細である。以下では北灘地区の魚類養殖の施設、経営規模、生産構造をみていこう。

(1)　北灘地区の養殖漁場

北灘地区の養殖場は北灘湾内と外洋に面した白水《しらみず》、大浜、小《こ》日《ひ》提《さげ》沖にある（図5-6）。北灘湾内の北側半分と白水、大浜は魚類養殖の漁場である。一方、北灘湾の南側半分と小日提沖は真珠関連の養殖場である。魚類の養殖場は、ブリ類の漁場とマダイやスズキなどの漁場に分かれている。ブリ類の漁場は白水の一部と大浜であり、外洋に面している。

漁場利用が現在の形になったのは一九八四年以降である。一九六〇年代の魚類養殖はおもにブリを育てるもので、漁場は北灘湾内で真珠関連の漁場と混在していた。しかしブリ養殖のエサである生魚が赤潮の発生源となり、アコヤガイがう

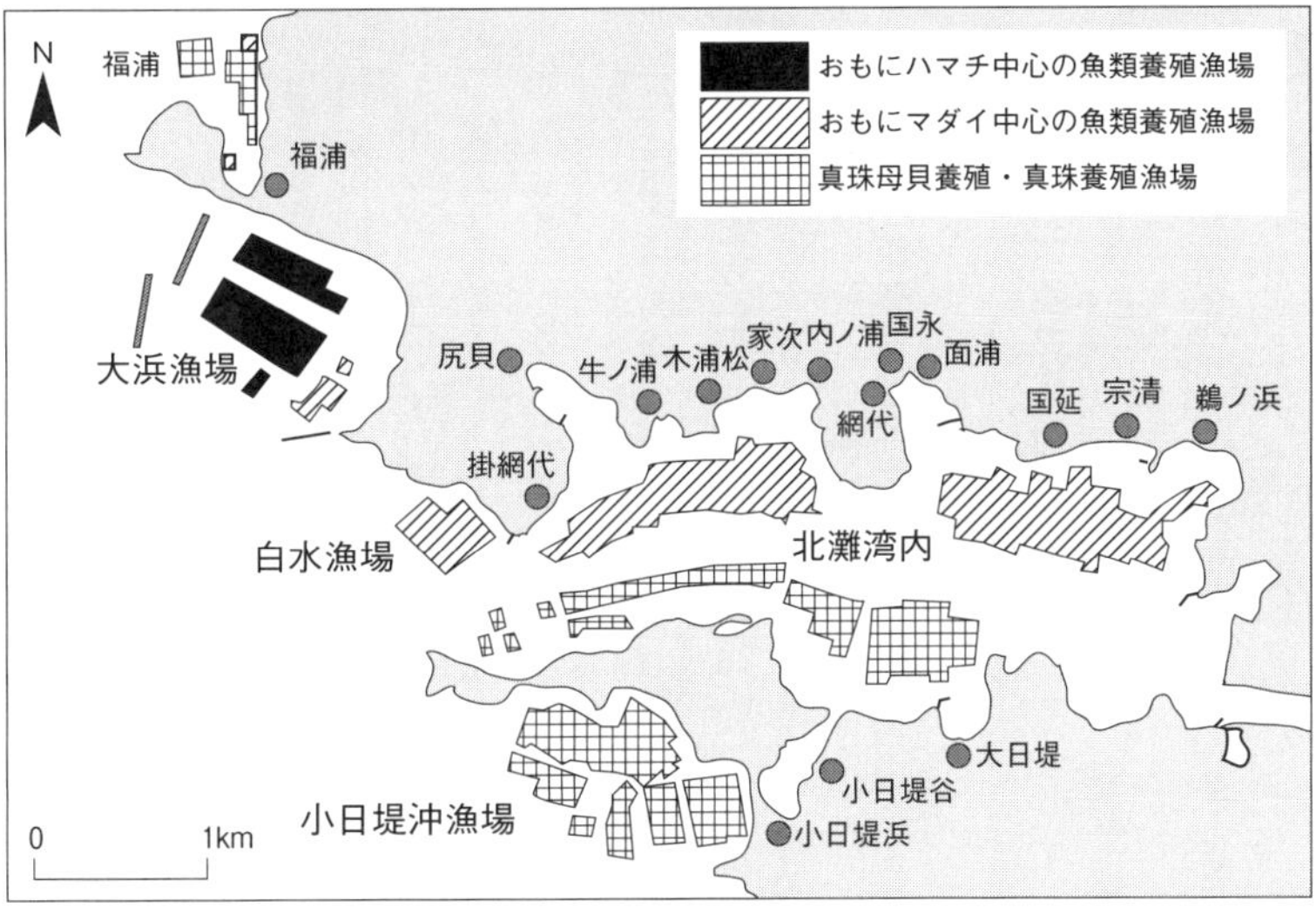

図5-6　北灘地区の漁場の位置

注：聞き取りより作成。

まく育たないことが指摘されたことから、北灘湾の北側と南側で漁場を分けた。

赤潮の問題はその後も続いた。一九七四年にマダイ養殖が本格化すると北灘湾内の漁場が手狭になった。そこで一九八四年に外洋の漁場が完成にともなって、酸欠に弱いブリ類の漁場を外洋に移し、北灘湾内はブリ類以外の漁場にした。ブリは海水一リットルあたりの酸素量が〇・四ミリグラム以下で酸欠死するのに対し、マダイは〇・三ミリグラムまで耐える。マダイのほうが酸欠状態に強いのである。

先に述べたように北灘湾内は水がよどみやすく酸欠状態になりやすい場所であり、本来ブリ養殖に適さなかった。一方、外洋はつねに海水が動き酸欠状態になりにくい場所であり、ブリ養殖には格好の場所だったのである。

(2) 魚類養殖の施設とその規模

北灘地区の人びとは魚を小割式で養殖している。小割式の養殖施設は鋼管製の枠と発泡スチロール製の浮子をつけた筏に、金網や化学繊維製の網を吊すものである。この養殖施設は海底に沈めたオモリや陸上の岩にロープを繋いで固定する。本章では以下、この養殖施設を養殖筏と呼ぶ。

北灘漁協では一辺が一二メートルの正方形の養殖筏を標準としている。北灘地区ではそのほか、一辺が六メートル、一一メートル、一四メートル、一六メートルのものを使う。

北灘地区で使う魚類養殖の筏は、二〇〇六年現在一一三二台であり、養殖筏の総面積は一三・二ヘクタールである。一一三二台のうち、一辺が一二メートルの標準の養殖筏は五五八台あり、もっとも多い。次いで多いのは一辺が一〇メートルの養殖筏で三九八台ある。かつては一辺が二四メートルの養殖筏をブリ養殖に使っていた。しかし大型の養殖筏は病気が広がりやすいという。また波で金枠が折れやすいなど管理がむずかしいと考えられており、現在では北灘地区では使わなくなった。

ブリ類の養殖では、空気を出し入れできる浮子がついていて自由に浮き沈みできる仕組みの養殖筏を使うことが多い。酸素濃度が低いときや波が荒いときなどに水中に沈めておくと、養殖筏の損壊などの被害を最小限にとどめることができる。

(3) 小規模業者の多い北灘地区の魚類養殖業

北灘地区で魚類養殖を営む業者の多くは、規模が小さく、比較的規模が大きい魚類養殖を営む業者はごく一部である。以下では北灘漁協の資料をもとに、魚類養殖の経営面積と漁獲金額からこの地域の経営規模をくわしくみていこう。

経営面積からみると、北灘地区の養殖業は一般に零細である。二〇〇六年の北灘地区における経営面積別養殖業者数は、二〇アール未満が二六業者、二〇アールから四〇アールが一九業者、四〇アールから六〇アールが五業者、六〇アール以上が四業者だった。

北灘漁協に所属する業者は基本的に、一業者あたり、一辺一二メートルの養殖筏に換算して一三台、二〇アールまでを使える。養殖場に空きがあり資金を出すことができれば、さらに多くの養殖筏を設置できる。現在はかつてにくらべれば養殖業者数が減って漁場に余裕がある。しかし北灘地区の魚類養殖業者の半数は養殖筏の総面積が二〇アール以下であり、漁場を拡げていない。養殖筏を増やし手広く魚類養殖を営んでいる業者はほんの一部に過ぎない。

漁獲金額からみても、北灘地区の魚類養殖は一業者あたりの規模が比較的小さい。二〇〇五年の年間漁獲金額をみると、漁獲金額が一億円未満の養殖業者は全体の半数にあたる二七業者である（図5-7）。これらの業者は養殖筏の総面積が二〇アール未満で、家族だけで養殖をすることが多い。一方、年間の漁獲高が三億円を超える業者は三業者のみである。

(4) 魚類養殖を支える産業構造

魚類養殖は大がかりな施設や資材、大量のエサなど、必要なものが多い。また作業のなかには、専門的な知識がいるものも多くある。そこで、エサは飼料業者に、稚魚は水産種苗業者や専門の捕獲業者などの稚魚業者に、魚病の予防と対処は薬品業者に、育てた魚の販売は仲買業者に、使っている最中の漁網の掃除は潜水業者にというように、魚類養殖に関わる専門的な業種が発達している。現在の魚類養殖は関連する専門業者をなくしては成り立たないのである。

魚類養殖の関連産業において養殖業者ととくに関わりが深いのが、魚のエサを供給する飼料業者と育てた魚を買い取る仲買業者である。ほとんどの飼料業者は仲買業者を兼ねている。北灘地区の養殖業者にエサを売る飼料業者はおもなものが六社あり、すべて仲買をしている。

飼料業者が魚の仲買業者をする流通形態は、魚類養殖がはじまったころにできた。地元の漁業者が市場と直接的な関わりがないのは網漁の時代からの伝統である。網漁の時代、この地域では漁業者はとった魚を漁場で仲買業者に売っていた。当時から市場に魚を運ぶのは仲買業者で、漁業者は市場に直接魚を出荷する術をもたなかった。その状

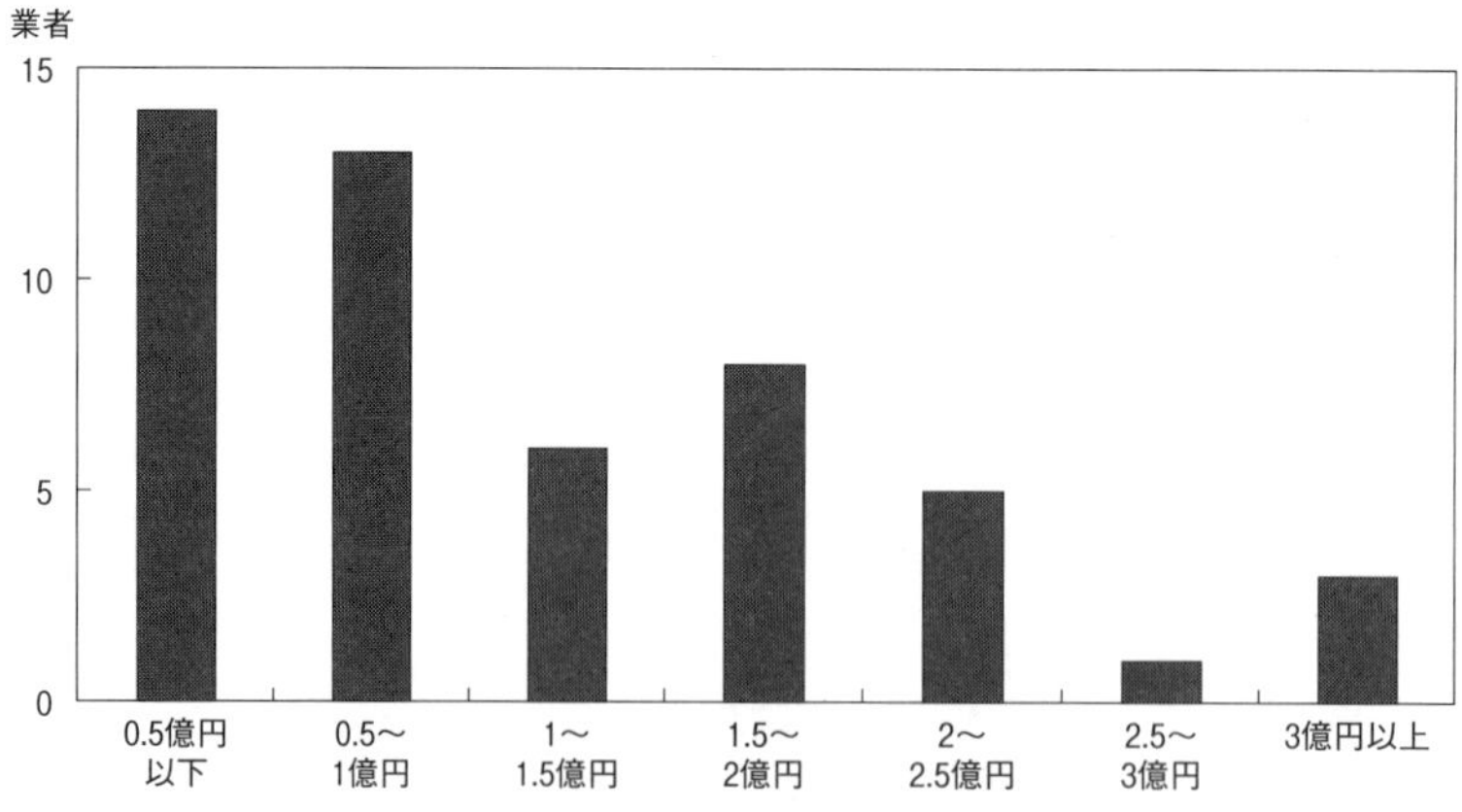

図5－7　北灘地区の漁獲金額別魚類養殖業者数

注：北灘漁業協同組合資料より作成。

況は魚類養殖が広まっても変わらず、養殖業者の多くは仲買業者を頼って魚を売ったのである。

魚類養殖では大量のエサが必要である。養殖業者は当初、エサを魚卸業者から買った。一方で養殖業者は育てた魚の販売に困り、エサを買う条件として魚卸業者に魚の買い取りを要求したのだという。エサを供給する業者が仲買業者をかねる流通形態は、エサが配合飼料に替わったあとも続いた。後進の飼料会社も、それぞれ会社独自に養殖魚を売る販売網をつくることで、飼料の販路を拡げていった。

北灘地区で魚類養殖がはじまった一九六四年には、魚卸問屋を介した養殖魚の販売網はまだ発達途上で、はじめは北灘漁協が養殖魚を集めて出荷していた。一九六〇年代後半になると飼料会社が養殖魚を買い取るようになり、北灘地区では漁協を通して出荷する人たちと飼料会社に直接出荷する人たちが現れた。

養殖業者は飼料業者と結びついて専売契約を結ぶこともある。専売契約を結ぶのは養殖経営面積が二〇アール以下の養殖業者に多いという。この地域では一般に、養殖業者と飼料業者は飼料代を三ヵ月手形でやりとりする。小規模な業者は手形を決済できずに資金繰りに困り、一部の飼料業者から融資を受ける。そのときその飼料業者は融資した養殖業者と育てた魚の専売契約を結ぶのである。

特定の飼料業者と強固な関係をもつ養殖業者を、寺と檀家の関係になぞらえて飼料業者の「檀家」と呼ぶ。「檀家」になると、魚の仲買をする飼料業者は養殖業者の魚をストックとみなすようになり、養殖業者は自分の判断で自由に出荷時期を決めることが難しくなるという。

飼料業者と養殖業者の密接な関わりは、一方では新しい技術を普及しやすくしている。飼料業者は生産効率をあげるために積極的に養殖に関わる新しい技術を伝えようとするのである。では、魚類養殖の作業は実際どうなっているのだろうか。以下では魚類養殖のなかでもブリ養殖に注目して養殖に関わる作業をみていこう。

4　ブリ養殖の工程とエサやり

(1)　ブリの生態と養殖ブリの特徴

まず、ブリの生態学的特徴をみよう。ブリは台湾沖からカムチャツカ半島にかけて棲息する沿岸回遊性の魚である。日本列島の太平洋岸、日本海岸両方にいる。春から夏にかけて北上し、秋から冬にかけて南下する。水温摂氏八度以上の海におり、寿命は七年程度である。産卵場所は房総半島以南の太平洋上、能登半島以南の日本海上と東シナ海にあり、春から夏にかけて産卵する。稚魚は黒潮や対馬海流など、海流にのって運ばれる流れ藻について移動する[田村 二〇〇五]。ブリの稚魚は流れ藻につく性格から、藻につくジャコ、モジャコと呼ばれる。ブリ養殖はこの天然のモジャコを養殖筏で育てる産業である。

養殖ブリは天然ブリとくらべて尻尾が摩耗して短く変形し、魚体の色が黒っぽい。天然ブリには魚体の体側に黄色い線が入るが、養殖ブリでは黄色い線が消えるか、あっても黄土色の不鮮明な線になる。また、養殖ブリは魚体自体が天然ブリよりも丸みを帯びる。養殖ブリの形態的な特徴は養殖する環境やエサの種類などによってできる後天的なものである。

モジャコを製品にするまでに養殖業者は①天然の稚魚を業者から購入し、②ワクチンを打ち、尾数を数えて養殖筏に入れ、③エサやりと④病気の管理をし、⑤出荷するという作業をする。この一連の工程に一年から二年半かける。以下ではこの五つの工程を概観し、その後五つの工程のなかでもとくに重要な③のエサやりに関わる技術の変遷とエサやりの実際をみていこう。

(2) ブリの稚魚が製品になるまで

(i) 稚魚を買い付ける

ブリの稚魚モジャコは、四月から七月にかけて稚魚業者から買う。モジャコはおよそ三センチから五センチほどの大きさである。モジャコをとるのは稚魚業者である。稚魚業者は、四月から七月にかけて、高知県沖や鹿児島県沖の太平洋、宮崎県沖の豊後水道などで網を使ってモジャコをとっている。とったモジャコは稚魚業者が港で生かしておき、漁協や飼料会社などを通じて養殖業者に売り込む。

養殖業者は一般に、稚魚を自分で確認して買う。養殖業者はモジャコを買うと、あらかじめ自分で手配しておいた活魚運搬船にモジャコを移し、その日のうちに自分の養殖筏がある漁場まで運ぶ。

(ii) 養殖筏に入れる

買ったモジャコは仮の養殖筏に入れておき、数日後、養殖筏の環境に慣れたころ、一尾一尾に魚病のワクチン注射をして、数を数えて養殖筏に入れる。一つの養殖筏に二万尾のモジャコを入れる。魚病のワクチン注射はイリドウィルス症、連鎖球菌症、ビブリオ症などの発症を防ぐためのものである。魚病のワクチン注射はここ五年ほどのあいだに必ずやるようになった。

(iii) エサやり

養殖筏に入れると、数日間、モジャコが筏内の環境に慣れるまでエサを与えずに放っておく。モジャコが養殖筏の環境に慣れてきたら少しずつエサを与える。魚類養殖では、エサやりはもっとも重要な作業である。ブリは肉食性の魚で、大量にエサを準備して与えなければならない。

エサやりには現在、配合飼料を使う。エサやりは機械でやるか手で播く。エサをやる機械にはベルトコンベアー式のノズルを伸ばして養殖筏の真ん中までエサを運んで落とすものと、コンプレッサーの空気圧で養殖筏の中央を狙ってエサを飛ばすものがある。近年は機械化が進み、手で播くことはほとんどない。

稚魚のうちは毎日エサをやる。四月から七月にかけてモジャコを入れ、一二月ごろまで毎日エサやりをする。一二月には魚体の重さがおよそ一キログラムになる。そのころからは一日おきにエサやりをする。エサやりは短い場合で一年、長い場合で二年ほど続ける。このエサやりについてはあとでくわしく述べる。

(iv) 消毒・投薬

養殖ブリにはおもなものだけで二〇種類の病気がある。これらの病気は天然ブリにはなく、養殖ブリだけに発症する。養殖ブリの病気は自然環境にくらべてはるかに高い個体密度や種類の少ないエサが原因となって発症するという。二年間養殖すると、養殖筏のなかの魚は病気などで一割程度が死んでしまう。

養殖筏のなかは個体密度が高い。養殖業者は「魚の養殖は目方商売だ」といい、一つの養殖筏になるべく多くの魚を入れて育てようとする。しかし個体密度を高くすると細菌性の病気やウィルス性の病気、寄生虫などにかかりやすい。細菌性の病気にはビブリオ菌症、ノカルジア症、類結節症、ミコバクテリア症、連鎖球菌症、黄疸などがある。ウィルス性の病気にはイリドウィルス症があり、寄生虫には嚢虫やベネデニア・セリオレやネオベネデニア・ギレレなどのハダムシ類がある。ほかにエサの偏重によるビタミン不足などによって起こる症状もある。

細菌やウィルスは魚体の部分的な壊死や魚の死亡の原因となり、寄生虫は背骨の湾曲など変形の原因になる。寄生虫がついて魚が暴れた結果、体表面にできた傷からウィルスや細菌が入り、病気を引き起こすこともある。

魚が病気になると抗生物質を与える。抗生物質を与えたブリは一週間ぐらいエサを食べないという。養殖業者たちは抗生物質が苦く、魚が苦いエサの味を覚えて嫌うからだと説明する。病気は水の温かい夏に発症しやすい。かつては夏場に病気が治まらず、投薬によって魚がエサを食べない日が続いて魚が大きくならなかったという。多いときには夏だけで養殖筏の半分が死んでしまうこともあったという。寄生虫がついたときには過酸化水素水のプールをつくって沐浴させて駆除する。

現在は連鎖球菌症とイリドウィルス症、ビブリオ症のワクチンが開発されている。ワクチンが普及して病気が減り、抗生物質を投与する回数が著しく減ったという。現在では、年に二回程度抗生物質を与える。ワクチンが登場して薬代は大幅に減ったという。

(v) 出荷

育てたブリは養殖筏一台分およそ一万八〇〇〇尾を活魚運搬船に載せて市場に運ぶか、出荷場で一匹ずつしめて発泡スチロール容器に入れ氷漬けにしてトラックで市場にもって行く。養殖業者たちの仕事は船やトラックに育てた魚を積み込むまでである。

最近まで活魚運搬船に載せて運び、魚市場が魚を管理して売るのが一般的だった。この方法では市場が一つの養殖筏のなかのブリをすべて売るまでに一週間ほどかかる。魚の重さは魚市場に並べる直前に計る。ブリは出荷直前までエサを与えず生かしており、魚市場に並ぶまでにやせてしまうという。ブリはエサを与えないと、一週間で五〇〇グラムぐらい体重が減るのだという。養殖業者たちは、せっかく魚を仕上げてもこの体重が減った分を収入として手に入れることができず、魚市場の人たちが魚を不当に安く計算しているという不満をもっていた。

二〇〇〇年ごろから養殖業者が魚を自動でしめる機械を取り入れるようになり、養殖業者がしめて仲買業者がトラックで市場に運ぶことも多くなった。この方法では出荷用のブリを必要な分だけ出荷場にもってきてその場でしめることができ、魚の重さが減る心配がない。現在でも魚をしめる機械をもたない養殖業者は船で魚を出荷している。

(3) エサやり作業の実際

(i) エサの種類とエサの変遷

北灘地区の養殖業者が使うエサは現在ではすべて配合飼料である。配合飼料は魚粉とコーンなどの穀物粉、魚肉、魚の脂を混ぜ固まりにしたペレット状のエサである。魚肉にはカタクチイワシ、ホッケ、サバなどを使う。

配合飼料にはモイストペレット（ＭＰ）やエクストルーダーペレット（ＥＰ）という種類があり、現在ではＥＰを使うことが多い。ＭＰは原料を練って圧力をかけて塊状にした生のエサである。ＭＰは柔らかく、指でつぶせる。ＭＰは養殖業者が自分でつくるものと飼料業者が売るものがある。一方、ＥＰは原料を練って小さい塊にして焼き固めたものである。直径は五ミリほどから三センチほどまで種類がある。ＥＰは固く、指でつぶすことは難しい。ＥＰはすべて飼料業者がつくっている。ＭＰはもともと水を含んでおり、海水につけてもほとんど膨らまないのに対し、ＥＰは乾燥していて、水につけると三倍から五倍の体積に膨らむ。ＭＰやＥＰを使うようになったのは最近のことであり、以前は生の魚をエサにしていた。以下ではエサをとりまく技術的な変遷をみていこう。

ブリ養殖がはじまったころのエサやりでは、冷凍した生の魚を細かく砕き、水で養殖筏に流し込むか、ミンチにした魚を冷凍して養殖筏につるして海水で溶かして与えていたという。これらの方法ではエサがうまく沈まず、効率的なエサやりができなかったという。また生エサをやると、エサにする魚の血液や脂が海面に浮遊したという。さらに養殖ブリが食べなかったエサが沈むと海底に溜まってヘドロになり、赤潮の発生源になっていた。一九七〇年代、夏には赤潮が出て海が真っ赤になり、冬になると海水で冷えて固まった魚の脂がテニスボール大の球になって海岸に打ちよせたという。

赤潮になると養殖筏のまわりの海水が酸素欠乏状態になり、ブリが大量に死んでしまう事故が起きる。一九八三年には赤潮により多くの養殖ブリが死んでしまった。ブリが大量に死んだことで養殖業者が資金難になりエサ代を払えなくなって、資金を貸し付けていた漁協の経営状態まで悪化する事態が起きたという。

この事件と前後して、新たに大浜漁場が整備され、ブリ養殖の漁場が北灘湾内から湾外へと移った。さらに一九九三年には配合飼料のＭＰを導入した。ＭＰの導入と同時に、生の魚を使う方法は水質汚染の原因となるとして禁止になった。[*16] 一九九五年ごろになるとドライペレット（ＤＰ）という配合飼料を使うようになった。このＤＰはＭＰを乾燥して固形にしたものである。ＤＰではエサに魚の脂を多く混ぜることが難しく、養殖業者にはあまり人気がなかったという。二〇〇〇年ごろになって、ＥＰを使うようになり固形のエサが普及した。現在ではブリにＭＰをやる人びとは減り、ＥＰだけを使ってブリを育てる業者が増えている。[*17]

養殖用のエサの変遷は、北灘地区の人びとにとっては、酸欠と魚の大量死をまねく赤潮対策の試行錯誤だった。その試行錯誤は結果的にエサやりを効率化した。生の魚をエサにしていたときには、魚がエサを食べずに、エサが海底に沈んだり海中に拡がったりすることが多く、それが赤潮の発生する原因になっていた。魚がエサを食べなければエサを海に大量に捨てているのと同じで、作業効率が悪くなる。そこで適度に沈むエサや魚が食べやすい大きさのエサが開発され、養殖のエサやり作業はいっそう効率的になっていった。以下ではエサの技術革新によってエサやり作業がどれほど効率的になるのかを、ＭＰによるエサやりとＥＰによるエサやりを比較してみていこう。

(ii) ＭＰによるエサやりとＥＰによるエサやり

一度にブリにやるエサの量は飼料の種類によって違う。ＭＰでは一尾に一度あたり一八〇グラムを目安にして与える。ブリ二万尾を飼う養殖筏では、一度に与える量は三・六トンである。与える量はあらかじめ計算しているが、必ず予定した量を与えるわけではなく、ブリがエサを食べないときには〇・九トン程度でエサやりをやめてしまうこともある。

一方EPでは、一度に一尾あたり六〇グラムを目安にする。二万尾が入った養殖筏では、一度に一・二トンのエサをやる。DPやEPをやるときには、一度にやるエサの量はほとんど変えない。EPはMPとくらべて、日々エサをやる量に変化がない。

以下では具体例を示して、MPをやる場合とDPやEPをやる場合の作業を比較しよう。表5-1は、MPをやる人とEPをやる人の作業時間を、同じ時期でほぼ同じ天候の日を選んで比較したものである。A氏とB氏は同じ養殖会社でブリを担当する同僚である。A氏は八台のブリ養殖筏と二台のヒラマサ養殖筏を担当して、すべての養殖筏にMPを与えている。一方、B氏は六台のブリ養殖筏を担当し、すべての養殖筏にEPを与えている。

表5-2は表5-1に示したA氏とB氏の作業内容ごとの時間をまとめたものである。仕事時間はA氏が六五〇分、B氏が六四〇分で、ほぼ同じだった。魚にMPを与えるA氏は、朝から夕方までブリとヒラマサの養殖筏合計五台のエサやりをしていた。A氏がエサやりに費やした時間は四四四分であり、その準備と片付けに九九分をかけ、エサやりに関わる仕事の合計時間は五四三分だった。一方、EPをブリに与えるB氏は、A氏とほぼ同じ時間のなかで三つの仕事をした。B氏がエサやりに費やした時間は二八二分であり、その準備と片付けに三五分かけており、エサやりに関わる仕事の合計時間は三一七分だった。

ブリのエサやりのみをみると、この日、A氏がエサやりをしたブリの養殖筏は三台だった。その作業の合計時間は三三〇分だった。A氏はブリ養殖筏一台あたり平均一一〇分かけ、各養殖筏に平均三・四トンのエサを与えた。A氏はエサやりの準備と片付けのときに四人で仕事をしたが、エサやりは一人でした。一方、B氏はこの日、六台のブリ養殖筏にエサやりをした。ブリ養殖筏一台あたり平均四四分かけ、各養殖筏に一・二トンずつエサをやった。B氏は船にエサを積み込むときに一人の手助けを借りたが、エサやりの準備やエサやり、片付けは一人でした。

この結果から、MPを使うとEPの一・七倍の時間がかかり、三倍の量のエサをやる必要があることがわかる。仮にB氏がブリにMPを与えたとしたら、養殖筏六台分で六六〇分（一一時間）かかる計算になり、実際上MPを使って一日六台のブリ養殖筏にやることはできない。一方、仮にB氏が、A氏がエサやりをしたのと同じ時間だけEPを使ってエサやりをしたとすると、一二・二台のブリ養殖筏にエサやりできることになる。実際、観察では一人が一日に一一台の養殖筏にEPを与えている例もあった。

この試算からわかるように、エサの改良によりエサやり作業は飛躍的に効率化した。エサやり作業が効率化すると、結果的に一人が管理できる養殖筏の数が増えた。北灘地区ではEPを使うようになってから養殖筏の数が増え、新たに養殖筏の設置場所がつくられた。

エサにEPを採用することで、エサやり作業中に自然の変化の影響を受けることが少なくなった。そして自然の変化による作業の中断がほとんどなくなった。エサやり作業が、自然に影響されやすい仕事からマニュアル的なルーティンワークになったとみることもできる。

(iii) エサに対する評価

エサやり作業が効率化するのであれば、すべての業者がEPだけを使うようになっていくのではないかと思える。しかし表5-1で示したように、MPは現在でも使われている。MPとEPを養殖業者はどのように評価しているのだろうか。以下では、それぞれのエサを使う養殖業者の立場の違いに注目して、養殖業者たちのエサに対する評価をみていこう。

ルーダーペレット（EP）によるエサやり作業の比較

2007年3月2日エクストルーダーペレット（EP）を使ったエサやりの事例［B氏］
天気：終日晴れ，北西の風・微風

時間	作業内容	作業時間	作業人数
7：05～7：07	マダイの出荷のため，出荷場へ車で移動。	2分	11人
7：07～7：12	魚の重さを計測する秤を出し，1台目の出荷用トラックからマダイを入れるケースを下ろして，ケースの重さを量ったうえで出荷作業場にベルトコンベアで送る。	5分	11人
7：12～7：38	トラック1台目の出荷。重さに応じて，マダイを選別して，ケースに指定された尾数ずつ入れていく。このとき使ったケースは6尾入りのものと8尾入りのもの。	26分	11人
7：38～7：43	2台目の出荷用トラックからマダイを入れるケースを下ろして，出荷作業場にベルトコンベアで送る。	5分	11人
7：43～8：12	トラック2台目の出荷。	29分	11人
8：12～8：16	3台目の出荷用トラックからマダイを入れるケースを下ろして，出荷作業場にベルトコンベアで送る。	4分	11人
8：16～8：36	トラック3台目の出荷。	20分	11人
8：36～8：40	秤やベルトコンベアを洗うなど，出荷場を片付ける。	4分	11人
8：40～8：42	作業場に戻る。	2分	11人
8：42～9：08	同僚と朝食をとり，仕事の打ち合わせをする。	26分	11人
9：08～9：26	フォークリフトを使いEPの飼料袋を作業上の船着き場に移動。	18分	1人
9：26～9：30	船の係留場所から作業場前に船を移動する。	4分	1人
9：30～9：37	機械を使って船にEPの袋360袋，7.2tを積み込む。	7分	2人
9：37～9：42	発泡スチロール製の浮子2つをもってきて船に積み込む。	5分	1人
9：42～10：13	作業上から大浜の養殖漁場へ移動。	31分	1人
10：13～10：19	船をロープで養殖筏に固定し，エサを空気圧でとばすためのホースを取り付け，エサやりの準備をする。	6分	1人
10：19～10：23	死んで腐ったハマチの死骸を取り除くため，養殖筏に降りる。同時に魚の状態をチェックする。	4分	1人
10：23～10：55	1台目のハマチ養殖筏に60袋のEP飼料1.2tをやる。	32分	1人
10：55～11：03	養殖筏の浮子に入れた空気を抜いて，養殖筏を海中に沈める。沈みはじめたのを確認し筏と船を固定していたロープをほどく。完全に養殖筏が沈むのを確認する。	8分	1人
11：03～11：05	次の養殖筏に移動する。	2分	1人
11：05～11：07	船をロープで養殖筏に固定しエサやりの準備をする。	2分	1人
11：07～11：42	2台目のハマチ養殖筏に60袋のEP飼料1.2tをやる。	35分	1人
11：42～11：45	養殖筏の浮子に入れた空気を抜いて，養殖筏を海中に沈める。沈み始めたのを確認して筏と船を固定していたロープをほどく。完全に養殖筏が沈むのを確認する。	3分	1人
11：45～11：50	次の養殖筏に移動する。	5分	1人
11：50～11：53	船をロープで養殖筏に固定しエサやりの準備をする。	3分	1人
11：53～12：35	3台目のハマチ養殖筏に60袋のEP飼料1.2tをやる。途中，潮の変わり目でハマチが驚き，エサを食べない時間があったので，4分間様子見をした。	38分	1人
12：35～12：53	破損していた発泡スチロール製の浮子2個を取り替える。	18分	1人
12：53～12：55	養殖筏の浮子に入れた空気を抜いて，養殖筏を海中に沈める。沈みはじめたのを確認し筏と船を固定していたロープをほどく。	2分	1人
12：55～13：00	次の養殖筏に移励する。	5分	1人
13：00～13：02	船をロープで養殖筏に固定しエサやりの準備をする。	2分	1人
13：02～13：38	4台目のハマチ養殖筏に60袋のEP飼料1.2tをやる。	36分	1人
13：38～14：08	船のエンジンを切り，昼ご飯を食べる。	30分	1人
14：08～14：12	養殖筏の浮子に入れた空気を抜いて，養殖筏を海中に沈める。沈みはじめたのを確認し筏と船を固定していたロープをほどく。完全に養殖筏が沈むのを確認する。	4分	1人
14：12～14：17	次の養殖筏に移動する。	5分	1人
14：17～14：18	船をロープで養殖筏に固定しエサやりの準備をする。	1分	1人
14：18～14：56	5台目のハマチ養殖筏に60袋のEP飼料1.2tをやる。	38分	1人
14：56～15：00	養殖筏の浮子に入れた空気を抜いて，養殖筏を海中に沈める。沈みはじめたのを確認し筏と船を固定していたロープをほどく。完全に養殖筏が沈むのを確認する。	4分	1人
15：00～15：03	次の養殖筏に移動する。	3分	1人
15：03～15：05	船をロープで養殖筏に固定しエサやりの準備をする。	2分	1人
15：05～15：45	6台目のハマチ養殖筏に60袋のEP飼料1.2tをやる。	40分	1人
15：45～15：55	EPの入った袋を置いていたフォークリフト用パレットを一箇所に集め，EPの袋をまとめ，船のデッキを海水で洗浄する。	10分	1人
15：55～16：10	破損した発泡スチロール製の浮子1個を取り替える。	15分	1人
16：10～16：16	養殖筏の浮子に入れた空気を抜いて，養殖筏を海中に沈める。沈みはじめたのを確認し筏と船を固定していたロープをほどく。完全に養殖筏が沈むのを確認する。	6分	1人
16：16～16：18	近くの同僚と仕事の打ち合わせをする。	2分	1人
16：18～16：55	作業場に戻る。	37分	1人
16：55～17：05	フォークリフト用のパレットやEPの空袋を機械を使って下ろし，船を係留場所に移動する。	10分	2人
17：05～17：43	養殖筏で使う網の修繕をして同僚の帰りを待ち，帰ってきたのを確認して作業を終了する。	38分	7人

るまでをひとつの行程とみなし計算した。

表5-1　モイストペレット（MP）とエクスト

2007年3月3日モイストペレット（MP）を使ったエサやりの事例［A氏］
天気：終日曇り，無風

時間	作業内容	作業時間	作業人数
7：25～7：30	船の係留場所から作業場前に船を移動する。	5分	1人
7：30～8：13	破砕機で凍った生魚を細かく砕いて船倉に積む。船には配合飼料をつくる釜が2つあり1釜目と2釜目の配合飼料（合計600kg）をつくって漁場に到着後すぐにエサをやれる状態にする。	43分	4人
8：13～8：46	作業場から大浜の養殖漁場へ移励。	33分	1人
8：46～8：49	ハマチ養殖筏にロープで船を固定しエサやりの準備をする。	3分	1人
8：49～10：59	1台目のハマチ養殖筏に13.7釜分（4.1t）のエサをやる。300kgを9分から10分のペースで与えていく。	130分	1人
10：59～11：02	養殖後の浮子に入れた空気を抜いて，養殖筏を海中に沈める。沈みはじめたのを確認して筏と船を固定していたロープをほどく。養殖筏は予め別の人が浮子に機械を使って空気を入れて，海面に浮かした状態にしてあり，空気を抜いて沈めるだけがA氏の仕事である。	3分	1人
11：02～11：09	次の養殖筏に移動する。	7分	1人
11：09～11：10	ハマチ養殖筏にロープで船を固定しエサやりの準備をする。	1分	1人
11：10～12：53	2台目のハマチ養殖筏に11.5釜分（3.5t）のエサをやる。	103分	1人
12：53～12：56	養殖筏の浮子に入れた空気を抜いて，養殖筏を海中に沈める。沈みはじめたのを確認し筏と船を固定していたロープをほどく。	3分	1人
12：56～12：59	次の養殖筏に移動する。	3分	1人
12：59～13：01	ヒラマサ養殖筏にロープで船を固定しエサやりの準備をする。	2分	1人
13：01～13：18	船のエンジンを切り，昼ご飯を食べる。	17分	1人
13：18～14：07	1台目のヒラマサ養殖筏に3.3釜分（1t）のエサをやる。ヒラマサは一度に食べる量が少なく，エサを食べるのに時間がかかるため300kgを与えるのに14分程度かける。	49分	1人
14：07～14：10	養殖筏の浮子に入れた空気を抜いて，養殖筏を海中に沈める。沈みはじめたのを確認して筏と船を固定していたロープをほどく。	3分	1人
14：10～14：12	次の養殖筏に移動する。	2分	1人
14：12～14：13	ヒラマサ養殖筏にロープで船を固足しエサやりの準備をする。	1分	1人
14：13～15：10	2台目のヒラマサ養殖筏に3.8釜分（1.1t）のエサをやる。	57分	1人
15：10～15：12	養殖筏の浮子に入れた空気を抜いて，養殖筏を海中に沈める。沈みはじめたのを確認して筏と船を固定していたロープをほどく。	2分	1人
15：12～15：15	次の養殖筏に移動する。	3分	1人
15：15～15：17	ハマチ養殖筏にロープで船を固定しエサやりの準備をする。	2分	1人
15：17～16：37	3台目のハマチ養殖筏に9釜分（2.7t）のエサをやる。（16：20から16：25の間に船倉に入り，余ったエサの生魚を集める）	80分	1人
16：37～17：13	生魚を入れていた船倉と攪拌用の釜を洗浄する。	36分	1人
17：13～17：15	養殖筏の浮子に入れた空気を抜き，養殖筏を海中に沈める。沈みはじめたのを確認して筏と船を固定していたロープをほどく。	2分	1人
17：15～17：18	養殖筏につけた発泡スチロール裂の浮子が潮に流されて筏のフレームに引っかかりそうになっているのを発見し，浮子にロープをかけて巻き取り機で引っ張ってよける。	3分	1人
17：18～17：23	予備として浮かせていた養殖筏に移動。	5分	1人
17：23～17：30	予備の養別筏の浮きに入れた空気を抜いて，養殖筏を海中に沈める。完全に沈むのを確認する。	7分	1人
17：30～18：02	作業場に戻る。	32分	1人
18：02～18：15	魚粉を3袋1.5t積み込み，翌日の用意をする。船を係留して作業を終わる。	13分	4人

注：この表は同じ会社に勤める2人の作業を比較したものである。天候が似かよった連続した2日間をとりあげた。

B氏の表にあるマダイの出荷の出荷量、尾数は、インフォーマントとの約束により記載していない。

作業時間の合計値の「エサやり」は船をひとつの養殖筏に固定するところから養殖筏を海中に沈め終えて養殖筏から離れ
作業時間の合計値の「エサやりの準備・片付け」は魚にエサをやる以外の作業の合計値である。

観察より作成。

表５−２　Ａ氏とＢ氏の作業時間の合計値

作業内容	Ａ氏	Ｂ氏
移動	90分	96分
エサやりの準備・片付け	99分	35分
エサやり	444分	282分
出荷	０分	93分
養殖筏の修繕	０分	38分
網の修繕	０分	38分
休憩	17分	56分
その他	０分	２分
合計	650分	640分

注：表５−１のそれぞれの作業時間を合計して作成。
表の「エサやり」は船を養殖筏につけるところから、エサやりを終えて筏を離れ、筏が海に沈むのを確認するまでの時間の合計である。
観察より作成。

現在、北灘地区にはすでにＭＰだけを使ってブリを育てる業者はいない。稚魚を買ってから出荷するまでＥＰだけを使う業者が多くなっているのは事実である。しかしＥＰが優勢になった現在でも、ＭＰにこだわりをもつ養殖業者もいる。ＭＰを使う業者でも一年目はＥＰを使い二年目からＭＰを使う、というようにＥＰも併用している。また二年目から一部はＭＰにし、一部はＥＰにするというように養殖筏ごとにエサを使い分けることもある。このように現在では、魚類養殖をする業者はだれでもＥＰを使うようになっているが、ＭＰも根強く使われ続けており、現在のところＥＰだけが使われるようになっていく兆候はみえていない。ＭＰとＥＰの両方を使う業者は北灘地区のなかでも比較的多くの養殖筏をもち規模が大きい魚類養殖をしている。筆者の観察と聞き取りではＭＰを使ってブリ養殖をするのは一六業者のうち五業者だった。ＥＰだけを使う業者は家族経営で零細な業者が多い。

前節でみたように、ＭＰを使うと、一人で管理できる養殖筏の台数には限界がある。ＥＰを使うと養殖筏の数を増やすことができる。そこで規模の小さい養殖業者たちはＥＰを使って、なるべくたくさんの魚を飼おうとするのである。

ＭＰとＥＰの両方を使う業者たちは、ＭＰのほうが良いエサだと説明する。ＭＰを使う業者は、ＭＰで育った魚は形がすらっとして美しく、肉質がよい上に、養殖にかかるコストが安いと考えているのである。[*18]

魚体がすらっとしていれば、魚体が長いと評価される。魚体が長ければ、切り身を一つ多くつくることができ、スーパーなど小売りの現場にとっても良い魚だという。もう一つMPを使うメリットは、黄疸などの死にいたる病気に魚がかかりにくくなることだという。また、自分で原料を加工して飼料をつくることが多く、飼料会社が工場でつくっているものより安く飼料をつくることができるのだという。

一方、MPとEPの両方を使う養殖業者たちは、EPを使うと、清潔で作業が楽な反面、油っぽくなり肉質があまり良くないと考えている。またEPを使うと病気にかかりやすくなり死亡率が高くなる。飼料代も高く、資本の回収率が低いと考えている。両方のエサを使う人びとは、養殖の魚であっても育てるのに十分な手間暇をかけてこそよい魚ができるのであって、EPを与えても十分な出来は期待できないと考えているのである。MPにこだわりをもつ人びとは、魚にEPを与える仕事を「それなりの商品を売るアルバイト気分の仕事」と語る。もっともMPを与えて魚を育てることとEPを与えて魚を育てることのどちらが優れているかといえば、それぞれ一長一短があり、客観的に評価しづらい。むしろ、ここではそうした二つの立場から養殖業者たちがエサを語っているという事実が重要である。

MPとEPの両方を使う人びとのこのような評価に対して、EPのみを使う人びとは、MPは単価が安いものの作業効率がわるく不潔で、魚が大きくなりにくく、良いところのないエサだと評価している。逆にEPについては、多少コストが高いものの清潔で作業が楽で、魚は早く大きくなるし、EPをやったほうが肉質の良い魚ができると考えている。

以上のように、EPとMPを使う業者とEPのみを使う業者では、それぞれのエサについての評価が違う。そもそも養殖のエサに対する評価に違いが出るのは、養殖業者たちのあいだで絶対的な理想の魚という基準がないからである。養殖業者たちにとっては決して、自然の魚が理想の魚ではない。育てた魚の出来の善し悪しについては、傷や奇形などの明らかな欠陥を除けば、地域に共通した合意や理解はない。どのような魚が良くどのような魚が悪いかは、それぞれの業者が市場の需要やその業者の経営状況を分析した結果にもとづいて決めている。つまり養殖の飼料としてEPを選ぶかMPを選ぶかは、薄利多売戦略を選ぶのか低コストハイリターンを選ぶのかという、それぞれの養殖業者の経営戦略に関わる問題になっているのである。

5　ブリのエサやりにみる養殖業者たちの自然観察

北灘地区の魚類養殖は海に養殖筏を設置している。海という自然の一部を使って養殖をすることは、海上での作業が海水温や潮の流れ、波の高さなど刻々と変化する自然環境に対応しなければならないということである。

先に述べたように、EPを使うとエサやりの作業時間が短くなる。作業時間が短くなればなるほど、エサやりのあいだに海の状態が変化する状況に立ち合う可能性が少なくなるということであり、海の変化を読み取る必要性は減る。一方、MPでのエサやりでは、少なくともEPのおよそ三倍の時間を一つの養殖筏にかけなければならない。必然的にMPをやる場合には、養殖業者たちは海の状況の変化に対応する機会が増える。MPを使ったエサやりでは、この海の状況の変化に対応することこそが、作業を効率的にする手段である。しかし、どちらのエサを使うにしても、海の変化をまったく無視してはエサやり作業はできない。本節ではエサやりがどのような自然の変化に影響されるのか、また養殖業者は自然の変化から何を読み取るのかをみていこう。

エサやり作業に影響を与える自然の変化の代表的なものは太陽光の差し方、潮の流れ、海水温度、海中酸素濃度である。以下では、筆者がエサやりに同行して現場で養殖業者といっしょに観察をしながら聞き取った内容から、それぞれの項目をみていく。

(1) 太陽光の差し方

ブリは光の変化に敏感である。空が雲に覆われているときに雲の切れ間から突然日光が差すような突然の光量の変化があると、ブリは驚いて養殖筏の底に潜ってしまう。ブリは水面ぎりぎりまで上ってきてエサを食べるが、エサやりの途中にブリが養殖筏の底に潜ると、エサやりを再開するのが難しくなる。

とくにMPの場合、その影響は大きい。MPは水に沈みにくい性質があり、ブリが潜ってしまうと食べずに残ったエサが水面近くで拡散して養殖筏の外に流れ出してしまう。

一方EPでは、MPにくらべると、エサやりを中断することによる影響は少ない。ほどよく沈み、簡単に流れていかないように工夫されたEPの場合はエサが圧縮されており短時間で大量のエサを与えられることもあり、MPにくらべるとエサやりを中断させざるをえない場合が少なく、中断してもしばらく時間をおいてエサやりを再開すればブリがエサを食べに上がってくる。

ブリにエサやりをするのにもっとも条件が良いのは、くもりや雨で水面が濁った状態になったときである。くもりや雨のときにはブリがエサを多く食べるのだという。逆に天気がよく快晴のときには、エサを食べる量は減るという。養殖業者たちは、晴れた日には養殖筏の上を飛ぶ鳥を魚が警戒しているからだと説明する。晴れた日には養殖筏の上を飛ぶ鳥がよくみえ、くもりや雨の日にはみえないのだという。

エサやりのとき、MPとEPどちらのエサを使うにしても、養殖筏の上には鳥が飛び交う。とくにコンプレッサーを使うエサやりでは、空中を飛ぶエサを鳥が狙う。晴れた日にはトンビ、くもりや雨の日にはウミネコが集まり、養殖筏の上でエサの争奪戦を繰り広げる。ブリはこの鳥を警戒するのだという。晴れの日でも、棒などを使って鳥を追ってやるとブリはエサを多く食べる。

(2) 潮の流れ

潮の流れには二種類ある。一つは毎日ほぼ周期的に繰り返す潮汐であり、もう一つは季節によって流れる潮流である。

ブリのエサやりは潮汐に影響される。北灘地区は太平洋と瀬戸内海を結ぶ豊後水道の中間にあり、満ち潮のときには太平洋から瀬戸内海に向かって潮が北北西の方向に流れ、引き潮のときには瀬戸内海から太平洋にむかって南南東の方向に潮が流れる。潮が変わるときには一〇分から二〇分間水がよどみ、そのあと流れが反対になる。潮が反対になった瞬間、ブリは驚いて養殖筏の底に潜ってしまう。日光が急に差したときと同じで、一度潜るとエサやりを中断せざるをえなくなる。ＥＰでは五分から一〇分ぐらいでエサやりを再開できるのに対して、ＭＰでは再開しにくいのも、日光が急に差したときとおなじである。ブリが潮の流れが変わったときに驚くのは、養殖業者たちによれば潮の流れが変わることで海水温が変わるからだという。

潮汐のほかに季節的な潮流がある。この地域では四月から五月にかけて、西の方角から強い潮流があるという。この潮が流れると、エサやりをしてもブリが養殖筏の底に潜ったまま上がってこないという。この潮流は一週間ぐらい続く。そのあいだ、エサやりはするが、ブリはエサをあまり食べないという。この潮は悪い潮、ワルジオと呼ぶこともある。

養殖業者は潮の流れを海の色と養殖筏を支えている浮子の沈み方でみる。潮が変わるときには海の色が変わり、その変わり目をみると潮がどこまでやってきているのかがわかるという。また養殖筏を支える浮子をみると潮の流れる方向と速さがわかる。潮が流れると養殖筏は潮の流れる方向に引っ張られる。浮子は俵型をしており、潮が流れると面積の狭い面が潮の流れる方向を向く。また潮が流れてくる方角が養殖筏に引っ張られて沈み込む。その傾きや沈み具合から、潮が流れる方向と速さを推測するのである。

(3) 海水温度

ブリは海水温度が摂氏八度以下では生きられないとされる。北灘地区は冬も海水温度が一二度から一四度程度で、ブリの養殖には恵まれた環境である。複数年にわたる養殖もできる。

養殖業者たちは毎日、船に設置した水温計で温度を計る。ブリは水温が二〇度以上になると病気にかかりやすくなるという。病気の予兆を見逃さないためには水温をみる必要がある。病気の兆候をみつけると病気が養殖筏全体に広がる前に抗生物質を与える。

(4) 海水中の酸素濃度

ブリのエサやりでもっとも重要なことは、海水中の酸素濃度を知ることである。海水中の酸素濃度が低くなるとブリが食べるエサの量が減り、やがて腹を上にして泳ぐなどの異常行動をして、最後には大量死することもある。

魚類養殖は魚を育てて売る仕事である。海水の酸素濃度が低いからといって、エサをやらないと魚は育たない。そこで養殖業者たちは海を観察し、そのときどきの海の状態を把握して、海の状態に応じたエサやりをする。

北灘漁協は毎日、北灘地区の漁場の酸素濃度を測って結果を公表する。養殖業者たちは、この結果に合わせて対処すれば、大量死などの最悪の事態を避けられる。しかし海水の状態は刻々変化する。潮汐で新しい潮が流れるし、天気の変化で海水の性質は変わる。地域的に周期的な潮の変化もある。こうした変化に対応するのは現場でエサやりをする人びとである。彼らはエサやりをしながら海を観察して、刻々と変化する状況に対応する。

海水中の酸素濃度を知るには、海の色と透明度をみる。海の色をみると赤潮が出ているかどうかがわかる。赤潮が出ると、海は赤黒くなるという。赤潮になると、魚は、エサをやっても酸素の不足した海面に上がってこず、養殖筏の底でじっとしているという。

赤潮以外でも海水中の酸素濃度が低くなることはある。たとえば、晴天が続いて風が吹かず波が穏やかな日が続いたときや、スミシオと呼ばれる潮がやってきたときなどである。赤潮以外のときに海水中の酸素濃度を知るには、海水の透明度をみる。海水は酸素濃度が高いと、白濁して見通しが悪い。逆に酸素濃度が低いと、海は透明度が増して水深の深い場所までみることができる。

宇和海地域周辺では海がよく澄むスミシオという状態がある。スミシオになると水深一五メートルから二〇メートルの場所まで明瞭に見渡せるようになる。養殖業者たちは、この地域では潮が五日から一週間ぐらいの周期で変わるといい、スミシオがくると数日間続く。スミシオは、集団網漁をしていたころには魚がとれない潮として知られていた。現在では、スミシオは酸素濃度が低く、養殖の魚がエサを食べなくなる潮として知られている。

赤潮やスミシオなど、海水中の酸素濃度が低いときにはブリを死なせない工夫が必要である。ブリ養殖でのエサやりは普段、自然の状況に関係なく、同じ時間に同じ仕事をする。人間の側の事情でエサやりの時間を変えても問題はない。しかし海水中の酸素濃度が低いときには、海の状態に合わせてエサやりをしなければ、ブリは大量死してしまう。

一般的に海水は、昼間に酸素濃度が高くなり、夜間に酸素濃度が低くなる。昼間に酸素濃度が高くなるのは、海水中の植物性プランクトンが光合成して海水中に酸素を放出するからである。一方、夜間には植物性プランクトンが酸素を取り込んで呼吸するため、海水中の酸素濃度が低くなる。赤潮のときなど海水中の酸素濃度が低いときには、この酸素濃度の変化を使ってエサやりをする。

養殖業者の話によれば、ブリは回遊魚で有酸素運動をさかんにする魚だという。エサをやるとブリが酸素を使う有酸素運動をする。このとき、海水中の酸素が足りないと死にいたるのだという。そこで酸素濃度の低いときには、ブリがエサを食べたあとに運動をしても死なないように、海水中の酸素濃度の変化に合わせてエサやりをする。つまり、朝早くにエサやりをして、海水中の酸素濃度が比較的高い日中に運動をさせるのである。

6 養殖業で深まる海と人の関わり

(1) 養殖業の産業としての特徴

生業の変化で述べたように、北灘地区は古くから網漁をしながら畑作や出稼ぎをして家計をまかなってきた地域である。この地域に導入された養殖業は、ほかの地域に生活の場を移しつつあった人びとを北灘地区に再び引き戻す役割を果たした。網漁をしていたときにはさかんだった出稼ぎは養殖業がはじまるとほとんどなくなり、人びとは北灘地区にいて養殖業をするようになった。さらに、よその土地に生活の場を移していた人までもが呼び戻されたり、自主的に戻ってきたりしたのである。

このように多くの人びとを惹きつけた養殖業は、伝統的な技術や知識を必要としない、まったく新しい産業としてとらえられていた。網漁では網元と網子の制度のなかで技術の習熟が必要で、参加できる人も限られていた。それにくらべると、養殖業は誰でもできる専門的な知識がほとんどいらない産業だった。ブリ養殖は、はじめ「自転車屋さんも床屋さんも」本業の片手間にできる手軽な副業だった。そして、設備の購入などに初期投資は必要だったが、その当時広まった真珠母貝養殖よりもさらに収益性の高い仕事と考えられていた。

手軽な副業だったブリ養殖は、ミカン栽培の不振を背景に、次第に本業になっていった。専業化が進むにつれ、さまざまな問題に直面し、その解決を迫られた。二〇種類もの病気に対処する必要があったし、エサの過剰投与が原因で起こる赤潮にも手を焼いた。これらの問題に対処するには海や魚を観察する必要があったのである。

ブリ養殖の現場で起こる問題に対して、薬品会社や飼料会社、大学や行政の研究機関は、科学的な分析にもとづく解決法を次々に生み出してきた。科学的な分析とその結果をもとにした対処法の開発が進む一方で、自然観察をする重要性も増していった。

海の状況を観察することがより重要になったのは、一九九〇年代に配合飼料が広まってからである。一九九〇年ごろまではエサの値段が安かったこともあり、養殖の作業の効率性はほとんど問題にならなかった。むしろエサをやればやるほど、魚はどんどん育ち、収入が大きくなると考えられていた。ところが一九九〇年代になると、ブリのエサであるイワシやカタクチイワシ、ホッケなどの漁獲量が減り、エサの単価が高くなった。一方、産地間競争が激しくなり、養殖の魚の値段は下がっていった。一九九〇年代にはいると、養殖業者にとって「つくれば売れる」売り手市場の時代は終わってしまったのである。

エサの値段の高騰や魚の値段の下落などをきっかけに、養殖業者たちはコストを抑え作業効率を高める努力をするようになった。その試みの一つに、本章でみたような自然観察があった。専業化が進み経験的な技術が重要になったことで、現在では養殖業は「誰でも簡単にできるような仕事ではない」といわれるようになった。

原子令三は、近代化が進むと海は「一定の手段によれば、一定の資源を提供する安定した生産の場」［原子 一九七二：一一〇］になり、「漁業の近代化は、生業活動を通して、自然と人間の関係を希薄にする過程」［原子 一九七二：一一二］であると論じた。北灘地区の明治時代以降の一連の生業の変化から自然と人の関わりをみれば、原子が論じたように、北灘地区では、海は安定した生産の場になり、人と海との多様な関わりが失われたようにみえる。ある意味では、北灘地区の漁業は産業化によって自然との関わりが希薄化したといえよう。

この見解は伝統的な生業から現代的な産業への変化を連続的にとらえた場合のものである。しかし養殖業に注目すると、自然と人の関わりは近代化を通じて希薄化するという議論は、考え直す必要がある。たしかにブリ養殖では、科学的な知識をもとに自然から受ける影響を極力排除し、品質のそろった魚を育てようとしてきた。

けれども、本章で示したように養殖業だけに限ってみれば、自然観察は重要な要素であり、作業を効率化させる上で欠かすことのない行為である。養殖業だけに注目すれば、導入した当初よりも現在のほうが自然と人の関わりは緊密とまではいえないものの、むしろ深まっているのである。つまり現代的な産業でも、自然と人の関わりは深まりうるのである。

(2) とる漁業と養殖業の差異

現代的な産業において自然と人の関わりが深まることがあるとはいえ、その関係を質的に検討する必要はある。伝統的な生業での自然観察や技能と、現代的な産業での自然観察を、安易に同一視することはできないからである。

筆者が調査していたとき、エサやりの事例で登場したA氏は、ブリに対する知識について「俺はブリのことなら、一流の漁師でもある」と語った。これはまったく根拠のない語りではない。A氏がエサやりをするとき、A氏のまわりには二人から三人の釣り漁師がついてきて船を養殖筏に横付けして釣り漁をすることが多い。A氏がエサやりの状況から「今日はハマチが釣れるから、気合い入れて釣らんといかんぞ」と言う日には、よくハマチが釣れるのである。

では養殖業者の自然観察は釣り漁師の自然観察と質的に同じなのだろうか。この点については、筆者は現在のところ、事例にもとづいて比較検討するだけの資料やデータをもちあわせていない。したがって予察的なものになるが、糸満の釣り漁師を事例に漁師が「海を読む」ことについて考察した三田牧の論文と対比する形で、養殖業者と釣り漁師の観察の範囲と、その観察にもとづく予測範囲の違いを検討しよう［三田 二〇〇四］[*19]。

表5-3には、筆者の観察と三田の見解をもとに、養殖業者の自然観察と釣り漁師の自然観察の特徴を整理した。

表5－3　養殖業者と釣り漁師の自然観察の違い

項目	養殖業者	釣り漁師
認識の範囲	養殖筏のまわりの みえるもの	海底地形，地質， 水深，魚種，気象
予測の範囲	養殖筏のなかと そのまわりの 水深10mまでの空間 ↓	見えない海底や 1000m 先の向こう 数日間の天候 ↓
自然観察の特徴	限定的	広範囲

注：釣り漁師の自然観察については三田（2004）をもとにした。

まず養殖業者の自然観察の特徴をみていこう。養殖業者の自然観察のところであげたように、養殖業者も現場でいくつかの自然観察をする。その観察の範囲はきわめて限定的なことが特徴である。

魚類養殖にとって、自然観察の場は養殖漁場周辺と養殖筏のなかである。養殖業者たちは海の変化の兆候をつねに養殖筏とその周りでみつける。たとえば例にあげたように潮の向きや速さは養殖筏を支えている発泡スチロール製の浮きの傾きで判断する。また酸素濃度はエサやりをする養殖筏の下をみることで判断する。

養殖業者の観察の結果は水深一〇メートルという限定的な空間の状態を知るためのものである。もちろん養殖業者は養殖筏が設置された場所の海底地形を知ってはいるが、それは養殖筏を固定するための設備を設置する潜水業者の体験を聞き知っているに過ぎない。

一方、釣り漁師の自然観察は養殖にくらべて多岐にわたると考えられる。三田の分析によれば、海の予測不可能性を乗り越えようとしつつ同時に予測不可能性を楽しむ「海を読む」漁業では、海は「海底地形や地質、水深、そこに生息する魚種等が細かに認識された漁場空間であり、さまざまな気象現象はその前兆や特徴とともに認識されている」［三田 二〇〇四：四八二］という。そして観察にもとづく予測の範囲は一〇〇〇メートル先の漁場の状況にまでおよぶという。

養殖業者のA氏は、前に述べたように自分を一流の漁師の仲間だと言う一方で、「ほんまものの漁師には俺にはみえないことがみえている」と語っている。A氏が「今日は釣れる」と判断するときの基準は、養殖筏のまわりの海の状況と養殖筏のなかのブリのエサの食べ方の善し悪しにもとづいている。養殖の魚がよくエサを食べる日の海は、天然の魚にとってもエサを食べやすい状態なのである。したがって養殖筏のまわりという限られた条件であれば、釣り漁でする観察と養殖業でする観察は同じ結論を導き出すのだろう。しかしその判断のプロセスは、釣り漁師と養殖業者では異なっていると考えられる。広い海のなかから目的とする理想の一点を探し出す釣り漁と、決まった場所にいてその場所の状況で刻々と変わる状況に対応しようとする養殖業では、海を観察する作業はまったく違うものだということだろう。

(3) 現代的な自然と個人の関わり

本章では現代的な産業の一つであるブリ養殖を事例に、現代的な産業のなかでも自然と人の関わりは深まりうることを示した。ただし現代的な産業のなかで深まった自然と個人の関わりは、伝統的な自然と個人の関わりとは質が異なる可能性があると述べた。

本節でみてきたように、養殖業では自然と人の関わりは限定的になる。自然と深くつきあうといっても、そこで必要な知識は広い範囲のみえない世界のものではなく、きわめて狭い養殖筏の周辺に限られている。つまり生業に無関係な空間の把握はそもそも必要がなく、養殖に関係のある部分について自然を深く知ることが求められているのである。こうした魚類養殖業における自然と個人の関わりのあり様は、魚類養殖業が細かく分業化していることと密接な関係があるだろう。

養殖業の構造のところでみたように、養殖業者が養殖をするということは、その背後に多くの関連業者がおり、それぞれ仕事を分担している。こうした状況のなかでは、広い全体的な知識をもつことよりも、専門的で深い知識をもつことのほうが重要になる。

掛谷誠はアフリカのさまざまな生計維持機構についての研究をもとに、自然資源を使って生きる人びとの生活様式を「自然利用のジェネラリスト」としての側面が強い生活様式と、「自然利用のスペシャリスト」としての側面が強い生活様式に分けてみせた［掛谷 一九九八］。掛谷のいう「自然利用のジェネラリスト」としての側面とは、自然に対して広範な知識をもち、その知識をもとに多種多様な資源を使いながら生きることである。一方「自然利用のスペシャリスト」としての側面とは、特定の少数種の資源に頼って生計をたてる生活様式のあり様のことである。この掛谷の議論を受けて、篠原徹は、グローバリゼーションを起因とする近代化は人びとの生活様式を「自然利用のスペシャリスト」としての方向へ否応なく変化させつつあると論じている［篠原 二〇〇五］。

分業体制のなかで魚を育てる養殖業者の生産活動もまた、こうした近代の「自然利用のスペシャリスト」としての側面を強化している事例として理解できる。つまり自然に対する知識は分断化している状況にあるといえよう。

しかし知識が分断化する現代的な産業の特質が原因となって、自然と人の関わりが希薄化しているわけではない。竹川大介は沖縄のアギヤーと呼ばれる追い込み漁を事例に、近代化と産業化の過程で追い込み漁における専門性や身体性は深まったと論じた［竹川 一九九八］。竹川によれば、漁の構成メンバーは、追い込み漁のなかで仕事を分担し自立性の高い分業体制をとることで、漁に関わる個々人の受けもつ役割について専門性を高めているという。同時に漁に関わる人びとは、また現場の状況にあわせた対応をとるために身体性を深めることが重要になっているという。

竹川の議論と同じことは養殖業でも起こっている。養殖の作業は科学技術を積極的に取り入れることによって、一見すると素人にも簡単にできるものになっていくようにみえる。しかしその養殖の作業でも、自然観察や経験的な知識が重要視されるようになっている。そして、先に述べたように養殖業は「誰にでもできる仕事ではない」産業へと変容していっているのである。

竹川の議論が示すように、産業における自然と人の関わりの専門性・身体性に関する一面での深化は養殖業だけの問題ではなく、現代的な産業に共通した問題である。先に述べたように、三田は「海を読む」漁業では自然に対する深い知識が必要となると論じている。一方で三田は、現在では天気予報の普及とともに人びとが天気を予測できる日数が短くなっていると論じている［三田 二〇〇四：四八二］。こうした事例からは、個人の活動に注目してみた場合、自然と人の関わりがより密な産業においても分業化は進んでおり、手軽に入手できる情報はあえて自前で用意しなくともよいという状況が生じているようにみえる。

以上をみると、現代的な産業における自然と個人の関わりは、魚類養殖業と釣り漁のように活動の違いによって程度の差はあるだろうが、知識の分断化と同時に、個々人に関係する知識については部分的に深まっている可能性を指摘できる。

本章では生業誌という視点を使って自然と個人の関わりを論じてきた。自然と人の関わりを個人に注目して共時的な側面から検討すると、現代の産業化した漁業においては、自然に対する知識は部分的に深まっているものの、人びとの知識の広がりはとる漁業や伝統的な漁業にくらべればずっと狭くなって専門化している可能性があった。

次章では、これまで検討してきた三つの事例をまとめて、戦後七〇年にわたって展開した現代日本の漁業の特徴と、これからの漁業の展望について論じよう。

註

＊1　ブリ類にはブリとカンパチ、ヒラマサが含まれる。漁業センサスをはじめとして、多くの統計ではこれらの魚を同一魚種として扱っている。

＊2　一八九九年に香川県小豆島で養殖をしたのがはじまりとする説もある［熊井編 二〇〇五：iii―iv］。また養殖業の原型は、江戸時代中期に瀬戸内地方でさかんになった活魚運搬業にあるとする説もある［愛媛県かん水養殖業組合 一九九八］。宇和島藩では各集落で生け簀をつくり活魚を専門に扱う役があった。しかし藩政時代からの活魚運搬技術が、養殖の技術と単純に連続しているとはいえない。聞き取りによれば、活魚の技術は魚を一週間生かす技術であり、魚類養殖のように一年間以上続けて生かす

技術とは根本的に違うという。一週間魚を生かすだけであればエサはいらないが、一年間生かすにはエサをやって大きくしなければならないのだという。

＊3 三世紀後半の中国で書かれた『魏武四時食制』の記述をもとに、安室は当時の中国での水田養鯉の可能性を指摘している。同時に安室は、日本でも弘化年間（一八四四〜一八八七年）に水田養鯉がはじまったことを指摘している［安室 一九九八：三〇二―二〇四］。

＊4 熊井英水は魚類養殖の技術について網羅的に編集している［熊井編 二〇〇五］。

＊5 真珠養殖はアコヤガイに核を入れて真珠玉をつくる養殖業のことである。

＊6 真珠母貝養殖は真珠の核を入れる母貝をつくる養殖業のことである。

＊7 それぞれの養殖業は愛媛県知事の許可を得て営まなければならない。愛媛県では一業者は三つの養殖業のうちの一つしか営めない。

＊8 本章では漁業センサスで経営体と表記するものを「業者」と呼ぶ。経営体は養殖業を経営している主体のことである。実際に養殖業に携わる人数や戸数と経営体数は異なる。

＊9 ハマチは天然ブリの幼魚時の呼び名である。天然ブリは愛媛県ではモジャコ、ヤズ、ハマチ、ブリの順で呼び名が変わる。名前は重さと体長で変化する。一方、養殖ブリは大きさにかかわらず一般にハマチという。これは養殖がはじまった当初にハマチにあたる重さ一キログラム程度の大きさに育てて売っていたことの名残だという。本章では養殖の魚も大きさにかかわらず標準和名であるブリと呼ぶ。

＊10 北灘湾南側でも一九七八年当時、一部業者が魚類養殖を営んだ［愛媛県高等学校教育研究会社会部会地理部門編 一九八四：三六］。

＊11 北灘地区の明治期の漁業の様子は一九〇九年の『北灘村史』に書かれた。本章ではその一部を転載した『津島町誌』［津島町教育委員会編 一九七五：三四七］を参照した。

＊12 宮本春樹によれば、宇和海一帯のムギはハダカムギだったという［宮本 二〇〇六］。

＊13 出稼ぎ者協議会や職安を通した出稼ぎがなく、行政資料から統計的に検証できない。本章では語りをもとに検討した。

＊14 この地域の真珠養殖の試みは明治時代にさかのぼる。岩松川上流の岩松地区の有力者だった小西家が試みたという。小西家は

高知県との県境に近い御荘湾でアコヤガイを使った真珠養殖をした。技術的には成功したが真珠の需要がなく、大正時代にやめた［津島町教育委員会編 一九七五：三四六―三四七］。戦後になって広まった真珠養殖はこの流れとは違い、外部から新たに技術を導入したものである。

＊15 愛媛県内では宇和海沿岸のリアス式海岸を使った魚類養殖業が一九六〇年から広まった。この養殖業を手がけた一人は北灘地区とおなじ津島町内で最南端にある由良半島に住む活魚・鮮魚運搬業者だった。魚類養殖業は藩政時代から瀬戸内の各地で試みられてきたが、実用化したのは一九一〇年代である。そして本章の最初に述べたように全国的に魚類養殖業が広まったのは一九六〇年代からである。一九六〇年代からはじまった魚類養殖業では、釣り漁の知識が応用されたわけではなく、活魚を運搬する際に魚を生かしておくための技術が応用された。魚を長期間生かすためには海水が対流する環境を用意する必要がある。このような知識は活魚運搬業のなかで蓄えられてきた技術である。そして活魚運搬業者が魚類養殖をはじめたきっかけは、市場でブリやマダイなどの高級魚が不足していたことにある。つまり魚類養殖の技術は、釣り漁で漁師たちが培ってきた技術を突き詰めたものではなく、まったく新しい技術の体系と論理のもとで広まったのである。さらに北灘地区ではかつては漁をしたこともない人びとが一攫千金を狙って魚類養殖をするようになった。現在でも養殖会社の社員となる人びとは公務員を引退した人や工場のオペレーターやトラック運転手からの転職、サービス業からの転職など、漁業をまったく経験したことのない人びとであることが多い。これらのことを考え合わせれば、魚類養殖業は一九六〇年代以前に営まれていた漁業とはまったく異なる産業として北灘地区に入り込んだといえる。

＊16 全国的にMPが普及したのは一九九三年ごろである。エサにするマイワシの価格が全国的な不漁によって入手困難になったことが原因といわれている［田村 二〇〇五］。

＊17 DPとEPの違いは、DPが配合飼料を乾燥して固形化するのに対し、EPは焼き固める点である。DPは乾燥するだけのため、魚の脂をしみ込ませると分解してしまい、十分な脂を魚に与えられなかった。EPは焼き固めることで脂を含んでも崩れなくなり、十分な量の油を混ぜられるようになった。この技術によってDPはほとんど使われなくなり、養殖業者たちはEPを使うようになった。

＊18 筆者は養殖にかかるエサの価格についての資料を入手していない。ここではコストの問題は語りとしてしか示せない。

＊19 本章の注の＊15にも書いたように、魚類養殖業に社員としてたずさわる人びとには釣り漁や網漁からの転身者は少ない。むし

ろ公務員や工場労働者、サービス業からの転身が多い。別の産業から転身してきた人びとは、趣味として釣りなどをすることもあるが、基本的には表5-1に示したように毎日、終日養殖業にたずさわっており、釣り漁師を兼任していることはほとんどない。したがって、ここでは単純に養殖業者と釣り漁師の対比をしているが、このような対比は基本的には成り立つ。

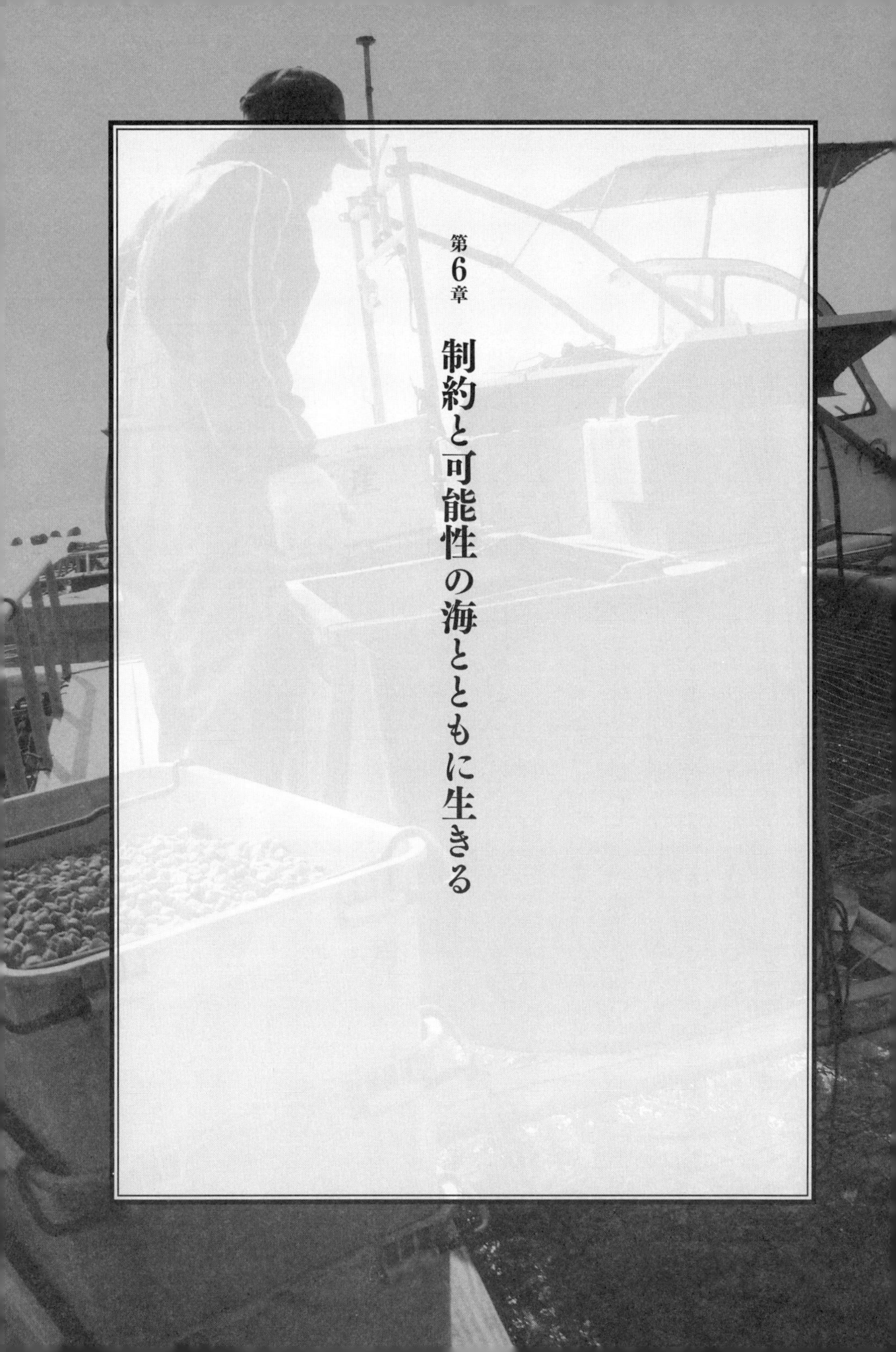

第6章 制約と可能性の海とともに生きる

本書の目的は戦後七〇年にわたる日本漁業の展開を人びとの経験に注目して論じることであった。人びとの経験とは、人びとが自然やまわりの人びとに働きかけて関係性を築く日々の営みのことである。本書では人びとの経験を論じる手段として、自然と関わる人びとの生き方を包括的に検討する生業誌という視点を用いた。

第二章でくわしくみたように、人びとの生き方とは自然や自分のまわりの他者とどのように関係性を築いていくかということであり、自分をとりまく世界との関係性の築き方の履歴であり過程である。本書では人びとが築いてきた関係性を日本の漁業を対象とした先行研究を整理して、自然と地域社会の関わり、自然と漁業者集団の関わり、自然と個人の関わりの三つの関係性に分けてみてきた。以下では生業誌という視点をもう一度整理し、自然と人の三つの関係性を問うことで明らかにしたことを確認しよう。

1　生業誌という視点を用いて明らかにしたこと

本書で生業誌という視点を用意したのは、戦後七〇年間にわたる日本漁業の変容を、人びとの活動に注目して検討し包括的に論じたいと考えたからである。そして人びとが地域社会の成員として、漁業者集団の一員として、一人の漁業者としてどのように自然と関わり、経験を積み上げてきたのかを明らかにしたいと考えたからである。

生業誌という視点は、第二章で論じたように、人びとの生き方を包括的に論じる視点である。島村恭則は篠原徹の「生きていく方法」［篠原　一九九四、一九九五］を再構成して「生きる方法」という観点を示した［島村　二〇〇六］。島村は「生きる方法」を「生活当事者が、自らを取り巻く世界に存在するさまざまなものごとを選択、運用しながら自らの生活を再構築していく方法のこと」［島村　二〇〇六：一四］と定義した。

島村は朝鮮系の在日住民を例に、先行研究が抽象的な集団としての民族を対象に民族文化の継承を論じてきたことを批判し、個々の生活当事者が朝鮮系の民族文化をいかに選択して運用しているのかを論じた。そして人びとが民族文化も選択肢の一つとして、さまざまな事柄を選択的に運用して生きていることを明らかにし、身のまわりの事柄を自らの生活に引きつけて再編していくスキルとして「生きる方法」を論じた［島村 二〇〇八］。

島村の議論は集団的経験を公的な経験として描き、その対比軸として個人の実践をとりあげた。生業誌という視点は、漁業をおもな生業として自然と関わる人びとの経験を地域社会・漁業者集団・個人に分けて論じてきた。第二章で今西の「記述における縮尺の論理」［今西 一九七四］を引用して論じたように、対象をどこに設定するかによって人びとが経験する事柄は異なってみえる。そのどれかが真実でどれかが間違っているわけではなく、設定した縮尺によってみえ方は異なるのである。生業誌という視点では、異なるレベルを設定することで明らかになる人びとの経験を最後に包括的に論じることをめざしてきた。以下では、まず自然と地域社会の関わり、自然と漁業者集団の関わり、自然と個人の関わりという三つの関係性に注目して明らかにしたことをもう一度整理しよう。

自然と地域社会の関わりでは、小泊村と佐井村磯谷集落という地理的によく似た環境をもつ二つの地域社会をとりあげて、これらの地域社会が自然や政治、経済などの外的な変化に対してどのように対応してきたのかを通時的に検討した。二つの地域社会は地理的にはよく似た環境にありながら、海という自然をまったく異なるものとしてとらえていた。小泊村の人びとが海をどこまでも広がる世界ととらえたのに対し、佐井村の人びとは海を村の前に広がる限定的な世界ととらえた。つまり小泊村と佐井村磯谷集落の人びとは、それぞれ日々の生業活動のなかで海と関わり、その経験を体系化するなかで、エティックな立場からみればよく似た特徴をもつ海を、イーミックな立場からまったく異なる性格をもつものとしてとらえたのである。

そして二つの地域社会に属する人びとの構成は、人びとが生業活動を通じてとらえた海の性格を反映していた。つまり海をどこまでも広がる世界ととらえた小泊村では、漁業をおもな生業とする人びとは村の外の海にスルメイカを追って出ていき、目の前の海に資源的な余裕が生まれた。長い期間にわたって村を離れて出稼ぎをする人びとは、資源的な余裕が生じた目の前の海で再び漁をできると考えることで、地域社会に所属を持ち続け、やがて地域社会に戻ってきた。それは家を継ぐ必要のない次男や三男が小泊村に住み続けるという形で実際の人びとの行動に反映された。一方、海を限定的な空間ととらえた佐井村磯谷集落では、漁業をおもな生業とする人びとは村の前の海を網漁の漁場として共同で使い、共同作業を重視するようになった。そして共同作業に関わることのできない人は地域に留まることが難しくなり、よそに出ていった。実際、磯谷集落に残った人びとの多くが家を継いで網漁の漁業権を得た人びとだったのである。これらの結果から、人びとが地域社会に住み続けることができるかどうかは、生業活動を通じて人びとが向き合う自然の性格をどのように理解したかということと密接に関わっていることを明らかにした。

自然と漁業者集団の関わりでは、海にある共有の自然資源に注目した。まず海を使って生計をたてる人びとが生業活動に必要な自然資源をどのようにみつけて使ってきたのかを通時的にみた。また必要な資源を使う現場で、人びとがどのように社会的な規制を生み出したのか、そして社会的な規制をどのように運用してきたのかを通時的に検討した。

小値賀町で漁をしてきた人びとにとって、自然資源は価値がつねに変わるものだった。イサキやトラフグ、タチウオの例にみられるように、人びとが漁法を変えたり、資源量に限界を感じたり、法的な規制がかかったりすることによって、また市場での資源に対する評価が変わることによって、魚をとる人びとにとっての資源の価値づけは変わっていた。人びとは一度、生業活動に必要な資源としてみつけて積極的に使っても、やがて使うことをやめ、新しい資源をみつけていた。資源の発見―利用―利用放棄という営みが、個人の判断で続いてきたのである。結果として、小値賀島で漁に関わる人びとの集団全体をみれば、資源の発見―利用―利用放棄というプロセスを個々人が積み重ねて、結果的に一四八種類の自然資源を使う漁業をすることになったのである。

人びとが資源利用の現場でつくりだす社会的な規制については、小値賀島でさかんなイサキ夜間釣り漁を例にみてきた。自然資源を使うことをめぐってできる社会的な規制は、通時的にみれば、市場でイサキがどのように評価されているかによって変わった。また漁法が変われば、社会的な規制も変わっていた。イサキ昼間ひき縄漁からイサキ夜間釣り漁への変化は、イサキをとることのできる人びとを限定することになった。こうした社会的な規制は、人びとが活動のなかでとらえた自然資源の特徴や政治・経済などの状況に合わせてつくられた。人びとがどのような漁法を選んだのか、漁法をめぐって公的にどのような規制が働いたのか、漁法のなかで人びとが自然資源の特徴をどのようなものととらえたのかによって、社会的な規制は決まっていたのである。

自然と個人の関わりでは、増産と効率化をめざす漁業のなかで、自然と人の関わり方がどのように変わったのかを愛媛県宇和島市北灘地区の魚類養殖の事例をもとに検討した。自然と人の関わりは、一般に近代化が進むと希薄になると論じられてきたが、本書では魚類養殖の事例から自然と人の関わり方が質的に変わった可能性を論じた。

いわゆる伝統的な自然と人の関わりでは、人びとは身体を使って自然と深く関わり、その経験を経験的な知識として蓄えてきたとされる。そして経験的知識はより広い範囲の自然を理解するものだったとされる。一方で、現在の自然と人の関わりは限定的になり、希薄になるとされてきた。本書では魚類養殖業をとりあげて、研究室で生み出された科学的な知識が多くもたらされる生業活動の現場で、人びとがどのように自然と関わるのかを検討した。そして人びとが養殖筏とそのまわりの限られた海に対して科学や経験を使って経験的な知識を深めるプロセスを明らかにした。この事例から、近代化を通じて自然と人の関わりはより狭い範囲に限られる一方で、経験的な知識は深まる可能性があることを論じた。

以上に述べてきたように、自然と人の関わりを自然と地域社会の関わり、自然と漁業者集団の関わり、自然と個人の関わりに分けて検討すると、海と関わって生きる人びとが自らの活動を通じて海を解釈し、解釈をもとにして人間関係をつくり、自らがつくった人間関係に影響を受けながら生きてきたことがわかる。以下では、戦後七〇年間にわたる日本漁業を人びとがどのように経験してきたのかを、①人びとは海をどのようにみてきたのか、②人びとは海とどのように関わって生きてきたのかという二つの観点からまとめよう。

2　人びとは海をどのようにみてきたのか

第一章でみたように、戦後の日本漁業は最大限の利益を求め、増産と効率化を進めてきた。そして政治史的にみれば、戦後七〇年にわたる日本漁業の展開は、二〇〇海里問題にみられるように、漁業をめぐる資源問題のグローバル化のなかで、よその国と自然資源の確保をめぐって熾烈な競争と交渉を繰り広げてきた歴史である。その歴史のなかに、沿岸から沖合・遠洋へ、そして再び沿岸へという政策的な流れを読みとることができる。

政策が増産の手段として世界の漁場をみていたときにも、多くの漁業者にとって沿岸の漁場は重要な生業活動の場所だった。本書では沿岸の漁場で人びとがいかに海と関わってきたのかを人びとの経験に注目してみてきた。人びとの生業活動の場に注目すると、人びとは市場経済の論理を受け入れながら利益を求めてきた。しかしその活動は必ずしも全面的に市場経済の論理に自らの身をゆだねるものではなかった。

第三章や第四章でくわしくみたように、人びとは活動を通して自然を解釈し、理解した自然に対する認識を運用して経験を積み、その経験をまた自然に対する理解につなげてきた。そしてその経験をもとにして、自然資源を使う仕組みとしての社会的な規制をつくってきた。その営みは経済学や生態学の視点からみれば、最適な選択だったわけではない。人びとは自然科学が定義する自然とともに生き、市場経済の論理とつきあいながら、同時に人びとが経験を通じて理解し定義した自然のなかに生きてきたのである。

序章で篠原の議論を引用して論じたように、生態学的認識としての自然と、人びとが活動を通して蓄える経験にもとづいて解釈する民俗的事象としての自然、すなわちエティックな立場からみた自然とイーミックな立場からみた自然は異なる［篠原 一九九〇：一八―二〇］。人びとが経験を通じて理解し定義した自然は、篠原が論じた自然に対する二つの見方のうち、イーミックな立場からみた自然である。第五章でみたように、人びとの生業活動の現場に研究室で生まれた科学的な知識がどれだけ入ってきても、人びとは経験にもとづいてそれらの知識を受け入れ理解していた。結局、人びとは経験を通じて解釈した知識を使って、主観的にしか自然を理解できないのである［大槻 一九八八］。

そして人びとが経験を通じて理解し定義した自然はドラスティックに変わる。本書を通してみてきたように、法律の変化や市場の動向、新しい漁法や新しい機械類の登場など、漁業をとりまく政治や経済、技術の変化によって、人びとは海との関わり方を変えていく。海との関わり方の変化は、人びとが海で活動を通して蓄えていく経験そのものの変化である。つまり人びとが経験を通じて理解し定義した自然は、人びとが自らの置かれた状況に対応して生きることによって、自在に変わるのである。以下では地域社会や漁業者集団などの集団がとらえた海と個人がとらえた海を整理しよう。

(1) 地域社会や漁業者集団がとらえた海

第三章と第四章の事例からみたように、人びとが自然資源を使うことをめぐってつくりだした社会的な規制は多様である。第三章で述べたように、二つの地域社会の人びとは自分たちのまわりの自然をまったく違うものとしてとらえ、その自然に対する認識が地域社会の人間関係のつくり方にまで影響を与えていた。

また第四章の事例では一四八種類の自然資源を使って生きる人びとをとりあげた。この一四八種類の自然資源は、はじめから人びとにとって有用だったわけではない。一四八種類の自然資源は人びとが生業活動のなかで商品として必要なものを発見して、人びとにとって有用なものへと変えてきたものなのである。そして人びとは有用な自然資源をみつけると、その自然資源を使うことをめぐって社会的な規制をつくってきた。

第四章で論じた事例は、地域社会をとりまく自然がいかに豊かになる可能性があっても、そこに人びとが価値をみいださないと、人びとにとって有用な資源にならないことを示している。つまり自然のなかから何を資源としてみいだし、どのように使うかという人びとの集団的な経験は、エティックな立場からみた自然をもとに環境決定論的に論じられるものではなく、イーミックな立場からみた民俗的事象として検討されることなのである。

生態学的な環境決定論では、人びとが自然に適応しているとする立場から自然資源の利用を論じる。重田眞義はこの点をアフリカの農業を事例に批判している。重田はアフリカの農民たちがどのような植物を育てるかは彼らの主体的な選択であり、環境的な要因はそうした選択に作用する一要素に過ぎないとする［重田 一九九八：二六八―二七〇］。むしろアフリカの農民たちは限定を乗り越える数々の実験を続けているのだという。

漁撈活動をして生計をたてる人びとの生業活動も当然であるが、地域の生態学的な環境に左右される。もちろん自然資源を使うことをめぐってできた人間関係を、生態学的な観点から自然への適応過程として論じることもできる。しかしこれまで述べてきたように、人びとの行動がすべて生態学的な立場、科学的な立場からみえる自然に規定されるのではない。人びとが自然をどのようなものととらえ、自然のなかから何を自然資源として選び、自然資源の特徴をどのようなものととらえ、自然資源を使うことをめぐってどのような社会的な規制をつくりあげたのかという、人びとが地域社会や集団、個人を通して生業活動をするなかでつくりあげた経験が人びとの行動を制約するのである。

(2) 個人が生業活動のなかでとらえた海

前節でみた地域社会や漁業者集団がつくりだす社会的な規制は、自然と直接的に関わる個人の経験とも密接に関わる。産業化が進む現代に、海と関わりをもつ個人は海をどのようにみてきたのだろうか。

第五章では、一九六〇年代からさかんになった魚類養殖業をとりあげ、自然と個人の関わりを論じた。この産業がはじまった当初、人びとは自然観察をそれほど重要とは考えていなかった。むしろ大学や研究機関がつくりだす科学的な知識をとりいれることで、養殖業は効率的になるとみていた。養殖業がはじまった当初、人びとは魚類養殖業を誰にでもできる手軽な仕事と考えていたのである。

ところが効率的に養殖をする必要が生じると、人びとは自然観察が欠かせないことに気づいた。効率的に魚を育てるには、自然を観察して経験的な知識を蓄えることが欠かせないと考えられるようになったのである。そして現在では魚類養殖業は誰でも簡単にできる手軽な仕事ではなくなり、幅広い知識を必要とする難しい仕事といわれるようになった。この事例は科学的な知識と科学技術がさかんに投入される魚類養殖業のような産業であっても、自然と人の関わりは深まりうることを示していた。

しかし科学的な知識と科学技術を投入してする魚類養殖業のなかで生じた養殖業者たちの自然に対する知識は、多くの先行研究が示してきたいわゆる伝統的な自然知とは性格が異なっている可能性が高いと述べた。魚類養殖業のもとで深まった人びとの自然に対する知識は、養殖筏のまわりという狭い空間に対応するものだったのである。

日本の魚類養殖業では育てる人とエサをつくる人、魚を売る人というように徹底した分業化が進んでいる。分業すれば、一個人が知らなければならない知識の範囲は狭くなる。一方で個々人はそれぞれの分担する範囲について専門的な知識を身につけていく。分業化を徹底して、それぞれの専門職が成果を持ち寄ることで養殖という産業が成り立つ様子は、あたかもデュルケームが論じた『社会分業論』［デュルケーム 一九七一］のようである。自然と密接に関わる生業活動を営む人びとは、自分の生業に関わりのある自然に対して知識を深める。一方で人びとは、自分の生業活動に関わりがない自然に対しては興味をもたなくなる。人びとは自分が担当する部分に集中的に労力を費やし、深い知識を得るのである。

人びとの増産と効率化を目的とした自然に対する働きかけは、しばしば、自然と人の関わりを希薄化する過程として理解される。第五章でとりあげた原子令三の論考は、漁業が産業化することで自然と人の関わりは希薄になると論じていた［原子 一九七二］。

自然と人の関わりを民俗自然誌という言葉でいいあらわした篠原徹は、道具の改良を最小限にとどめ、経験を通して得られる知識を増やすことによって生産性をあげることで得られる能力を技能と呼び、逆に道具を改良することによって生産性を高めることで得られる能力を技術と呼んだ［篠原 一九九四：一九］。篠原は道具の改良によって生産性を高めることは、人びとが直接的に自然に働きかける機会を少なくするとみていた。伝統的な生業の世界で培われた豊かな自然に対する知識や、身体知や経験知のように身体を通して獲得する経験的な知識は、産業化によって次第に失われていくとみていたのである。

これまでみてきたように、産業としての漁業という人びとの営みのなかでは、かつてあった自然に対する知識の体系は、たしかに失われつつある。実際、自然からさまざまな兆候を読みとって生業活動に関わる判断をする機会は減った。その分、人びとは機械に兆候を読みとらせ、身体感覚や記憶の一部を代行させるようになった。

しかし第五章で論じたように、現代の漁業の展開は産業化を通じて自然の深い部分、それまで知られていなかった部分にまで知識を深めていく過程でもあった。内藤直樹は、産業化が進み精密なデジタル機器やセンサーを扱うようになった現代でも身体知や経験知は欠かせないと論じた［内藤 一九九九］。そして内藤は、人びとが精密な機械を海に持ち込み、かつて知りえなかった海のなかを知るようになり、海に対する知識を深めたと論じた。

最新鋭の機械をとりいれ、効率化と増産を図りながら発展してきた漁業は、自然を読みとる活動の一部を機械に委ねるようになったという意味では、原子や篠原が指摘するように自然と人の関わりを希薄化させてきたともいえるだろう。一方で現代の科学と工業技術は、その研究成果を使って、かつてみられなかった世界を明らかにした。

内藤がいうように、機械を使うと、これまでみられなかった海底の世界をより具体的にみられるようになった。人びとはその経験をもとに漁をしている。機械を使うことで可視化できる世界が広がり、自然のなかから判断すべき対象がかつての伝統的な技能の世界とは変わったのである。自然と人の関わりは自然の読みとり方という意味では希薄化しているし、人びとのつきあい方という意味でいえば新たな視点が生じているのである。

技術的な点から戦後の日本漁業の展開をみると、一見、人びとは科学技術と機械の力で漁撈活動を効率化し、生態学的な海で大量生産をかなえる技術を高めてきたようにみえる。しかし人びとが自然をどのようにみていたのかを検討すると、人びとは漁法を通して、また機械や技術を通してみえる海を解釈し、経験的な知識を深めていたことがわかる。

そして人びとが操る漁法や機械、技術の選択には、政治や経済、文化など社会的な要因が関わっていた。第一章で整理したように、戦後の漁業は乱獲とその対処、そして資源管理システムのグローバル化、さらにはモータリゼーションや市場経済の進展などの変化を経験してきた。こうした社会的な要因は、人びとがどのように海と関わるかに直接、間接に影響を与えてきたのである。

つまり人びとが自然をどうとらえるかも、社会と隔絶した個人の経験として完結できる問題ではなく、政治や経済、文化など社会的な要因によるしがらみのなかでとらえる問題なのである。では、人びとは漁法や技術を通じて人びとが意味づけた海と、どう関わってきたのだろうか。以下では人間関係に注目して海と自然の関わりをまとめよう。

3　人びとは海とどのように関わってきたのか

(1)　濃密な人間関係のなかで営まれる現代の漁業

序章で紹介した映像に出てきたマグロ漁師の話に戻ろう。映像に登場した彼は、自然に対して深くて豊かな知識をもち、その知識を自在に操って一人で荒海に漕ぎ出し、身一つで自然と格闘する孤高のエコロジストとして描かれていた。

機械化が進んだ現在では、沿岸漁業をする人びとの多くが一人で漁をした経験をもつ。一人で漁に出る人びとの経験は、たしかに孤高のエコロジストとしての漁師そのもののようである。しかし第三章から第五章の事例でみてきたように、人びとは一人で漁をするわけではない。人びとは漁をして自然と向き合い、向き合った経験をもとに仲間と情報をやりとりし、そこで得た情報をもって漁に向かう。人びとはつねにほかの人びとと関わりながら、漁をしているのである。本書で検討してきた自然と地域社会の関わり、自然と漁業者集団の関わり、自然と個人の関わりという三つの関係性からみえるのは、自然と関わる経験を通して築き上げられた濃密な人間関係のなかに生きる人びとの姿である。

前節でみたように、人びとは海と関わる経験を通じて海に意味づけをしてきた。そして第三章から第五章で示したように海への意味づけをもとに社会的な規制をつくってきた。そして人びとの経験を通じてつくられた社会的な規制は、人びとの活動や意思決定に一定の方向性や制約を与えてきた。人びとが経験を通じて海をどのような空間ととらえたかによって、海の性格が決まるのである。自然の制約と思われる制約の多くは、結局、人が自然と関わることによって生じる自然や人との関係性の制約でもある。そして、さまざまに取り結ばれる関係性のなかで、人と人の関わりは自然と関わる上で重要な要素である。

自然と地域社会の関わりに注目して自然と関わる人びとの経験をみると、第三章の事例で示したように、地理的な環境が似ていても、人びとは同じように振る舞うわけではなかった。小泊村の人びとは海を自分たちの必要に応じてどこまでも広がるものととらえ、結果的に長男だけでなく次男や三男も村に住み続けた。小泊村では出稼ぎのように一度、村の外に働きに出ても、人びとは村に帰ってくることができた。そして人びとは、村に帰れば何らかの漁撈活動をして暮らすことができると考えていた。

一方、生業活動で使う海を村の前に広がる海に限り、その空間で新しい資源をみつける戦略をとってきた佐井村磯谷集落では、結果的に網漁に参加する権利を得た長男だけが残り、権利を得られなかった次男や三男は村の外に出ていった。網漁に特化していった佐井村磯谷集落の人びとは、網漁のための共同作業を優先する地域社会の仕組みをつくりだしていった。その論理は網漁だけでなく、集落共有林を管理する方法にまで及んだ。すると出稼ぎのように一定期間、地元を離れて働くことは、共同作業を優先する観点から難しくなった。人びとは村の外で働こうとすれば、地域社会を離れる決断をしなければならなかったのである。

この二つの地域社会の事例は、人びとが生業活動を通じて自然とどのように関わったかが、地域社会を支える社会的な規制に結びついていることを示している。そして人びとの自然への関わり方から生まれた地域社会の規制は、人びとの生き方も制約していた。地理的によく似た環境にある二つの地域社会の事例をみくらべると、人びとが単にエティックな立場からみた生態学的な自然だけに制約されているわけではなく、自然と関わることで生じる人間関係にも強く制約されて生きていることがわかる。

また自然と漁業者集団の関わりに注目して自然と関わる人びとの経験をみると、第四章の事例が示すように、人びとは漁場での折衝を通じて自然資源を使う仕組みとしての社会的な規制をつくり、資源の価値や自然条件、漁法などが変わるのに合わせて社会的な規制をつくりかえていた。自然資源をめぐる人と人の折衝はコモンズの議論のなかで重視されてきた［池谷 二〇〇三、菅 二〇〇六］。川のサケ漁をめぐる社会的な規制を検討した菅豊は「コモンズ論でまず最初に考えなければならないのは、人間と自然・資源との関係性ではなく、人間と人間の関係性であることは明らかである」［菅 二〇〇六：一〇〇］と論じた。

これまで論じてきたように、自然資源の利用をめぐる社会的な規制は、自然と関わる人びとの経験にもとづいてつくられる。その意味で自然と人の関わりは資源利用を検討する上で欠かせないが、人びとが自然に対する関わり方をもとに、いかにして人間関係を築き、それを運用していくのかを検討することも重要である。

小値賀島でさかんなイサキの釣り漁の事例は、漁法や資源の価値が変われば、社会的な規制が変わることを示していた。イサキ昼間ひき縄漁の時代には、何人でも同じ漁場を使うことができた。一定の方向にゆっくり進むというルールさえ守っていれば、漁に参加する人びとを規制することはなかった。ところがイサキ夜間釣り漁がはじまるとアジロと呼ばれる漁場ができた。人びとはアジロにいかりを下ろして船を固定し、光を焚いてイサキを集めて漁をするようになった。するとイサキ夜間釣り漁でアジロを使える人が限られるようになった。さらにイサキが収入を得る手段として有望とみなされるようになると、特定の個人がアジロを占有して使い続けた。しかしアジロの占有は決して既成の固定的な事実にはならなかった。アジロを使い続ける人びとは、自分がアジロを使い続けていることをほかの漁業者に表明し続けなければならなかったのである。

この事例は、まず技術が変われば自然資源を使うための社会的な規制も変わること、そして漁業者にとっての自然資源の価値が変われば、社会的な規制も変わることを示していた。人びとは自分の知る漁法という制約のなかで自然と関わり、その結果にもとづいて社会的な規制をつくりだしていた。人びとは漁法や技術を操ることを通じて自然資源に対する知識を深めていた。したがって仮に誰かが新しい漁法を知ったとしても、個人がそれを勝手に導入できるわけではなかった。自然資源をとる行為は社会的な合意のもとでしか成り立たないのである。つまり漁業者集団に属する人びとは、生業活動を通して自然に密接に関わるなかでつくられる人間関係に制約されながら活動をしているのである。

三つ目の自然と個人の関わりをみてみよう。自然と関わる個人の営みは一見すると、人間関係とは無縁の個人的な経験のようである。しかし自然と関わる技術をどう高めていくかは、市場や消費者が求めるものに左右されていた。第五章の事例で示したように、魚類養殖業において養殖業者が育てるべきよい魚には共通する基準がなかった。魚類養殖業者にとってよい魚は、スーパーや魚屋でどんな魚が好まれているかという、市場での需要や養殖業者自体の経営状態との兼ね合いから決まるものだった。養殖業者の魚を買っていく仲買業者がどういう魚を求めているかを見極め、自分が置かれた状況のなかでできることを選んでいくのである。それが結果としてコストのかかるエサを大量に与えて成長をうながしてなるべく多く売る薄利多売という形で現れたり、手間のかかる作業をしてエサにかかるコストを抑えて利益を最大限にする低コストハイリターンという形で現れたりした。この駆け引きは、最終的にはたくさんいる養殖業者たちのうちで、誰の魚が先に仲買い業者に買いとられるのかということと関わっていた。

この養殖業者たちの駆け引きは、自分にとって最適な技術や技能が、自然と関わる個人的な経験のなかだけで形づくられるわけではないことを示している。人びとは海で個人的な経験を蓄えていく一方、市場や仲買業者を仲介者として、地域内の人びとと競争しながら生業活動を続けている。つまり自然と関わる人びとの経験は、一見すれば個人的なものであるようにみえるが、実際には人間関係のなかで磨かれていくものなのである。

自然と向き合う個人的な経験が人間関係のなかでできあがっていくことは、とる漁においても報告されている。増崎勝敏は、漁撈集団のネットワークに注目し、現代の漁師たちが繰り広げる生業活動では携帯電話や無線を活用した人と人の結びつきが重要であると指摘した［増崎 二〇〇五］。増崎の議論にみられるように、とる漁業においても人間関係は重要である。自然と向き合う個人的な経験が人間関係のなかで育まれるという点は、決して養殖業に特別なことではなく、とる漁業にも一般化できるだろう。

以上にみてきたように、戦後七〇年にわたる日本漁業の展開のなかで、人びとは自然と関わる集団や個人の経験をもとに、密接な人間関係をつくってきた。そして密接な人間関係は、ときに人びとの行動を制約するような社会的な規制としても作用し、逆に人びとの活動の可能性を広げる要因としても作用した。そして人びとは生態学的な環境に意味づけによる制約や可能性を与えた海で人間関係を再編しながら、新しい可能性を探ってきたのである。現代の漁業は自然環境の利用方法のみで切り取れるものではなく、人びとの経験とその積み重ねとしての生き方が組み込まれたものだったのである。以下では、濃密な人間関係のなかで営まれてきた戦後七〇年にわたる日本の漁業をまとめよう。

(2) 経験の海に生きる

本書では生業誌という視点を用いて、自然と関わる人びとの経験に注目し、経験の過程であり履歴である人びとの生き方を共時と通時の両面から論じることを通じて、戦後七〇年間にわたる日本漁業の展開を検討してきた。人びとの経験や生き方に注目することによって、政策の変化や経済情勢の変化を人びとがどのように受けとめ、その制約にどのように対処して、漁業という生業活動を続けてきたのかを検討した。そして本章では第一章から第五章で検討してきたことを、①人びとは自然をどのようにみてきたのか、②人びとは自然とどのように関わってきたのかという観点からまとめた。

まず、人びとは自然をどのようにみてきたのかを検討して、一見、効率化を求め機械化を進めて大量生産をめざして近代的な技術を操る技術を高めてきたようにみえる漁撈活動の現場で、人びとが漁法や機械、技術を通して自然をみて、経験的な知識を蓄えてきたことを明らかにした。同時にその経験的な知識は、社会から切り離された個人的な経験ではなく、政治や経済、文化など社会的な要因によるしがらみのなかで生み出されていくものであることを論じた。

つぎに、人びとが自然と関わる生業活動の経験から濃密な人間関係を築いていたことを明らかにした。自然と関わる経験は、どんなに漁業が個人経営化しても、個人のなかで完結するものではなかった。一見、個人的なものにみえる漁場での人びとの営みも、地域社会や漁業者集団、外部社会の経験と密接につながっていた。つまり人びとは濃密な人間関係のなかで戦後七〇年にわたる漁業を営んできたのである。

人びとは経験をもとにして海に新しい意味や価値をみつけ、理解を深めてきた。その理解から人間関係を築き、そこに社会的な規制をつくりだしてきた。その社会的な規制は人びとの選択や行動に制約を与えるものであると同時に、可能性を開くものでもあった。そして人びとは新たな可能性を求めて人間関係を再編してきた。人間関係の再編は自由にできるとはいえ、過去の人間関係や政治・経済・文化などのしがらみと無関係ではなかった。人びとはさまざまな制約のなかで新しい可能性を探り、制約を可能性に変えてきたのである。つまり本書でみてきたイーミックな立場からみえる海は、いわば人びとの経験と、経験の蓄積としての人びとの生き方が刻み込まれ、意味に満ちあふれた空間なのである。いいかえれば、人びとは経験の海とともに生きてきたのである。

飯田卓は、漁撈を扱う先行研究の議論が自然資源という有形資源の管理に偏っていたことを批判し、人間関係や技術・知識・経験などの身体化された文化資本である無形資本に注目した漁撈研究の必要性を論じた［飯田 二〇〇八］。本書は、飯田が無形資本と述べた人間関係や技術・知識・経験を、自然と地域社会、自然と漁業者集団、自然と個人という三つの関係性に分けて検討し、自然と関わる人びとの経験やその積み重ねである生き方を論じた。

自然と地域社会の関わりでは、人びとが経験を通じてとらえた海の性格が、人びとが村に残るか、村に残らないかという選択に影響を与えていたことを明らかにした。人びとの活動は、一面でみれば環境への適応であるが、環境は単純な生態学的な自然環境ではなかった。人びとは生態学的な自然環境を、経験を通じて理解し意味づけ人間関係を築くことで使いこなしてきた。人びとが築いた人間関係は人びとの活動を制約してもいたのである。

自然と漁業者集団の関わりでは、人びとが使う自然資源には資源の発見―利用―利用放棄というプロセスがあり、資源が発見されるとその資源の特性や漁法など経験的な知識にもとづいて人間関係を再編し、社会的な規制をつくりだしていたことを論じた。社会的な規制は漁法の変化や資源量の変化、市場での価値の変化などにあわせて変容していた。

自然と個人の関わりでは、人びとは経験をもとにして、必要に応じて海に対する知識を深めていたことを論じた。人びとの活動は一見、個人的なものでありながら、地域社会や漁業者集団、さらには市場・政治などの人びとをとりまく人間関係や社会と密接に関わっていた。しかし近代化が進んだからといって、自然との関わりが薄れるわけではなかった。人びとは自然と関わる空間を狭めつつ、狭い空間に対して知識を深めていたのである。

以上のことをまとめると、人びとは生態学的な意味で制約のある海を、経験を糧にして理解し、意味づけ、切り開くことによって、豊かな場につくりあげてきたといえる。つまり戦後七〇年の日本漁業の歴史において海を豊かなものにしてきたのは、人びととの経験だったのである。しかし人びとは茫洋とした可能性の海に生きているわけではなかった。人びとは経験を通じた人間関係といかに折り合いをつけるか、同時に人間関係をいかに再構築するかという、関係性の制約と可能性が錯綜する経験の海に生きているのである。人びとは経験にもとづいて行動せざるをえないのであるが、経験は人びとを制約する場合もあるし、同時に可能性を開くものでもあったのである。

以下では、人びとの経験や生き方に注目することが現代の漁業が直面する問題を考える上でなぜ重要なのかを論じ、これからの漁業の簡単な展望を述べて本書をまとめよう。

4　海とともに生きる――これからの漁業

現在の漁業法は、第一章でみたように一九四九年に成立した。この漁業法の内容をめぐってＧＨＱと農林水産省水産局は激しい議論をした［久宗 一九八五］。ＧＨＱは当初、漁業制度改革を農地改革と同じように考え、個々人が漁業権をもてるように改革することを計画していた。それに対して日本人の専門家の側から、より現実にあった漁業制度改革が必要だとする声があがり、各分野の専門家の人びとが集まって実態調査をした。その調査のなかには、ある地域を選んで漁師の奥さんに時計をもたせて、漁師が何の労働をしていたかを逐一記録してもらうといった参与観察的な手法をとりいれた精緻な調査もあった。こうした調査の結果が法律に直接反映されたわけではなかったが、漁業法ができる背景には人びとの活動をイーミックな立場から検討し、それを制度に反映させようとする試みがあったのである。

この漁業法が成立した三年後に出版された『九学会年報　第四集　漁民と對馬』［木内編 一九五二］には、水産庁職員と九学会連合が漁業制度改革について検討した会議の議事録「九學會連合と水産廳とによる漁業制度改革に關する研究討論」が載っている。この会議では宮本常一や瀬川清子、桜田勝徳、泉靖一、関敬吾などの民俗学者や人類学者が、各地の事例をあげて、当時の漁業が抱えていた法律上の問題点を論じた。

たとえば宮本は、漁業だけで食べていけない地域の問題をとりあげ、瀬戸内海の入り組んだ県境のために目の前の海で漁をする権利が得られないことが困窮の原因になっていることや、漁業者の経済的な状況を知るには漁業だけではなく副業も含めた家計全体を検討する必要性を説いた［木内編 一九五二：宮本の発言箇所 一九〇―一九二］。また瀬川は、漁村の女性が置かれた状況をとりあげ、戦後、生活の個人主義化が叫ばれるなかで海女の子育てに不可欠の子守りを他人に頼みにくくなっている現状を論じた［木内編 一九五二：瀬川の発言箇所 二〇八―二一二］。瀬川は、かつて子どもをもつ海女が働けたのは子守りを簡単に引き受けてくれる人がいたからだとして、再び地域社会の団結を取り戻すためには過去の漁民の生き方を理解する必要があると説いた。

個別の議論の中身は深く検討しなければならないものもあるが、現場の論理や人びとの経験を引き出す視点をもつ人びとが、制度改革の現場に呼ばれて議論をしていた事実は重要である。それらが現在の漁業制度にどのように反映されたかは別としても、少なくとも人びとの経験や生き方を議論の俎上に載せて、制度の見直しが進められたのである。

本書の冒頭で述べたように、日本全国の多くの漁村では過疎・高齢化が進む。過疎・高齢化は地域社会の抱える深刻な問題となっている。こうした問題を背景に、現代の漁業は漁業制度に何かしらの方策を加えて、新しい制度設計を検討する必要に迫られている。とくに次の世代に漁業を担う人びとがいない現状には何かの手を打つ必要がある。

こうしたなか二〇一一年三月一一日に起きた東日本大震災による津波は、東北地方の沿岸地域に壊滅的な被害を与えた。この被害のなかから復旧する過程で、漁業制度を改革しようとする構想が打ち出された。ここで構想の是非を論じることはしないが、改革案が提示される背景と検討すべき課題について簡単に述べておきたい。

新たな漁業の展開を考える上で、これまで本書で論じてきたような人びとの経験や生き方に注目することは重要である。本書で人びとの経験を検討することで明らかにしたのは、地域社会や漁業者集団が生み出す社会的な規制が人びとの個人的な生き方にまで深く関わっていたことである。新たな漁業制度を考えることは単なる経済構造の改革の問題ではなく、人びとの生き方にも深く関わる問題なのである。もちろん人びとの生き方に注目することで、現代の漁業が抱える乱獲や資源の枯渇という問題のすべてを解決できるわけではない。しかし現代の漁業をとりまく諸問題を解決する上で、生態や経済的な課題に注目するのと同じくらい、人びとの経験や生き方に注目することは必要なことなのである。

最後に震災に関連してもう一つの視点を、今後の課題として論じておきたい。本書は海という自然と関わって生きる人びとの活動をとりあげてきたが、それは生産活動の場として海の富や豊穣をもたらす側面に注目したものだった。ところが今回、震災にともなう津波は広い範囲に大きな被害をもたらした。このことは、海には災害をもたらすもう一つの顔があることを、改めて私たちにみせつけた。私がこれまで関心をもってきた海は富や豊穣をもたらす生産の海であり、「海とともに生きる」ことを生産の側からしかとらえていなかったことに、今さらながら気づかされた。

川島秀一は東日本大震災を経験した後に『津波のまちに生きて』という本を出版した［川島 二〇一二］。このなかで川島は、強制的な高台移転のように津波をもたらす海から人を分断する震災後の政策を批判して「津波も含めた多くの災害と共に歴史を刻んできた、この列島の人びとの災害観や自然観をまずは認めることで、さらに防災や減災の計画を立てていかなければならないだろう」［川島 二〇一二：一〇二］と述べている。

私は二〇一一年四月から、現在の職場の仕事で、気仙沼市で津波の被害を受けて流された尾形家という民家から生活用具や民具を救ってきた［小池・葉山 二〇一二、葉山 二〇一二］。そこで学んだのは三陸地方がしばしば津波が襲来してきた地域であることと、人びとが幾度も襲来した津波の被害を乗り越えて暮らしてきたことである。そして津波被害の現場で目の当たりにしたのは、瓦礫のなかから過去の生活の断片を拾い集め生活を再興しようとする人びとの姿だった。

本書は富や豊穣をもたらす側の海に偏って検討してきたが、海とともに生きることを考えるのであれば、災害をもたらす海という側面を同時に考えていくことが必要である。そこでもまた、人びとの経験に注目して、人びとの生き方を論じる視点から、海と関わる人びとの営みを知る努力がよりいっそう必要になるのである。

おわりに

一九九六年の春、私は弘前大学人文学部人間行動コースの学生だった。当時、人間行動コースには出稼ぎ、過疎、高齢化をテーマに調査実習をする三つの班があった。そのうち出稼ぎを調査する班の責任者だった作道信介先生が、ガイダンスで「今年から漁村の出稼ぎを調べます」と説明された。この一言にひかれて私は出稼ぎ調査班に入り、漁村を調査することになった。はじめての調査は青森県北津軽郡の小泊村だった。一九九六年の冬のことである。

それ以来、作道先生や曽我亨先生の引率で集団で調査に行ったり、卒業論文の調査に行く先輩の車に乗ってついて行ったり、列車とバスを乗り継いで勝手に行ったり、何度も小泊村に通った。聞き取りができない日も多かった。何をしていいか当てもなく現場に立っては迷ったが、現場で迷うことはおもしろく感じられた。

当時、作道先生は「出稼ぎは貧しいから行くのではないし、出稼ぎが辛いとは限らない」と説明をされていた。その議論に私は違和感をもち「貧しくなければ出稼ぎのような辛い仕事はしないだろう」と感じていた。しかし小泊村に通って人びとに話を聞くうち、人びとが「貧しいから出稼ぎに行く」「出稼ぎは辛い」という言葉とともに、楽しい出稼ぎ先の生活を語っていることに気づいた。このことに気づいたとき、調査がおもしろくなった。

小泊村の調査では人びとのライフヒストリーを集めることが課題だった。人びとのライフヒストリーを集めるうち、人びとの生き方に注目するようになった。数人のライフヒストリーを並べると、同じ地域の人びとの行動に一定の傾向がみえた。そして人びとのライフヒストリーから地域の人びとの生き方をみわたすことができることを知った。

第三章でも触れたように、小泊村は、人びとが自分の村の外に新しい収入の道を得て、外に外に発展していく地域だった。それは「とれるところでとる」という漁師たちの言葉に代表されるような生き方である。小泊村という場所しか知らなかった私は、青森県の漁師たちがみな漁場拡大型の生業戦略をとっているのだろうと理解していた。出稼ぎの追調査のつもりで佐井村磯谷集落に出かけたとき、私の理解は崩れた。国勢調査や青森県統計年鑑などの統計書を慎重にみくらべた私は、出稼ぎ者数も漁業就業者数もほぼ同じ割合の地域だった下北半島の佐井村を、次の調査地に選んだ。そして漁業がさかんそうな場所を訪ねて歩き回ったあと、磯谷という集落で調査をすることにした。

いざ調査をはじめると、出稼ぎをする人びとが多いはずの地域のなかで、佐井村磯谷集落の人びとはどの時代にもほとんど出稼ぎをしていなかったことがわかった。佐井村磯谷集落の人びとは漁場を自分たちの村のまわりにみつけ、漁業の収入を補うために山に杉の木を植えて村で管理するなど、限られた空間のなかで生計をたてることのできるものを、そのときどきで選んでいた。そして地域の産業に関われない人びとは村の外に出るという選択をしていた。当初、出稼ぎの調査をするつもりでいた私は、出稼ぎがないことに驚き困惑した。のちに出稼ぎがないことが「出稼ぎ」という生業活動を理解する上で重要だったことに気づいた。調査を進めるうちに、人びとが地域社会で生きるなかで自分の身のまわりの世界を劇的に変えていくことに新鮮な驚きを覚えた。五島列島の小値賀島では、人びとが漁をめぐって一度決めた枠組みをいとも簡単に状況に合わせて変えていくことを知った。人びとのまわりにある自然資源の分配方法に注目すると、我々のような調査者には直接みえにくい地域の論理が働いており、その論理はそのときどきの状況で変わっていることがわかった。

人びとが生業活動を通じて地域社会のあり様を変えていく営みは、その人びとが住む地域社会を定義しなおし、新たに発見していく過程である。そうした人びとの試みをおもしろいと思い、また人びとの強さに気づかされながらフィールドワークを続けてきた。

出稼ぎの調査をして以来、調査対象や調査地、そしてそのときどきの調査テーマは変わったが、改めてまとめてみると、現在生きている人びとがどうやってそれぞれの住む地域で生き続けようとしてきたのかを知りたかったのだということに気づいた。

本書は総合研究大学院大学に提出した博士論文『産業としての漁業における自然と人の生業誌』を大幅に加筆修正したものである。本論文と本書をまとめるにあたり、青森県の小泊村、佐井村、長崎県の小値賀島、愛媛県の宇和島市津島町北灘地区と四つの地域で住み込みの調査をした。無理をいって泊まる場所を提供していただいたり、資料を提供していただいたりした。さまざまな方々のご協力をいただいて本書は書き上がった。フィールドでお世話になった小泊村の方々、佐井村の方々、小値賀町の方々、津島町の方々には感謝したい。小値賀の調査では塚原博さん、魚屋裕子さんにお世話になり、調査の道が開けた。また北灘での調査では私が調査に行き詰まって困っていたときに渡部順子さん、清家道夫さん、テム研究所の真島俊一さん、宇和島市の森田浩二さんにお世話になったことを記しておきたい。

本書を書くまでに、多くの先生のご指導をいただいた。博士論文の審査では国立歴史民俗博物館の篠原徹先生（現・琵琶湖博物館長）、安室知先生（現・神奈川大学教授）、西谷大先生、青山宏夫先生、常光徹先生、弘前大学の丹野正先生、国立民族学博物館の野林厚志先生にご指導いただいた。また本書の第三章と第四章は筆者が弘前大学の学生であったときに丹野正先生、北村光二先生、杉山祐子先生、曽我亨先生、作道信介先生、田中重好先生、山下祐介先生をはじめ多くの先生方からご指導いただいたものが土台となっている。

大学院修了後、国立歴史民俗博物館で先生方にお世話になった。とくに博士論文をきちんと出版物にするようにと声をかけてくださった山田慎也先生には感謝をしている。また小池淳一先生には震災後に気仙沼に行くときに声をかけていただいた。この経験が、人びとの生き方をより深く考えるきっかけになった。自問自答の結果を小池先生をはじめとする先生方、そして気仙沼で私や国立歴史民俗博物館の活動を指導してくださった川島秀一先生（リアス・

アーク美術館副館長（当時）、現・神奈川大学特任教授）に聞いていただき、議論をしていただいた。ご指導いただいた先生方に改めてこの場を借りて感謝したい。

なお小値賀島の調査にあたっては科学研究費補助金（基盤研究B）「出稼ぎ・過疎・高齢化に関する学際的地域研究——生活史法から接近する近代化のスローモーションとしての青森県津軽地方から」（研究代表者：作道信介教授）より調査の援助をしていただいた。また小値賀島を二〇〇三年に再訪したときには文部科学省科学研究費補助金・特定領域研究「資源分配と共有に関する人類学的統合領域の構築」（領域代表：内堀基光教授）の「小生産物（商品）資源の流通と消費」班（代表：小川了教授）より調査の援助をしていただいた。

また田村善治郎先生には多くの書籍をいただき、私の視野を広げていただいた。博士論文を執筆するときにも多くのご助言をいただいた。龍谷大学の須藤護先生にも博士論文の話をもとに私の学問に対する視野を大きく広げていただいた。大変感謝している。また議論をともにした多くの友人にも感謝をしたい。

最後に、私の長い学生生活を支えてくれ、私の議論に耳を傾けながら叱咤激励しつつ、やりたいことをさせてくれた両親と、本書を書くにあたって長い時間にわたって私の議論につきあい、さまざまなアイデアを与えてくれた妻、鮎美に感謝したい。二〇一一年三月の大震災のあと、勤め先でほぼ毎週、気仙沼と東京を行き来する仕事を担当し、家を空ける日が続いた。妻はそういう生活を容認し、議論につきあってくれた。

二〇一一年四月下旬、私は国立歴史民俗博物館のメンバーとともに気仙沼を訪れた。これが私にとってはじめての三陸行だった。このとき、車のなかから町の被災の様子をビデオカメラで撮影したが、撮影しているあいだずっと、小刻みに息をのんでいた。あとから映像をみて気づいた。

それからほぼ毎週三日ずつ、気仙沼で過ごし、被災した民家から生活用具や民具を拾った。作業をさせていただいた民家は一八一〇（文化七）年に建てられ、三月一一日に津波で流されるまで使われていた。この家は同族が集まってできた集落の総本家を担い、地域の政治や文化の中心だった。その経緯を反映して、地域の経験や記憶をモノや文書の形で数多く蓄積してきた家だった。

この家で生活用具や民具、文書などのモノを拾い集める活動は、そのこと自体が被災地の失われようとする文化を救うという意味で一定の意義があったのだろうと思うが、それ以上に自分の学問的な足元を見直す機会になったという意味で私にとって意義深いものだった。被災の現場は何をするにも、ふだん学問をするということで許されるような事柄について、きちんとした説明を求められた。それはこの家が多くの年中行事や信仰など、ゆたかな生活文化を育み、学術的な意味では興味深い存在であった一方で、文化財の指定や登録を避けてきた経緯があり、公的な意味でのお墨付きをもらっていなかったこととも関係がある。ふだんであれば、それでも古い、貴重だということは、学術的な対象にする上で根拠をもちうる。ところがお墨付きもない状態のなかで、被災の現場でいくらそれを語ったところで、何の意味もなかったのである。

そこで何のためにやるのか、どうして自分はここにいるのかを何かにつけて説明しなければならなくなった。それは地域の方々に対して説明する義務でもあり、同時に自分がその場に居合わせることに対する根拠づけでもあった。またマスメディアからは、直接的に「この大変なときに、悠長に文化などと言っているが、迷惑ではないのか」という趣旨の質問を幾度となく受けた。こうした状況に対して、公式見解としては復旧・復興とは建物やインフラなどのハードの復旧・復興だけではなく、人びとの生活や文化などソフトを復旧・復興していくことが大切だという答えを用意した。しかしそれで自分を納得させることができたわけではなかった。そこで必死になって現場に立ち、そしてこれまでに自分が身につけてきた学問的な方法を試す作業が続いた。そのなかで、もっとも自分の役に立ち、同時にその意義を考えさせられたのが、参与観察という調査方法だった。いわば参与観察という調査方法が自分の寄って立つところになったのである。

大学に入って参与観察という方法を学び、それが対象を理解する上で重要なのだということは理解していた。ところがそうはいっても、参与観察という方法は、時間もかかり、思ったほどの成果もでない調査プロセスだった。何度となく、聞き取りをすればそれで良いのではないかと思うこともあった。ところが被災地に立って、生活の諸要素が瓦礫という形になって無秩序に積み重なった現場で、それを解きほぐし、秩序立てて被災前の生活を再現していく上で、重要なことは言葉にできないけれども確かに人びとが日々の暮らしのなかで蓄えた身体化した記憶や知識であったことを、身をもって知った。

モノは不思議な存在である。モノを救出していくなかで、「そのモノ」には、人びとの過去のある時点の記憶だけではなく、通時的な時間の記憶が染みついていることに気づいた。モノをみつけると、そこに人の輪ができて、ひとしきり、人びとの記憶がモノをめぐって湧き出してきて、人びとがいくつもの記憶を話しながら記憶をすり合わせ、そこにつかの間の笑顔が広がる現場に幾度となく立ち会った。そこには「あのとき」も「そのとき」もあり、重層化した時の記憶が具体的に、そして詳細に存在していたのである。こういうことに気づくことができたのは、結局、自分がしつこく、そしてなるべく長い時間、現場に立とうと意図し、そこで人びとがなぜ海の端に住み続けようとしてきたのかを考えながら、地域の方々と時間をともに過ごしたからなのではないかと感じた。

するとなぜフィールドワークが必要で、なぜ参与観察という調査方法が重要なのかが手に取るようにわかってきた。自分たちがやろうとすることを相手に伝え、信頼関係をつくるために、フィールドワークの教科書にあるような基本的な「挨拶をする」とか、「アポイントをとる」とか、「相手の意向を確認する」というようなことを逐一、まるで儀礼のように手順を踏んでやっていくこと、そして、いっしょに瓦礫を取り除き、長い時間をともにし、そのなかで湧き出してくる物語に耳を傾けること、それらのことをふだんの調査のときよりも、もっと丁寧に、そして慎重に経験していくなかで、すでに見えづらくなりつつあった身体化された記憶や知識を引き出すことが多少なりともできるようになった。その湧き出してきた記憶や知識が単なる字面の知識としてではなく、身体がゾクゾクするような感覚をともなってわかったような気がしたという経験を何度かした。つまり自分の身体でわかるという感覚を経験することを目的とした活動が参与観察という調査なのであり、そこに言葉にならない事柄を私たち外部の人間が知る余地が残っている。そして、じつは言葉になっていない事柄がこの世の中には非常に多くあることを、この被災地での経験を通して改めて確認した。

こうした経験をもとに、もう一度自分のやってきたことを振り返って書いたのが本書である。私にとって被災地での経験は、被災地の方々に何かを「してあげる」ことではなく、被災地から学ばせて「もらう」経験だった。結局、ふだんの調査と何も変わらないことを現場でさせてもらったように思う。「民俗学や生態人類学のような文化を扱う学問が、災害に対して何ができるのか」という問いも、もちろん考える必要があると思うが、同時に災害の現場に関わりながら、自分たちの日常をじっくり振り返り、自分がなぜそれをしてきたのか、なぜそれを大事に思ってきたのかを改めて問い直すことも大切な経験だろう。それを被災地での活動に携わらせてもらって再確認できたことは、私にとっては、とても重要な機会だった。それをまた日常に戻していくことが大切なのだろうと思うと、重い宿題を背負ったような気もするが、日常のなかで一つ一つ具体的にしていくことが大切なのだろうと感じる。

最後に私の遅筆に辛抱強くつきあってくださり、打ち合わせのときに、被災地で調査者が感じた視点はあとがきにきちんと書いておいた方がいいと言って背中を押してくださった昭和堂の松井久見子さんに感謝したい。

なお、本書を出版するにあたり、平成二四年度科学研究費補助金（成果物公開促進費）学術図書（課題番号：六二五〇一二）の助成を受けた。

二〇一二年一一月

葉山　茂

引用・参考文献

序章

秋道智彌　一九七九「伝統的漁撈における技能の研究——下北半島・大間のババガレイ漁」国立民族学博物館編『国立民族学博物館研究報告』二（四）、国立民族学博物館、七〇二—七六四頁。

秋道智彌　一九九四「海の資源はだれのものか」大塚柳太郎編『地球に生きる 三 資源への文化適応』雄山閣、二一九—二四二頁。

秋道智彌　一九九五a『なわばりの文化史——海・山・川の資源と民俗社会』小学館。

秋道智彌　一九九五b『海洋民族学——海のナチュラリストたち』東京大学出版会。

秋道智彌　一九九九「自然はだれのものか——開発と保護のパラダイム再考」秋道智彌編『講座人間と環境一　自然はだれのものか——「コモンズの悲劇」を超えて』昭和堂、四—二〇頁。

秋道智彌　二〇〇四『コモンズの人類学——文化・歴史・生態』人文書院。

青野壽郎　一九五三『漁村水産地理学研究』古今書院。

ギブソン　二〇一一『生態学的視覚論——人の知覚世界を探る』サイエンス社（初版は一九八五年）。

Hardin, G., 1968, The Tragedy of the Commons, *Science* 162 : 1243-1248.

葉山茂　二〇〇五「自然資源の利用をめぐる社会的な規制の通時的変化——長崎県小値賀島の漁業を事例として」『エコソフィア』一五：一〇四—一一七。

葉山茂　二〇〇九「書評　秋道智彌編『資源とコモンズ』（資源人類学八）」『文化人類学』七四（一）：一九七—二〇〇。

市川光雄　一九七八「宮古群島大神島における漁労活動――民族生態学的研究」加藤泰安・中尾佐介・梅棹忠夫編『今西錦司博士古稀記念論文集　体験　地理　民俗誌』中央公論社、四九五―五三三頁。
飯田卓　二〇〇二「旗持ちとコンブ漁師――北の海の資源をめぐる制度と規範」松井健編『講座生態人類学六　核としての周辺』京都大学学術出版会、七―三八頁。
今村仁司　二〇〇八「資源の概念」内堀基光総合編集『資源人類学一　資源と人間』東京外国語大学アジアアフリカ言語文化研究所（特定領域研究「資源人類学」統括班）、三五七―三七七頁。
加藤久和　一九九〇「持続可能な開発論の系譜」大来佐武郎監修『講座地球環境三　地球と経済』中央法規出版、一三―四〇頁。
金柄徹　二〇〇〇「漁民の身体技法――伝統的「わざ」と先端テクノロジーの併用」『民族学研究』六五（二）：一二三―一四五。
小沼勇　一九五七『日本漁村の構造類型』東京大學出版會。
松井健　二〇〇一「マイナー・サブシステンスの世界――民俗世界における労働・自然・身体」篠原徹編『現代民俗学の視点一　民俗の技術』朝倉書店、二四七―二六八頁。
内藤直樹　一九九九「「産業としての漁業」において人―自然関係は希薄化したか――沖縄県久高島におけるパヤオを利用したマグロ漁の事例から」『エコソフィア』四：一〇〇―一一八。
中野泰　二〇〇九「民俗学における「漁業民俗」の研究動向とその課題」『神奈川大学国際常民文化研究機構年報』一：五七―七四。
大槻恵美　一九八八「現代の自然――現代の琵琶湖漁師と自然のかかわり」『季刊人類学』一九（四）：一八六―二一四。
Ruddle, K., 1989, Solving the Common-Property Dilemma: Village Fisheries Rights in Japanese Coastal Waters, in Berkes, F., (ed.), *Common-Property Resources: Ecology and Community-Based Sustainable Development*, Belhaven

Press, pp.168–184.
桜田勝徳　一九八〇『桜田勝徳著作集　漁民の社会と生活二』名著出版。
篠原徹　一九九〇「自然・生態・民俗」『自然と民俗――心意のなかの動植物』日本エディタースクール出版部、三―二三頁。
篠原徹　一九九四「環境民俗学の可能性」『日本民俗学』二〇〇：一一一―一二五。
篠原徹　一九九五「一本釣り漁師の村とその生態」『海と山の民俗自然誌』吉川弘文館、七三―一三七頁。
水産庁　一九六九『漁船登録による漁船統計表』第二一号（農林水産省図書館 http://www.library.maff.go.jp/GAZO/40042199/40042199_01.pdf）
水産庁　一九七五『漁船登録による漁船統計表』第二七号（農林水産省図書館 http://www.library.maff.go.jp/GAZO/40042190/40042190_01.pdf）
高桑守史　一九八三『漁村民俗学の課題』未来社。
高桑守史　一九九四『日本漁民社会論考――民俗学的研究』未来社。
竹内利美　一九九一『竹内利美著作集二　漁業と村落』名著出版。
竹川大介　二〇〇三「実践知識を背景とした環境への権利――宮古島潜水漁業者と観光ダイバーの確執と自然観」篠原徹編『国立歴史民俗博物館研究報告』一〇五、国立歴史民俗博物館、八九―一一二頁。
田和正孝　一九九七「ナマコ漁の導入と村の対応――パプアニューギニア西州カタタイ村」『漁場利用の生態』九州大学出版会、三一五―三四九頁。
寺嶋秀明　一九七七「久高島の漁撈活動――沖縄諸島の一沿岸漁村における生態人類学的研究」『人類の自然誌』雄山閣出版、一六七―二三九頁。
卯田宗平　二〇〇一「新・旧漁業技術の拮抗と融和――琵琶湖沖島のゴリ底曳き網漁におけるヤマアテとＧＰＳ」『日本

民俗学』二二六：七〇―一〇二。
藪内芳彦　一九五八『漁村の生態』古今書院。
家中茂　二〇〇二「生成するコモンズ」松井健編『開発と環境の文化学――沖縄地域社会変動の諸契機』榕樹書林、八一―一一二頁。
安室知　一九九八『水田をめぐる民俗学的研究――日本稲作の展開と構造』慶友社。
安室知　二〇〇八「海付の村の生活空間」安室知・小島孝夫・野地恒有著『日本の民俗一　海と里』吉川弘文館、三〇―一一五頁。

第一章

愛媛県かん水養魚協議会編　一九九八『愛媛県魚類養殖業の歴史』愛媛県かん水養魚協議会。
平塚純一　二〇〇四「一九六〇年以前の中海における肥料藻採集業の実態――里湖（さとうみ）としての潟湖の役割」『エコソフィア』一三：九七―一一二。
岩崎寿男　一九九七『日本漁業の展開過程――戦後五〇年概史』舵社。
加瀬和俊　一九八八『沿岸漁業の担い手と後継者――就業構造の現状と展望』成山堂書店。
加瀬和俊　一九九七『集団就職の時代』青木書店。
柏尾昌哉　一九五六『日本の漁業』ミネルヴァ書房。
川上健三　一九七二『戦後の国際漁業制度』社団法人大日本水産会。
小沼勇　一九八八『漁業政策百年――その経済史的考察』農山漁村文化協会。
河野通博　一九八八「漁場環境の悪化と漁民の対応――瀬戸内海を中心に」西日本漁業経済学会編『西日本漁業経済学会三〇周年記念論集　転機に立つ日本水産業』九州大学出版会、三三九―三五二頁。

久宗高　一九八五「制度改革」ＮＨＫ産業科学部編『証言・日本漁業戦後史』日本放送出版協会、四一―六二頁。
増田洋　一九八八「漁業金融の動向」西日本漁業経済学会編『西日本漁業経済学会三〇周年記念論集　転機に立つ日本水産業』九州大学出版会、一九一―二〇六頁。
益田庄三　一九八〇『漁村社会の変動過程　下』白川書院新社。
松田延一　一九七七「高度経済成長下における食生活の変化Ｉ」『名古屋女子大学紀要』二三：二六五―二七六。
松田延一　一九七八「高度経済成長下における食生活の変化Ⅱ」『名古屋女子大学紀要』二四：六七―七六。
宮原九一　一九八五「そのとき、浜では」ＮＨＫ産業科学部編『証言・日本漁業戦後史』日本放送出版協会、一三―一九頁。
宮島宏志郎　一九七七「二〇〇海里と遠洋漁業」『東北経済』六三：七八―九六。
中井昭　一九八八「資源管理型漁業の胎動――アプローチを巡る諸類型」西日本漁業経済学会編『西日本漁業経済学会三〇周年記念論集　転機に立つ日本水産業』九州大学出版会、三五三―三六三頁。
中村善治　二〇〇二「水産生物の生息環境の保全・創造のための水産研究の枠組み」『沿岸海洋研究』三九（二）：一〇一―一〇六。
農林漁業基本問題調査事務局編　一九六一『漁業の基本問題と基本対策――解説版』農林統計協会。
農林省農林経済局統計調査部編　一九六五『第三次漁業センサス一　漁業経営体・漁業従業者世帯および漁業従業者に関する統計』農林統計協会。
大島襄二　一九七二『水産養殖業の地理学的研究』東京大学出版会。
大津昭一郎・酒井俊二　一九八一『現代漁村民の変貌過程』お茶の水書房。
佐藤隆夫　一九七八『日本漁業の法律問題』勁草書房。
潮見俊隆　一九五四『漁村の構造』岩波書店。

庄司東助　一九八三『日本の漁業問題――その歴史と構造』農山漁村文化協会。
田平紀夫　二〇〇五「日本漁業法小史――漁業法準備期を中心として」『鹿児島大学法学論集』三九（二）：一〇五―一二〇。
柳哲雄　二〇一〇『里海創世論』恒星社厚生閣。

第二章

秋道智彌　一九九五『海洋民族学――海のナチュラリストたち』東京大学出版会。
今西錦司　一九七四「記述における縮尺度」『今西錦司全集四　生物社会の論理』講談社、八九―九五頁。
金子之文　二〇〇六「自然認識と縮尺論」『ネズミの分類学――生物地理学の視点』東京大学出版会、一五六―一六〇頁。
三浦耕吉郎　二〇〇五「環境のヘゲモニーと構造的差別――大阪空港「不法占拠」問題の歴史にふれて」『環境社会学研究』一一：三九―五一。
中野泰　二〇〇五『近代日本の青年宿――年齢と競争原理の民俗』吉川弘文館。
野口武徳　一九七二『沖縄池間島民俗誌』未来社。
桜田勝徳　一九八〇『桜田勝徳著作集　漁民の社会と生活二』名著出版。
篠原徹　一九九五『海と山の民俗自然誌』吉川弘文館。
高桑守史　一九九四『日本漁民社会論考――民俗学的研究』未来社。
竹内利美　一九九一『竹内利美著作集二　漁業と村落』名著出版。
寺嶋秀明　二〇〇二a「フィールド科学としてのエスノ・サイエンス」寺嶋秀明・篠原徹編『講座生態人類学七　エスノ・サイエンス』京都大学学術出版会、三―一二頁。
寺嶋秀明　二〇〇二b「イトゥリの森の薬用植物利用」寺嶋秀明・篠原徹編『講座・生態人類学七　エスノ・サイエンス』京都大学学術出版会、一三―五五頁。

藪内芳彦　一九五八『漁村の生態』古今書院。
安室知　一九九二「低湿地文化・再考――木崎湖畔にみる水田と漁場の転換をめぐって」長野市立博物館編『長野市立博物館紀要』一：一一―二三。
安室知　一九九八『水田をめぐる民俗学的研究――日本稲作の展開と構造』慶友社。
渡辺仁　一九七七「生態人類学序論」人類学講座編纂委員会・渡辺仁編『人類学講座』一三別冊三、雄山閣出版、三―二九頁。

第三章

青森県編　一九九七『平成九年度　青森県海面漁業調査』青森県。
青森県企画制作部統計分析課　一九九七『平成五・六年度　青森県統計年鑑』青森県。
青森県出稼対策室　一九九五『出稼対策の概況　平成七年度』青森県。
加曽利隆　一九八五「佐井の食生活」『日本観光文化研究所紀要』六：五六―八一。
小泊村の歴史を語る会　一九九〇『小泊のあゆみ』小泊村。
楠原憲一　一九五八「村のあゆみ――商品生産の展開と農民層の分解」的場徳造編『農業総合研究所刊行物一六七　出稼ぎの村』農林省農業総合研究所、一五―九八頁。
松田素二　一九九六『都市を飼いならす』河出書房新社。
松田昌二　一九五八ａ「戦後の出稼ぎ」的場徳造編『農業総合研究所刊行物一六七　出稼ぎの村』農林省農業総合研究所、二七七―三二八頁。
松田昌二　一九五八ｂ「おわりに」的場徳造編『農業総合研究所刊行物一六七　出稼ぎの村』農林省農業総合研究所、三二九―三三八頁。

奈須敬二・奥谷喬司・小倉通男共編　一九九六『イカ――その生物から消費まで』成山堂。
乗本吉郎　一九九六『過疎問題の実態と理論』富民協会。
佐井村　一九七一a『佐井村誌　上巻』佐井村役場。
佐井村　一九七一b『佐井村誌　下巻』佐井村役場。
作道信介　一九九七「新聞記事にみる青森県の「出稼ぎ」の形成過程――言説としての出稼ぎ」弘前大学人文学部人文学科人間行動コース編『人間行動研究三　過疎・高齢化・出稼ぎ調査報告書』弘前大学人文学部人文学科人間行動コース、一三九―一七三頁。
庄司東助　一九八三『日本の漁業問題――その歴史と構造』農山漁村文化協会。
総務省統計局編　一九九五『平成七年　国勢調査結果報告』総務省統計局。
高桑守史　一九八三『漁村民俗論の課題』未来社。
塚本哲人　一九六七「佐井村磯谷――家族と部落体制」九学会連合下北調査委員会編『下北――自然・文化・社会』平凡社、三六三―三六八頁。
藪内芳彦　一九五八『漁村の生態』古今書院。
渡辺栄・羽田新　一九七七『出稼ぎ労働と農村の生活』東京大学出版会。

第四章

秋道智彌　一九九五『海洋民族学――海のナチュラリストたち』東京大学出版会。
秋本吉郎　一九二六「肥前國風土記」『日本古典文学体系二　風土記』岩波書店、三七七―四一二頁。
フィーニー、D／バークス、F／マッケイ、B・J／アーチェソン、J・M　一九九八「「コモンズの悲劇」――その二二年後」田村典江訳『エコソフィア』一：七六―八七（Feeny, D., Berkes, F., McCay, B.J., and Acheson, J.M. 1990.

The Tragedy of the Commons: Twenty-two Years Later, *Human Ecology*, 18 (1) : 1–19)。
浜田英嗣　一九八九「小値賀島漁業の変遷――受入側の漁業構造」中楯興編『日本における海洋民の総合的研究　下巻』九州大学出版会、一四七―一六二頁。
廣吉勝治　一九八九「その社会経済的背景」中楯興編『日本における海洋民の総合的研究　下巻』九州大学出版会、一三七―一四六頁。
市川光雄　一九七八「宮古群島大神島における漁労活動――民族生態学的研究」加藤泰安・中尾佐介・梅棹忠夫編『今西錦司博士古稀記念論文集　体験　地理　民俗誌』中央公論社、四九五―五三三頁。
井手義則　一九八九「五島列島」中楯興編『日本における海洋民の総合的研究　下巻』九州大学出版会、九一―九八頁。
牧野洋一　一九八九「小値賀島（戦後期）」中楯興編『日本における海洋民の総合的研究　下巻』九州大学出版会、一一七―一三六頁。
三栖寛　一九八九「小値賀島における廻高網漁業（昭和戦前・戦中期）」中楯興編『日本における海洋民の総合的研究　下巻』九州大学出版会、九九―一一六頁。
中楯興編　一九八九『日本における海洋民の総合的研究　下巻』九州大学出版会。
小値賀町郷土誌編纂委員会編　一九七八『小値賀町郷土誌』小値賀町教育委員会。
篠原徹　一九九〇「自然・生態・民俗」『自然と民俗――心意のなかの動植物』日本エディタースクール出版部、三―二三頁。
島秀典　一九八九「漁場利用と漁業紛争」中楯興編『日本における海洋民の総合的研究　下巻』九州大学出版会、一六三―一七七頁。
谷富夫　一九九六「ライフヒストリーとは何か」谷富夫編『ライフヒストリーを学ぶ人のために』世界思想社、三―二八頁。

鳥越皓之　一九九七「コモンズの利用権を享受する者」環境社会学会『環境社会学研究』三：五―一四。
鶴見和子　一九九八『コレクション鶴見和子曼荼羅Ⅱ　人の巻――日本人のライフ・ヒストリー』藤原書店。

第五章

愛媛県かん水養殖業組合編　一九九八『愛媛県魚類養殖業の歴史』愛媛県かん水養殖業組合。
愛媛県高等学校教育研会社会部会地理部門編　一九八四『津島町の地理』愛媛県高等学校教育研会社会部会地理部門。
濱田英嗣　二〇〇三『ブリ養殖の産業組織』成山堂。
原子令三　一九七二「嵯峨島漁民の生態人類学的研究――とくに漁撈活動をめぐる自然と人間の諸関係について」『人類学雑誌』八〇（二）：八一―一一二。
掛谷誠　一九九八「焼畑農耕民の生き方」重田眞義編『アフリカ農業の諸問題』京都大学学術出版会、五九―八六頁。
熊井秀水編　二〇〇五『水産増殖システム一　海水魚』恒星社厚生閣出版。
三田牧　二〇〇四「糸満漁師、海を読む――生活の文脈における「人々の知識」」『民族学研究』六八（四）：四六五―四八六。
宮本春男　二〇〇六『段畑とイワシからのことづて上　段畑からのことづて』創風社出版。
農林水産省　二〇〇六「平成一八年漁業・養殖業生産統計（概数）」http://www.maff.go.jp/toukei/sokuhou/data/gyogyouyousyoku2006/gyogyou-yousyoku2006-pdf（二〇〇八年三月五日閲覧）、農林水産省大臣官房統計部。
大島襄二　一九七二『水産養殖業の地理学的研究』東京大学出版会。
篠原徹　二〇〇五『自然を生きる技術――暮らしの民俗自然誌』吉川弘文館。
竹川大介　一九九八「沖縄潜水追込網漁に関する技術構造論――自立性の高い分業制から双発される、柔軟で複雑な作業手順とその変容」篠原徹編『現代民俗学の視点一　民俗の技術』朝倉書店、九四―一一七頁。

田村修　二〇〇五「ブリ・ヒラマサ」熊井英水『水産増養殖システム一　海水魚』恒星社厚生閣、一―三〇頁。
津島町教育委員会編　一九七五『津島町誌』津島町。
津島町誌編さん委員会編　二〇〇五『津島町誌改訂版』津島町。
安室知　一九九八『水田をめぐる民俗学的研究――日本稲作の展開と構造』慶友社。

第六章

デュルケーム、E　一九七一『現代社会学体系二　社会分業論』田原音和訳、青木書店。
原子令三　一九七二「嵯峨島漁民の生態人類学的研究――とくに漁撈活動をめぐる自然と人間の諸関係について」『人類学雑誌』八〇（二）：八一―一一二。
葉山茂　二〇一二「東日本大震災にともなう国立歴史民俗博物館の被災文化財救出活動」『日本民俗学』二七〇：二二五―二三一。
飯田卓　二〇〇八『海を生きる技術と知識の民俗誌――マダガスカルと漁撈社会の生態人類学』世界思想社。
池谷和信　二〇〇三『山菜採りの社会誌――資源利用とテリトリー』東北大学出版会。
今西錦司　一九七四「記述における縮尺度」『今西錦司全集四　生物社会の論理』講談社、八九―九五頁。
川島秀一　二〇一二『津波のまちに生きて』冨山房インターナショナル。
木内信藏編　一九五二「九學會連合と水産廳とによる漁業制度改革に關する研究討論」『九学会年報四　漁民と對馬』関書院、一六一―二五三頁。
小池淳一・葉山茂　二〇一二「民家からの民具・生活用具の救出活動――宮城県気仙沼市小々汐地区」国立歴史民俗博物館編『被災地の博物館に聞く――東日本大震災と歴史・文化資料』吉川弘文館、二〇六―二四一頁。
久宗高　一九八五「制度改革」NHK産業科学部編『証言・日本漁業戦後史』日本放送出版協会、四一―六二頁。

増崎勝敏　二〇〇五「大阪湾のぱっち網漁業にみる漁撈集団の構成とネットワーク――大阪府泉佐野市北中通の事例より」『日本民俗学』四二一：三一―五二。
内藤直樹　一九九九「「産業としての漁業」において人―自然関係は希薄化したか――沖縄県久高島におけるパヤオを利用したマグロ漁の事例から」『エコソフィア』四：一〇〇―一一八。
大槻恵美　一九八八「現代の自然――現代の琵琶湖漁師と自然のかかわり」『季刊人類学』一九（四）：一八六―二一四。
重田眞義　一九九八「アフリカ農業研究の視点――アフリカ在来農業科学の解釈を目指して」重田眞義編『アフリカ農業の諸問題』京都大学学術出版会、五九―八六頁。
島村恭則　二〇〇六「〈生きる方法〉の民俗学へ――民俗学のパラダイム転換へ向けての一考察」『国立歴史民俗博物館研究報告』一三二：七―二四。
島村恭則　二〇〇八「異文化の交流」川村博司・山本志乃・島村恭則著『日本の民俗三　物と人の交流』吉川弘文館、二〇五―二九〇頁。
篠原徹　一九九〇「自然・生態・民俗」『自然と民俗――心意のなかの動植物』日本エディタースクール出版部、三―二三頁。
篠原徹　一九九四「環境民俗学の可能性」『日本民俗学』二〇〇：一一一―一二五。
篠原徹　一九九五『海と山の民俗自然誌』吉川弘文館。
菅豊　二〇〇六『川は誰のものか――人と環境の民俗学』吉川弘文館。

初出一覧

序　章　現代日本の漁業をとらえる視点
書き下ろし。

第一章　現代日本における漁業の展開
書き下ろし。

第二章　生業誌という視点
書き下ろし。

第三章　自然と地域社会の関わり——資源の分配構造と出稼ぎ
原題「出稼ぎを可能にする生業の論理——小泊村と佐井村を事例として」(『人間行動研究』四、二〇〇〇年、一八五—二一四頁、弘前大学人文学部人文学科人間行動コース) および、原題「生業活動における資源分配の構造と出かせぎ——青森県内の二つの漁業集落を事例として」(『国立歴史民俗博物館研究報告』一二三、二〇〇五年、一八五—二一八頁、国立歴史民俗博物館) を大幅に加筆補訂。

第四章　自然と漁業者集団の関わり――漁師たちの資源化プロセス

原題「自然資源の利用をめぐる社会的な規制の通時的変化――長崎県小値賀島の漁業を事例として」（『エコソフィア』一五、二〇〇五年、一〇四―一一七頁、民族自然誌研究会）に原題「資源の価値の変化と資源利用形態の変容――長崎県小値賀島の漁業を事例として」（『グローバル化する世界の中の小生産物』「小生産物（商品）資源の流通と消費」（代表者：小川了）・「記録と現場」研究会（韓国、代表：周永河）共編、文部科学省科学研究費補助金特定領域研究『資源の分配と共有に関する人類学的統合領域の構築』総括班（代表者：内堀基光）発行、八七―一〇九頁）の一部を加えた上で、大幅に加筆補訂。

第五章　自然と個人の関わり――ブリ養殖という現代漁業における自然

原題「産業化した生業活動における自然と人の関わり――愛媛県宇和島市津島のブリ養殖を事例に」（『日本民俗学』二六六、日本民俗学会、一―三六頁）に加筆。

第六章　制約と可能性の海とともに生きる

書き下ろし。

索　引

あ行

か行

さ行

た行

な行

は行

ま行

や行

ら行

わ行

欧語・略語

■著者紹介

葉山　茂（はやま しげる）

国立歴史民俗博物館・機関研究員

1974年、大阪府生まれ。2009年９月、総合研究大学院大学文化科学研究科（日本歴史研究専攻）を修了、博士（文学）。

日本国内の漁村を中心に生態人類学、民俗学的視点から調査。漁村などの地域社会が近代化の変化をどのように受け止め、変化してきたのかを研究している。2011年４月より東日本大震災で被災した気仙沼に通い、被災した民家の生活用具、民具、文書などの救出に携わる。

主な著作に「民家からの民具・生活用具の救出活動――宮城県気仙沼市小々汐地区」（『被災地の博物館に聞く』、共著、吉川弘文館、2012年）、「市場経済化のなかの可食野生動植物利用――中国雲南省国境地帯のハニ族の食生活からみる生業戦略」（『国立歴史民俗博物館研究報告』第164集、2011年）など。

現代日本漁業誌――海と共に生きる人々の七十年

2013年２月28日　初版第１刷発行

著　者　葉山　茂

発行者　齊藤万壽子

〒606-8224　京都市左京区北白川京大農学部前

発行所　株式会社　昭和堂

振替口座　01060-5-9347

TEL（075）706-8818／FAX（075）706-8878

ホームページ　http://www.showado-kyoto.jp

印刷　亜細亜印刷

ISBN978-4-8122-1251-6

＊乱丁・落丁本はお取り替えいたします。

Printed in Japan